未来网络2030

唐雄燕 鞠卫国 王元杰 张贺◎编著

人民邮电出版社
北京

图书在版编目（CIP）数据

未来网络2030 / 唐雄燕等编著. -- 北京 : 人民邮电出版社, 2022.1（2022.9重印）
ISBN 978-7-115-58135-8

Ⅰ. ①未… Ⅱ. ①唐… Ⅲ. ①计算机网络—研究
Ⅳ. ①TP393

中国版本图书馆CIP数据核字(2021)第249277号

内 容 提 要

本书全面介绍了基于 SDN、NFV、IPv6、云计算、人工智能、大数据、区块链、5G、6G 的运营商网络演进与重构，内容涵盖网络重构背景、ICT 产业演进，深度解读了网络重构的驱动力、网络重构愿景及 ICT 产业的发展方向；同时，分别介绍了人工智能、SDN、NFV、云计算及边缘计算等热点技术，并将这些热点技术与未来网络结合起来，进一步阐述了未来网络的发展趋势。另外，本书还列出大量案例阐述大数据、区块链在运营商网络中的应用，借助国内外运营商网络重构举措和场景分析运营商的网络重构与演进。

本书适合通信从业人员、科研院所、高校师生及关注通信行业技术发展的相关人士使用。

♦ 编　　著　唐雄燕　鞠卫国　王元杰　张　贺
　责任编辑　李　静
　责任印制　陈　犇
♦ 人民邮电出版社出版发行　　北京市丰台区成寿寺路 11 号
　邮编　100164　　电子邮件　315@ptpress.com.cn
　网址　https://www.ptpress.com.cn
　固安县铭成印刷有限公司印刷
♦ 开本：787×1092　1/16
　印张：17.25　　　　2022 年 1 月第 1 版
　字数：368 千字　　　2022 年 9 月河北第 4 次印刷

定价：99.80 元

读者服务热线：(010) 81055493　印装质量热线：(010) 81055316
反盗版热线：(010) 81055315
广告经营许可证：京东市监广登字 20170147 号

编委会

总　编

唐雄燕　中国联通研究院副院长、首席科学家

顾　问

吕廷杰　北京邮电大学博士生导师

主　编

鞠卫国　中通服咨询设计研究院有限公司高级工程师

张　贺　中国联通研究院光传送与承载技术研究室主任

王元杰　中国联通山东省分公司云网运营中心高级工程师

委　员

中国联通研究院：曹畅、张旭、王友祥、满祥锟、刘雅承、赵良、刘欣、王东洋

中通服咨询设计研究院有限公司：朱晨鸣、张云帆、乔爱锋、卢林林

中国联通集团公司云网运营中心：张晶晶、杨宏博、史正思、史德刚

中国联通集团公司网络部：周又眉、赫罡、屠礼彪、陈强、杨天威、徐东

中国联通集团公司市场部：林桐

中讯邮电咨询设计院有限公司：钟志刚、孔令远

中国联通山东省分公司：赵升旗、孟超、智茂荣、曲延庆、张宁、牛文林、秦长征、宋强、曹忠波、闫军、董倩、曲凡波、王文剑、王亮、王昊、王斌、雷中锋、杨华、马瑞

中国联通广东省分公司：骆益民、张秀春、方道铿

序

经过 40 多年的发展，互联网取得了非常巨大的成就，成为人类社会主要的基础设施和国家的重要战略资源。当前互联网已经成为推动我国国民经济发展的新动能，互联网与实体经济深度融合成为经济转型升级的重要途径。据预测，2025 年我国互联网经济将占 GDP 比重达 22%以上。

随着互联网经济逐渐由消费应用向生产型运用转变，工业互联网、能源互联网、智能制造、4K/8K 建设、AR/VR、车联网、物联网等新型业务的不断涌现，对网络的可展开性、可靠性、安全性、移动性、参与服务能力等方面提出新的挑战，要求网络能够满足超海量连接，以及高安全、高可靠等各种多样的需求。现阶段，互联网面临严重挑战，未来网络将迎来发展机遇。传统网络是通过光纤连接的“硬件”网络，而未来网络将以软件为主体，不仅大大节省资源，而且更为开放，可以根据需求来定制，服务更方便、快捷。简单说，未来网络就是给传统网络装上一个“大脑”。如果将网络系统比作交通系统，现在的网络就像“马路”，每个人的速率都一样，未来网络就是在现在网络的基础上搭建“高速公路”“高铁”和“航空”，可以通过软件定义的方法，通过虚拟化的技术，随时开通出对应的网络，其特点是非常灵活。

从面向普通百姓的消费互联网来看，未来网络将具备易扩展、易管理、更安全的移动带宽特性；从面向各类企业的产业互联网来看，未来网络将具备大带宽、广连接、高可靠、低时延的特征。未来网络架构将朝着六大趋势变革：海陆空天一体化融合移动通信网；软件定义与硬件白盒化；毫米波、太赫兹通信；低延迟、确定性时延网络；泛在网络、计算、存储融合；网络人工智能。其中，海陆空天一体化融合移动通信网将实现移动通信全覆盖，支撑全时空、陆海空天、万物互联网以及泛在接入。软件定义与硬件白盒化凭借软硬件解耦、可编程网络等特性，实现网络硬件资源的通用化和网络软件功能的架构化，打造跨厂商、跨专业、端到端的网络调度能力，实现业务分钟级开通，业务开通自动化。毫米波、太赫兹通信将基于超高频、提供太（T）比特超高通量带宽、毫秒级低时延、海量超大规模连接传输能力，满足未来沉浸式业务应用的需求。低延迟、确定性时延网络将成为时延敏感型业务的迫切需求，而如何控制端到端的时延是未来网络面临的重要问题之一。网络、计算、存储融合可以消除网络冗余流量，降低时延、提升业务响应速度与客户体验。此外，网络人工智能将为网络引“智”，化繁为简。

未来网络概念一经出现，便获得了全球学术界和产业界的关注，随之而来的体制架构和各种技术不断推出。近年来，中国移动、中国电信、中国联通、百度、阿里巴巴、腾讯和谷歌等全球运营商和互联网公司以及众多创业公司纷纷在为未来网络开展技术创新和产业化工作，期望运用新的架构、新的技术构建新一代的网络，来满足不断发展创新应用的需求。

《未来网络 2030》全面介绍了基于 SDN、NFV、IPv6、云、人工智能、大数据、区块链、5G、6G 的运营商网络演进与重构，适合通信从业人员和科研院所高校师生以及关注通信行业技术发展的相关人士阅读。

中国工程院院士，紫金山实验室主任　刘韵洁

前言

2020年3月4日，中央召开会议，要求加快5G网络、数据中心等新型基础设施建设进度。新型基础设施建设（简称新基建），主要包括七大领域：5G、特高压、城际高速铁路和城市轨道交通、新能源汽车充电桩、大数据中心、人工智能、工业互联网。其中，5G、大数据中心、人工智能、工业互联网等内容紧密关联，互相促进，代表了信息通信技术和产业的前进方向。

新基建将驱动我国5G由稳步发展转为加快发展，同时将驱动我国通信运营商传统网络架构加快调整。近几年，新技术的发展、新兴业务的不断涌现、数据流量的迅猛增加，给通信业传统网络架构带来极大挑战。根据国际电信联盟的相关规划，2000—2020年主要是以多媒体服务和App应用为主的移动互联时代，2020—2030年是一个包括eMBB大带宽、mMTC广联接和uRLLC低延时三大场景的万物智联5G时代，2030之后的6G时代将探索新媒体、新服务、新架构、新IP四大领域。通信运营商传统僵化的业务流程、烟囱式的网络架构难以承载未来亿级物联网设备的接入，无法支持业务功能的快速部署上线，需要开发新协议和新设备，耗时漫长，同时成本居高不下，这导致通信运营商压力巨大，必须寻找新的解决方案。

鉴于此，国内外主要运营商均提出了网络架构重构转型的计划。其中，国内三大运营商中国移动、中国电信、中国联通相继发布了NovoNet2020、CTNet2025、CUBE-Net3.0等网络智能化重构战略。网络智能化重构是运营商网络转型和业务创新的技术手段，运营商需要通过在现有网络注入SDN、NFV、AI、云计算、区块链等网络智能化技术，以数据中心（DC）为核心构建新型的泛在、敏捷、按需的智能型网络，实现网络的统一规划、建设和集约运营，网络资源主动适应业务需求，按需动态伸缩，云网资源的跨域协同保障以及网络和 IT 融合开放，打造软件化、云化、智能化网络。

目前，全球通信网络的演进和发展已开始进入智能化服务阶段，以 IT 化、软件化、虚拟化为特征的软件定义网络成为发展趋势。在此阶段，网络架构、网元形态将发生巨大变革，主要体现在网络控制与转发分离、网元软硬件解耦和虚拟化、网络云化和 IT 化等多个方面。电信、互联网、IT 技术的深度融合，将促使网络架构、网络运营模式、网络部署和服务方式的改变，这将有利于降低运营商的网络建设和维护成本，促进新型网络和业务的创新，实现生态系统的开放和产业链的健康发展，以进一步巩固网络发展基础，营造安全的网络环境，提升公共服务水平。

本书基于 SDN、NFV、IPv6、云、人工智能、大数据、区块链、5G、6G 的网络演进与重构，向读者普及相关知识。另外，本书在编写过程中得到了各级领导的大力支持，我们对此深表谢意；我们要特别感谢中国工程院刘韵洁院士为本书作序与推荐，以及知名自媒体“网优雇佣军”“鲜枣课堂”联名推荐。本书编委会各位成员齐心协力、团结合作、同舟共济地共同完成了本书的创作，在此感谢。

由于作者水平有限，书中难免有不妥之处，恳请读者批评指正。

作　者

2021 年 9 月

目 录

第 1 章

网络重构背景

近年来，随着通信网络承载的业务日益丰富，CT（Communication Technology，通信技术）与 IT（Information Technology，信息技术）在深度融合，运营商在网络运营中面临一系列挑战。SDN（Software Defined Network，软件定义网络）、NFV（Network Functions Virtualization，网络功能虚拟化）、IPv6、云、人工智能、大数据、区块链、5G、6G 等新技术为电信网络的变革提供了技术驱动力。

1.1 网络重构的驱动力

1.1.1 运营商面临的挑战

（1）网络连接数和流量增长推动网络规模快速膨胀

未来十年，将有海量的设备连入网络，连接将变得无处不在。宽带从连接 50 亿人增加到连接 500 亿物，同时宽带流量将有 10 倍的增长。家庭千兆以及个人百兆接入成为普遍服务，而一些新业务，如 4K/8K 视频、虚拟现实游戏、汽车无人驾驶等对网络丢包率、时延等的 QoS（Quality of Service，服务质量）要求更苛刻。例如，强交互虚拟现实类业务要求 MTP（Motion to Photon，动显延迟）低于 20ms，可靠性达 99.99%，以避免晕动。实时互动云游戏要求网络传输 RTT（Round-Trip Time，往返时延）小于 17ms，时延抖动接近 0ms，以避免卡顿和花屏。无人机、云化 AGV（Automated Guided Vehicle，自动导引运输车）等场景除了要求带宽、时延和移动性，也对定位能力提出小于 0.5m 级（甚至 0.1m 级）的精度要求。

（2）业务云化和终端虚拟化颠覆网络全局流量模型

随着云计算的发展和移动网络的大规模建设，用户对宽带的需求已从基于覆盖的连接，转向基于内容和社交体验的连接。传统电信业务流量呈泊松分布（一种统计与概率学里常见到的离散概率分布），主要服务于网络终端节点之间的通信；而互联网流量和流向则由热点内容牵引，难以准确预测。数据中心成为主要的流量生产和分发中心，具有无尺度分布的特征，且与传统电信网络部署架构不匹配。

（3）专用网络和专用设备极大增加网络经营压力

随着固定和移动网络覆盖范围的扩大，网络规模日趋庞大。网络服务需要由具有不同功能属性的多个专业网络组合提供，各专业网络彼此之间条块化分割，能力参差不齐，业务端到端的部署和优化困难。同时，传统设备研发和部署体系封闭，网元功能单一、受限，功能扩展和性能提升困难，导致新业务的创新乏力，响应滞后，无法满足互联网应用对服务的动态请求。

（4）互联网业务创新加快驱动网络智能化转型

互联网业务创新需要更加智能、弹性的网络服务，网络需要及时洞察用户需求，实时响应用户需求。运营商的传统网络难以满足互联网业务创新对网络的灵活性、扩展性、智能化、低成本等要求。

（5）网络安全向内生主动防御模式转化

随着网络云化/泛在化演进、ToB（To Business，面向企业）和 ToC（To Customer，面向消费者）业务融合，网络开放暴露面不断增加，传统网络安全的“边界”进一步模糊，网络攻击手段持续升级，未来网络难以再通过边界隔离、外挂安全能力的被动防护模式来保障安全，需要为网络注入更强大的安全基因，推动网络安全体系向着原生内嵌、安全可信、智能灵活的主动防御模式演进，构建云网安一体化的新型网络架构。

1.1.2 IT 架构发展的经验

摩尔定律的内容是当价格不变时，集成电路上可容纳的元器件的数目，每隔 18～24 个月便会增加一倍，性能也将提升一倍。这揭示了两个发展方向：高性能和低成本。电信业重视前者，代表性的门槛就是电信级的质量；而 IT 业重视后者，采用适度的性能要求、宽松的可靠性要求、通用工业标准的 IT 设备降低成本。

IT 业在 20 世纪 70 年代是封闭的烟囱群，但从 20 世纪 80 年代开始打破封闭的垂直架构，即从小型机向 x86 转型，转向开放的水平架构，其基本思路是软硬件解耦，就是操作系统从设备中分离，双方分工清晰，各自发展，从而促进了产业链的开放和技术业务创新。

对性能的追求使得电信业的网络设备一直保持着专业化和高成本，设备仍然是软硬件一体化的垂直架构，整个生态系统较为封闭，厂商控制着从硬件、系统软件到业务软件的生产，产业链发展缓慢，电信设备厂商有限，电信设备不仅设计较为复杂、成本高、升级改造难度大，而且不同厂商的设备兼容性和互通性差，这直接造成了电信业网络的建设维护成本高、开放性差以及灵活性不足，限制了运营商在网络和业务上的创新。

随着 SDN、NFV 的引入，电信网络设备的封闭性正被打破，硬件和软件将实现解耦，生态系统将走向开放，产业链将获得健康发展，这不仅有利于降低运营商的 CAPEX（Capital Expenditure，资本性支出）和 OPEX（Operating Expense，运营成本），而且有利于实现网络的开放，增强网络的弹性，促进新型网络和业务的创新。

1.1.3　新兴业务的驱动

2015 年，“互联网+”上升为国家战略，进一步推动了移动互联网、云计算、大数据、物联网等与现代制造业和服务业的结合，这将对信息基础设施提出更高的能力要求。为了顺应“互联网+”的发展需要，基础的电信网的升级改造势在必行，特别是网络架构需要进行重定义、重设计，构建新型的泛在、敏捷、按需的智能型网络，以进一步巩固网络发展基础，营造安全的网络环境，提升公共服务水平。

从业务需求驱动角度来看，运营商面临的需求很多，但归根结底是如下两个方面：

① 随着移动互联网的发展，运营商已全面迈入“流量经营”时代，超大流量对网络的挑战逐渐加剧。以中国移动为例，2015 年中国移动的数据业务收入规模首次超过语音业务收入规模，占通信服务收入的比重达 52%，2019 年上半年这一比重超过 74.93%。其实这是大多数发达国家运营商的必经之路，早在 2011 年日本的三大运营商数据业务收入占比全线超过 50%，2013 年美国的三大运营商数据业务收入占比也全线超过 50%。

流量增长还只是第一步，流量的挑战才刚刚开始。近几年，热门的 4K、8K 等多媒体技术和抖音、快手等短视频平台进一步激发流量的爆发式增长，而 AR（Augmented Reality，增强现实）、VR（Virtual Reality，虚拟现实）的发展将流量激增推向新高潮。流量的规模刺激运营商宽带化的发展要求，但其对网络的挑战是巨大的。

② 万物互联为运营商带来新机遇，对网络提出了全新要求。万物互联是在人与人通

信、人与人互联基础上的扩展，是实现“互联网+”和“工业互联网”的重要基础。万物互联一方面带来了巨大的连接规模，预计连接规模将突破百亿次，将在多个行业创造超过 10 万亿美元的新增市场规模；另一方面带来了更大的连接广度和深度，提供面向无线、有线全连接的接入广度，为运营商带来拓展连接规模和连接范围的机会，同时对网络提出了高密度、低时延、广覆盖等个性化的高要求。

万物互联给网络的发展带来了更多的机遇，但是网络需要适应万物互联，承担“互联网+”和“工业互联网”的发展重任，这成为下一代网络发展的一个巨大挑战。面对巨大的需求挑战，现有的网络模式难以为继，网络转型成为必然。

1.2 网络重构愿景

1.2.1 新一代网络关键特征

现有的电信网络长期追求高性能和高质量的保障，由大量垂直一体化的专用硬件和专业网络构成的整个生态系统较为封闭，产业链更新相对缓慢，同时 CAPEX 和 OPEX 较高，对业务的响应比较慢，已经越来越难以满足未来网络随选的要求，特别是自动适应业务和应用变化的智能化需求。智能化的未来网络应该具备以下几个特征。

① 结构简化。尽量减少网络的层级、种类、类型等，降低运营和维护的复杂性和成本，这有助于提升业务和应用的保障能力。比如通过网络层级简化、业务路由优化，在全国 90%的地区实现不大于 30ms 的传输网时延，这对于时延敏感型业务是非常有益的。

② 敏捷高效。网络能够满足业务快速上线、灵活调整等需求，通过软件定义的方式使得网络具备弹性可伸缩的能力，从而实现网络业务的快速部署和扩/缩容。比如面向最终客户的“随选网络”可以提供分钟级的配套开通和调整能力，使得客户可以按需来实时调整网络连接。

③ 泛在安全。一方面，网络可以满足人们无论何时何地无缝接入的要求；另一方面，网络在保证信息接入高可用性的同时，注重各种安全防护系统的配套建设，从而对承载信息的可信性提供保障。

④ 个性灵活。网络能够针对不同客户、不同业务的要求，进行差异化的资源提供及服务保障。比如根据不同应用对 QoS、带宽、时延等的不同要求，差异化地提供网络资源。

⑤ 集中控制。网络管理改变目前分层、分级、分段的管理模式，通过软件定义以及

控制与转发分离的方式，实现网络的集中控制，实现面向全局的最优化网络管理，为客户提供全网一致性的体验。比如：通过一个受理点，即可提供全国范围内的跨域 VPN（Virtual Private Network，虚拟专用网络）业务，并能实现即时开通。

1.2.2　新一代网络参考架构

新一代网络在架构上应分为图 1-1 所示的 3 个层面。

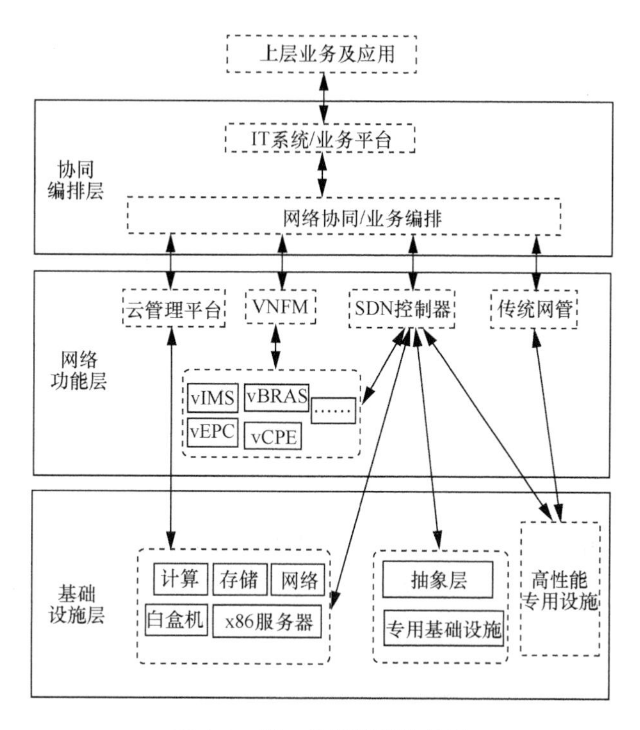

图 1-1　新一代网络架构示意

虚拟化是为一些组件（例如服务器、存储和网络）创建基于软件的（或虚拟）表现形式的过程。例如对硬件计算平台、操作系统、存储设备、网络资源等进行虚拟化，抽象出一个虚拟的软件或硬件接口，从而向上层软件提供一个与它原先所期待的运行环境完全一致的接口，最终使得上层软件可以直接运行在虚拟环境上。在虚拟化中，物理资源通常被称为宿主机，宿主机上如果运行操作系统，则被称为宿主操作系统。虚拟出来的资源通常被称为客户机或虚拟机，客户机或虚拟机上运行的操作系统称为客户操作系统（Guest OS）。

虚拟机可以看作是物理机的一种高效隔离的复制。虚拟机的运行环境和物理机的运行环境在本质上是相同的，但是在表现上有一些差异。例如，虚拟机所看到的处理器个数和物理机上实际的处理器个数不同，但是物理机和虚拟机中的处理器必须是同一类型的。虚拟机中运行的软件具备在物理机上直接运行的性能。虚拟化中间件需对系统资源有完全控制能力和管理权限，这些能力和权限包括资源的分配、监控和回收。

（1）基础设施层

基础设施层可分为 3 类资源：第一类是可虚拟化的通用基础设施，一般由云资源池提供，其承载各类虚拟化的网元；第二类是可以将控制与转发进行分离的专用基础设施，其控制层可抽象出来由上层 SDN 控制器直接进行管理；第三类是高性能专用设施，一般指一些无法进行升级改造的传统设备，依靠传统的网管系统进行管理。

（2）网络功能层

网络功能层主要面向软件化的网络功能，结合虚拟资源和物理资源的管理系统/平台，实现逻辑功能和网元实体的分离，便于资源的集约化调度管控。其中，云管理平台主要负责对虚拟化资源的管理协同，包括计算、存储和网络的统一管控；VNFM（Virtual Network Function Manager，虚拟化网络功能管理器）主要负责对基于 NFV 实现的虚拟网络功能的管控；SDN 控制器实现基础设施的管控。

（3）协同编排层

协同编排层主要提供网络功能的协同和面向业务的编排，结合 IT 系统和业务平台的能力化加快网络能力开放，快速响应上层业务和应用的变化。向下对网络功能层中的不同系统和网元进行协同，保障网络端到端打通；IT 系统和业务平台主要服务于网络资源的能力化和开放化封装，支持标准化的调用。

这个网络架构与现有的电信网络架构相比，主要有以下几个变化。

① 硬件通用化。绝大多数功能网元都是标准化的云资源池承载，除了少数必须采用专用设施的。

② 功能软件化。网元功能与底层硬件充分解耦，主要以软件的形式存在，能够充分发挥弹性、灵活、敏捷的特性。

③ 管控集中化。各网元的控制部分剥离，由网络功能层的云管理平台、VNFM、SDN 控制器、传统网管等进行管理，并由协同编排层的协同编排器进行集中协调与控制，更加体现全程全网以及端到端的理念。

④ 能力标准化。将网络能力封装为标准的接口及服务，与上层业务及应用进行互动，网络不再只是简单的哑管道，而是能够及时感知业务需求并能随之进行灵活调整的开放式能力平台。

第 2 章

ICT 产业演进

近年来，随着通信、信息、互联网领域各种新技术的蓬勃发展，全球 ICT（Information and Communications Technology，信息与通信技术）产业正处在不断变革的时期，既面临着史无前例的发展机遇，又正在经历着前所未有的深刻变化。技术和业务的发展如同汽车的前后轮一样，共同驱动光网络高速向前发展，两者缺一不可。当今时代是一个 ICT 产业融合、数据业务内容不断增长、流量随机爆发的时代，网络正向智能化、扁平化、高速带宽和灵活组网的方向发展。

2.1 宽带网络演进

随着国家 5G、F5G 等新基建的部署和推进，宽带网络在继续为个人和家庭用户提供消费娱乐类服务的同时，未来将承担起支撑行业数字化转型、赋能智能社会的重任。宽带的使命将从连接每个人扩展到连接每个物，从支持远程办公扩展到为智能制造赋能。

2.1.1 宽带网络现状

在国家战略的大力推动下，我国宽带网络发展取得了长足的进步。我国已建成覆盖全国、连接世界、技术先进、全球最大的宽带网络，网民数量和宽带接入用户全球领先，FTTH（Fibre To The Home，光纤到户）和 4G/5G 进展迅猛，业务应用快速增长，成为名副其实的网络大国。中国宽带网络现状呈现出以下特点。

① 宽带接入用户普及广泛。截至 2020 年 12 月底，全国固定互联网宽带接入用户总规模达 9.89 亿户，固定宽带人口普及率达 70.4%；移动宽带用户加速增长，4G 用户总数达 12.89 亿户，占移动电话用户总数的 80.8%。

② 网络能力和覆盖水平稳步提升。截至 2020 年 12 月底，全国固定宽带接入端口达 9.46 亿个，宽带网络已覆盖到全国所有的城镇和行政村；光纤宽带网络建设步伐加快，光纤端口在全部互联网宽带接入端口的占比达 93%；4G/5G 网络加快部署，4G 基站数量达 596.1 万个，5G 基站数量已超过 71.8 万个。

③ 宽带网络架构持续优化。目前我国拥有覆盖全国的多张骨干互联网，网间以直联为主、国家级交换中心为辅的方式互联互通。到 2018 年年底，已形成 13 大骨干直联点全国性布局。此外，2019 年 1 月，《中共中央 国务院关于支持河北雄安新区全面深化改革和扩大开放的指导意见》指出研究在雄安新区建设国家级互联网骨干直联点。国际出口带宽不断增长，截至 2020 年 12 月，我国互联网国际出口带宽数为 11511Gbit/s，较 2019 年年底增长 30.4%。

④ 宽带应用高速增长。宽带网络基础设施性能的稳步提升，支撑宽带业务应用高速增长，2020 年全年移动互联网用户接入流量为 1.656×10^{11}GB，比 2019 年增长 35.7%。

近年来，我国宽带网络覆盖范围不断扩大，传输和接入能力不断增强，宽带技术创新取得显著进展，完整产业链初步形成，应用服务水平不断提升，电子商务、网络视频、云计算和物联网等新兴业态蓬勃发展，网络信息安全保障逐步加强，但我国宽带网络仍然存在区域和城乡发展不平衡、技术原创能力不足等问题，亟须得到解决。

2.1.2 宽带网络发展趋势

（1）宽带网络的超高速趋势

速度快是网络发展的基本追求，也是微电子、光电子等基础技术进步的自然结果，目的是更好地适应以视频为代表的业务宽带化和大数据发展的需求，同时大幅度地降低单位带宽成本以确保网络的可持续发展。无论是接入、传送，还是路由交换，都在向着高速方向发展，追求无线频谱的高效利用和追求网络的全光化是超宽带发展的两大主题，构建“超级管道”是整个通信业赖以持续发展的根基。

（2）宽带网络的泛在化趋势

以 4G/5G 为代表的移动宽带的迅猛发展极大地促进了宽带的泛在化。无处不在的宽带接入使得云服务可以无处不在，实现更高速率、更大容量、更好覆盖依然是移动宽带的不断追求。同时以全光接入为特征的固定宽带弥补无线资源的不足，将移动宽带的便捷性、广覆盖与光纤宽带的高带宽、可靠性有机结合，实现 4G/5G 移动宽带、WLAN 无线宽带和光纤宽带的协同与融合，达到宽带资源“无所不在、随需而取、优化利用、高效创造”的目标。

（3）宽带网络的智能化趋势

互联网是信息时代的基础设施，人类依托互联网正在迈进智能化的时代。互联网大潮浩浩荡荡，深刻改变着人们的生产和生活，有力推动着社会发展，伴随“互联网+”战略的实施，互联网的影响将被推到更深、更高层次。云计算、物联网、大数据、人工智能等新兴信息技术将继续引领我们迈向更加智能化的信息通信的新时代。

（4）宽带网络的弹性化趋势

以云服务为基础的互联网业务对网络需求的突发性和可变性很强，不同应用对网络的性能要求存在很大差异，再加上 OTT 业务增长难以预测和规划，导致网络流量的不确定性加大。此外，从用户端看，用户的业务热点地区会经常变动，导致用户接入端的资源需求也动态变化。建设“高弹性网络”是适应用户差异服务以及云服务发展的必然要求，也是“云管端协同”的基础条件。资源虚拟化是弹性网络的关键，基于虚拟化可以对网络资源进行切片，在软件控制下灵活地进行调配和重组。网络弹性体现在以下三个方面：一是网络的快速重构，即在软件控制下能够基于已有的物理资源快速生成或重构某一云服务所需要的虚拟网络，并能根据需要实现物理资源的快速扩展或调配，满足云服务对网络的快速开通需求；二是资源的弹性配置，即无论是光层还是数据层资源，都能实现资源的按需配置、灵活组合、弹性伸缩，从而达到资源利用效率的最大化；三是管理的智能自动，管理自动化是网络弹性化的保障，弹性网络对网络管理的要求大大提高，面对网络的频繁与动态调整，人工配置资源不但无法做到快速响应，而且出错率高，运维成本高，而智能自动管理不但能提高管理效率，极大降低 OPEX，而且有助于提升网络的可靠性和自愈能力。

2.2 智能化家庭

随着室内无线连接技术的成熟与应用，各种智能电视、机顶盒、次世代游戏机纷纷登场，电视触网、娱乐分享势不可当。家庭安全与自动化，呈现出四彩纷呈的发展态势。近年来，多个运营商推出了智能家庭方案，如 AT&T 的“Digital Life”方案涵盖家庭安全监控以及对包括中央空调在内的多个家庭设施进行远程、自动化的管理。2014 年，谷歌收购家庭自动化公司 Nest 公司，大举进军智能家居市场，2020 年，谷歌在美国市场的用户占比达到 24%，Nest 主营业务有智能音箱、智能显示器、智能恒温器、烟雾探测器、路由器及包括智能门铃、智能摄像头和智能锁在内的安全警报系统。LG 推出的社交互联的家电产品，类似爱立信在 2011 年提出的社交物联网的概念，手机的即时消息类应用可以远程控制家用电器。此外，英国政府推动的智能电表（Smart Meter）项目，签订业界最大的 M2M 合同，即西班牙电信获得 15 亿英镑，负责英国三个地区中的两个地区的服务。该项目将全英 5300 万个智能电表与煤气表通过通信网络连接起来。国内，海尔、小米、华为、格力等厂家已经在智能家居板块抢占先机，开始进一步布局。其中，华为推出了智慧屏、智能手表、智能音箱、智能眼镜、智能耳机等多种智慧产品，并于 2020 年年底，发布全屋智能解决方案——ALL IN ONE 方案，该方案包含 1 个主机（华为全屋智能主机）、2 张网络（全屋 PLC 控制总线、Wi-Fi 6+）和 N 个系统（照明智控、环境智控、水智控、安全防护、影音娱乐、智能家电、睡眠辅助与遮阳智控系统），实现全屋智能硬件及声、光、水、电等系统的智慧互联与协同。

2.3 车联网

随着物联网技术的落地应用，欧美等主要发达国家的车联网市场在 2013 年以后呈现爆发式增长的态势，众多汽车公司纷纷推出计划，如通用汽车从 2014 年起与 AT&T 合作，将 LTE 模块预置到北美销售的大部分车型中；沃尔沃与爱立信合作的车联网云，除了基本的车辆安全与车内娱乐、导航功能之外，还增加了智能化的停车位寻找及付费、远程热车等功能。此外，多个运营商，包括德国电信、沃达丰、Verizon 等，在 2013 年争先恐后地推出 UBI（User Behavior Insurance，基于驾驶人行为的保险）服务，通过在车内增加一个联网终端来监测驾驶人的习惯，为安全驾驶以及保险公司的车险计算提供支持。结合无处不在的 4G/5G 网络，车联网的发展会步入快车道。预计到 2025 年，中国车联网市场规模将达 2190 亿元。

2.4 融合通信

移动宽带的不断升级将把整个社会的信息化基础设施提升至新的历史高点。各个产业的信息和数据得以在不同的平台上自由流动。云计算一方面降低了信息开发的软件和硬件壁垒，另一方面使数据和内容的分发变得高效和无处不在。丰富的智能终端和功能强大的 App 联合起来，使数据分析和内容呈现变得更加简洁和方便，极大地降低了数据和内容的交付壁垒。这一切成为产业融合发展的催化剂、黏合剂和基础平台。

“移动智能终端+宽带+云”所打造的平台终将成为网络社会的基础设施，与其他能源和公用事业一样成为整个社会和各个行业得以运转的基础平台。所有可以被整合的行业都将成为 ICT 生态系统的一员，无论是以主动参与的形式，如零售，还是被动整合的方式，如传统纸媒行业。ICT 生态系统因此被扩展至整个人类社会，涉及个人生活的方方面面。其中所蕴含的商业价值因此而扩展至无限：信息内容从生成、转化直至湮灭的各个环节都将以不同的价值形态呈现。为信息内容探寻合理的价值交换模式，将其抽象为各种形态的商业模式，ICT 系统的各个环节才能得以维持和发展。

信息内容因此成为产业竞争的焦点、差异化的武器。可以说，网络社会时代，谁掌握了内容，谁就占领了制高点。信息内容的争夺战已愈演愈烈，对于内容资源的争夺以及由此而发生各种并购与竞合将成为推动 ICT 产业进一步演化的重要力量。尤其是，伴随着 4G/5G 的普及，视频内容到移动终端的“最后一千米”不再成为瓶颈，众多运营商开始制订跨平台跨终端的视频战略，从积极地尝试 4G/5G 广播服务，到大手笔进入视频内容领域一次次刷新内容价格的新高，这将极大地改变产业格局。

2.5 移动通信与大数据

数据流量是一切信息传递的基础产物，数据流量在未来的数年里将呈现井喷式增长，这已成为产业界的共识。2019 年，全球移动数据流量（不包含 Wi-Fi，M2M 流量）与 2013 年相比增长超过 10 倍，如图 2-1 所示，每台智能手机的月流量从 2013 年的 600MB 增长到 2019 年的 2.2GB，如图 2-2 所示。智能手机的数量及其产生的流量快速增长，推动全球移动电话产生的数据流量在 2013 年首次超过移动 PC、平板电脑和移动路由器所产生的流量。

数据流量激增对运营商业务和运营模式产生深刻的影响。用户的信息消费方式从传统的以话音和短信为核心，逐渐转移至以移动数据为核心。这使得定义用户体验的标准由以往简单的“信号有没有”过渡到“应用能否使用”，以及“应用好不好用”等具体和细致的层次。由衡量用户体验标准的变化引发了网络和运营方面的变革，成为移动数据时代运营商重构核心竞争能力方面的重点内容。应用覆盖、多网融合、大数据支撑的业务保障体系，成为变革中的焦点。

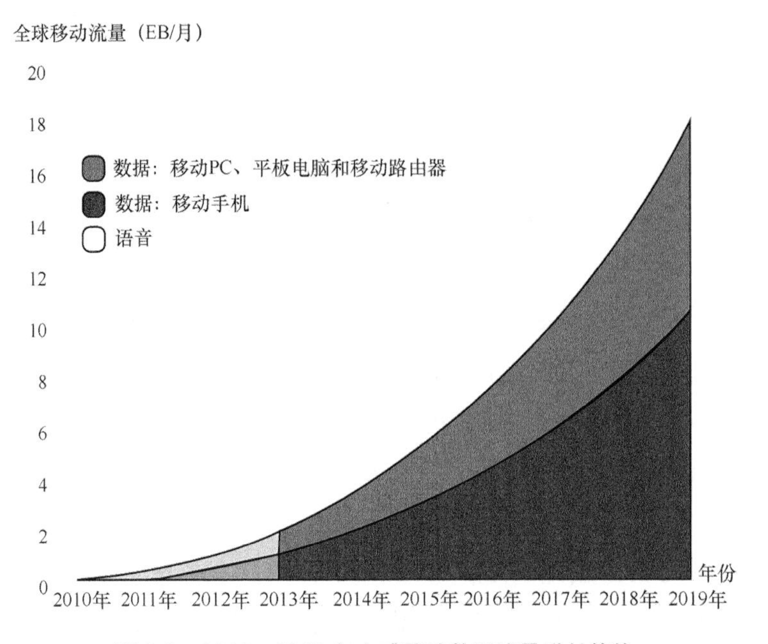

图 2-1　2010—2019 年全球移动数据流量增长趋势

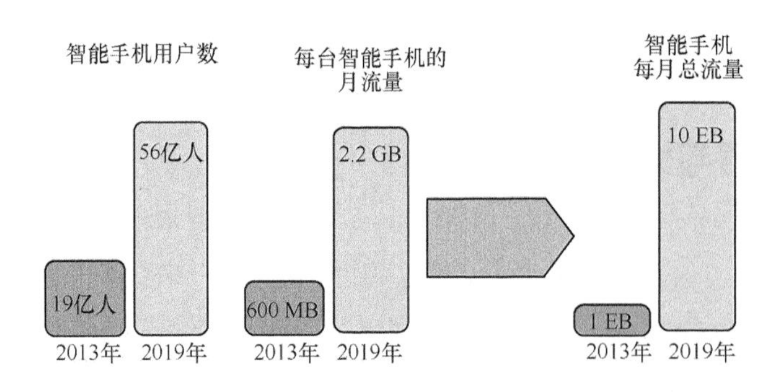

图 2-2　2013—2019 年智能手机的月流量增长趋势

（1）海量数据

在信息社会，人、机、物之间的高度融合与互联互通激发了海量数据的涌现。爱立信预测，到 2023 年年底，每月产生的移动数据总流量将接近 110EB。同时，快速普及的智能化移动终端应用也助推了全球移动数据流量的大幅度增长。以智能手机为例，爱立信预计到 2022 年年底，全球智能手机注册用户数量将达到 68 亿人。

（2）业务类型演进

随着移动互联网应用的发展，传统蜂窝网络所承载的业务正在由传统语音、短信向多样化的具有互联网特征的新业务类型拓展，例如微信等即时通信类业务、社交网站和搜索引擎等交互类业务、在线视频和在线音乐等流媒体业务等。新业务继承互联网的特征，而传统无线通信网在通信机制、互联互通规则等方面与互联网有完全不同的设计理念，难以适应新业务的需求。例如，以即时通信类业务为代表的小包持续性突发实时在线业务类型，其包含频繁的文本、图像信息和周期性的 ping，这导致无线网络在连接和空闲状态间频繁地切换，不仅增加设备的能耗，还造成严重的信令开销，降低资源利用率。然而，在移动互联网业务中，即时通信类业务的比例日益增高。截至 2020 年 12 月，我国手机即时通信网民数量为 9.78 亿人，占手机网民的 99.3%。

（3）数据多样化

海量的在线数据将引入新的计算、存储方式，网络业务将呈现不同的特征和属性，而移动数据类型更加繁多，包括结构化数据、半结构化数据和非结构化数据。现代移动互联网产生了大量非结构化数据，包括各类视/音频信息、办公文档等，它们在数据类型中所占比例呈现升高态势。根据 IDC（Internet Data Center，互联网数据中心）统计，到 2025 年，非结构化数据将占据全球数据总量的 80%～90%。大量非结构化的数据随机散落于不同的智能终端中，其数据格式互不兼容，读取和存储具有随机性，这给系统的传输带宽、控制信令开销、资源分配等带来了严峻挑战。另外，在无线接入网络侧可获得多种特征的大数据。在物理层可获得信号强度、信噪比、用户接入位置（中心/边缘）、多普勒速度等具有典型无线特征的数据信息；在媒体接入控制层可获得用户级别、请求速率、调度优先级、单次接入时延等具有服务质量特征的数据信息；在应用层可获得用户业务习惯（如平均通话时长）、用户感知体验（如网络容忍度）、用户套餐（如付费习惯、续约习惯、消费分析）等具有用户行为特征的数据信息。有效地利用海量多样化的大数据，挖掘其价值服务于网络是未来值得研究的重要内容。

2.6　产业互联网

除了 ICT 行业，产业互联网的概念也在这几年蓬勃兴起。2014 年，中德双方发表《中德合作行动纲要：共塑创新》，其中一个重要内容就是“工业 4.0”合作。德国提出的“工业 4.0”，通过网络技术来决定生产制造过程，对整个生产制造的环节进行信息化的汇总管理，其制造过程一直在处理信息。工业变革的历程划分为 4 个阶段，如图 2-3 所示。

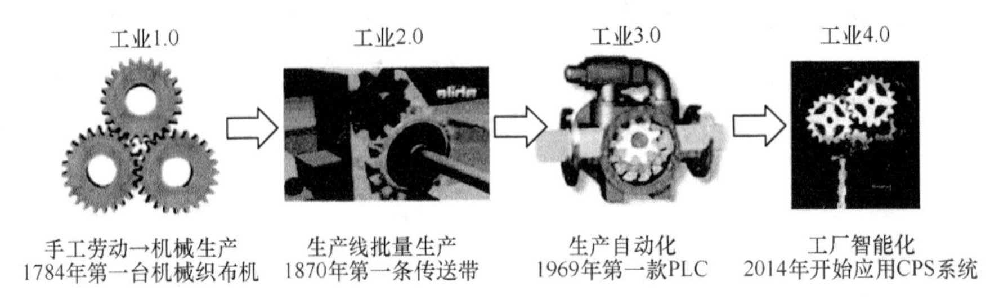

图 2-3 工业变革的历程

总体上，工业 4.0 可以概括为 6M+6C，即建模（Model）、测量（Measurement）、工艺（Method）、设备（Machine）、材料（Material）、维护（Maintenance）、内容（Content）、网络（Cyber）、云（Cloud）、连接（Connection）、社区（Community）、定制化（Customization），如图 2-4 所示。其结果是实现智能工厂内部的纵向集成、上下游企业间的横向集成、从供应链到客户的端到端集成。

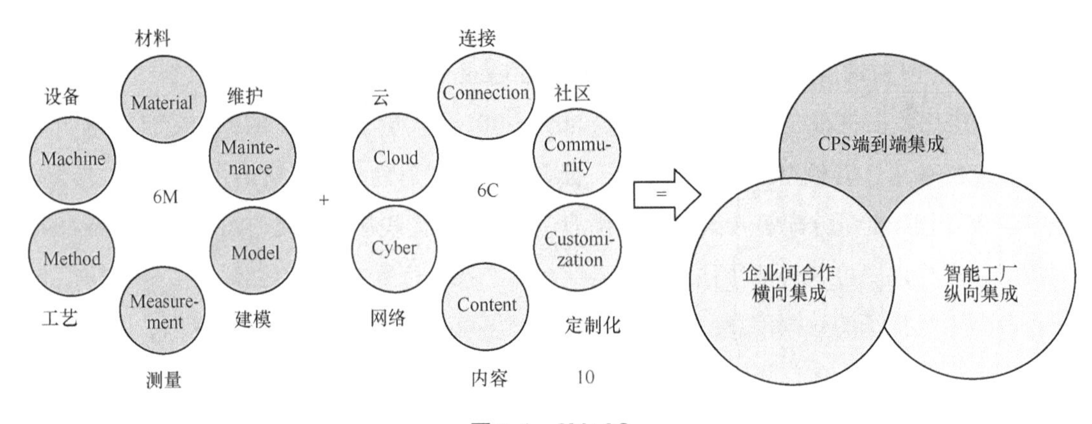

图 2-4 6M+6C

2014年3月，AT&T、思科、GE、IBM和Intel联合成立工业互联网联盟（Industrial Internet Consortium，IIC），旨在促进物理与数字世界的融合，更好地接入大数据，实现关键工业领域的更新升级。与工业 4.0 相比，工业互联网更加注重软件、网络和大数据，如图 2-5 所示。工业互联网的价值体现在提高能源效率、维修效率、运营效率。

根据 GE 等公司的研究，未来产业互联网将出现以下特点。

① 随着智能机器网络的激增，数据创建过程将会加快速度，智能机器开始直接相互对话，传统的数据存储和管理方法将会面临巨大的挑战。

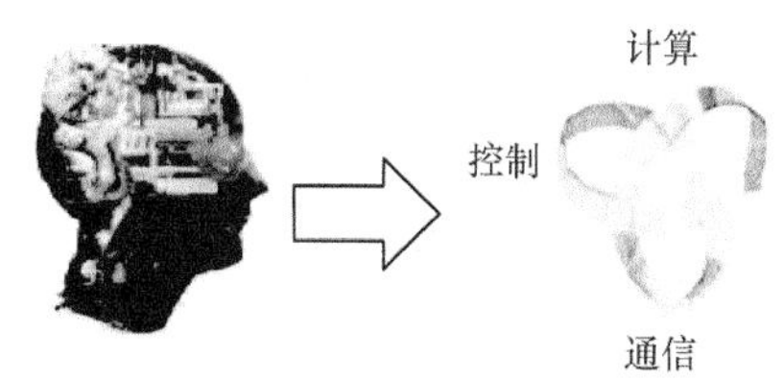
计算
控制
通信

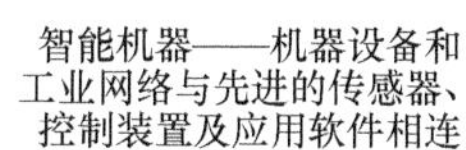
智能机器——机器设备和
工业网络与先进的传感器、
控制装置及应用软件相连

先进分析工具——运用物理
分析法、算法和材料等专业
知识，分析生产系统的运行情况
人机交互——支持更加
智能的设计、操作和维护，
更加优质的服务和
更高水平的安全
CPS（Cyber-Physical
System，信息物理系统）

图 2-5　工业互联网支撑技术

② 由于速度和成本方面的考虑，模糊记忆将得到发展，并将被证明这比对堆积如山的细节信息进行穷尽式搜索以获得完美记忆更有价值。在边缘将会进行近乎实时的决策，并将借助机器意识来确定哪些信息应记住，哪些信息应遗忘。

③ 未来，低成本和数据容量将超越数据传输、分类和存储的价值。

未来产品价值的变化将呈现三大趋势：

① 硬件创造的价值在软件体现；

② 网络连接使价值从产品转向云；

③ 商业模式从产品转向服务。

大数据、智能化/物联网、移动互联网、云计算的结合构成了“大智移云”体系。“大智移云”掀起新一轮信息化浪潮，显现了其重塑产业生态链的影响力。大数据推进信息技术与材料技术、生物技术、能源技术及先进制造技术的结合，开启了产业互联网时代。产业互联网对网络的宽带化、移动性、泛在化、可扩展性和安全性都提出了更高的要求，这对于处在转型期的 ICT 企业是挑战也是机遇。

2.7　软件+云技术

当今时代是一个 ICT 产业融合、数据业务内容不断增长、流量随机爆发的时代，而 SDN、NFV 技术的出现可以有效提升网络的智能化水平，开放网络能力，并有效降低网络建设和维护成本，成为 ICT 产业发展和企业转型的重要抓手。在此背景下，据专家预测，软件+云技术将呈现出以下发展趋势。

① IT 和 CT 两大产业的核心问题将由设备硬件设施制造为主转移到软件设计为主，即网络设备软件化和开放化、硬件通用化和组件化。SDN、NFV 成为软件定义网络的主

流途径，多数网络设备功能可由软件实现，需要某种网络功能时按需安装或启用相应软件即可。硬件结构趋于统一和简化，种类繁多的硬件和板卡逐步消失，通用硬件架构向虚拟层提供接口，将硬件资源抽象为虚拟资源，供上层应用调用。硬件由品牌整机逐步发展为组装机或虚拟机，用户可按需组装。网络 IP 化和虚拟化，继而软件控制各类资源和优化，成为下一代新型网络演进的基本方向。要实现软件定义控制的智能化，需要数据中心的云计算虚拟化、交换核心网络容量虚拟池化、传送网络资源光电交换和无线网络资源的虚拟化，实现软件和硬件相对独立、转发和控制解耦，才能满足网络业务和流量动态变化的实时需求。

② 业务类型和数据流量的发展决定了 SDN、NFV 将加快发展。SDN 和 NFV 基本能应对业务内容发展和流量瞬息万变对网络的冲击，其网络结构将服从和服务于业务和数据流量的改进。

③ 网络功能的虚拟化和开放，将对网络结构、商业主体、商业模式乃至整个 ICT 产业产生深远的影响。对于设备制造企业中的新兴厂商，SDN、NFV 的发展将带来颠覆市场的新机遇，尤其为众多中小软件企业增添了蓝海市场；对于传统设备厂商，这意味着垄断格局被打破，有利于激励竞争和技术创新；对于互联网企业，网络控制权迁移带来新机遇，将为互联网服务提供商（Internet Service Provider，ISP）带来构建更多业务的廉价、高效网络的机会；对于网络运营商，SDN、NFV 构建的智能管道不仅更智能，网络运维管理更高效、网络建设与运维成本更低，还可促进开放底层网络，推动业务创新和灵活部署。对网络研究工作来说，网络虚拟化和控制转发分离成为网络新架构的特征，为构建未来网络试验床提供了基础技术准备。

④ SDN、NFV 的发展引发产业界向以运营企业为首、软件为主的战略调整。国外许多互联网和云服务公司、IT 企业、通信设备制造商、通信运营商以及标准组织等对 SDN、NFV 的态度，已从持续关注走向积极研发并部署商用。Google 在 2011 年试验采用 OpenFlow 协议配置数据中心网络，2012 年宣布实现了全球主要节点数据实时拓扑、带宽按需动态调整，网络利用率从约 30%提升到超过 90%，这标志着 SDN 商用成功。运营商在 SDN 方面加速行动，葡萄牙电信和 NEC 合作运营 SDN 数据中心；澳洲电信和爱立信以 SDNFV（SDN+NFV）合作优化接入网和业务链；法国 SFA 和加拿大 Telus 评估了 SDN 在数据中心的效应；美国 Verizon 在云系统环境中引导并验证了视频数据流应用 SDN 的优势；美国 AT&T 以 SDN 对企业用户提供虚拟专网 VPN 的服务等。

NFV 的概念验证（NFV Proof of Concept，NFV PoC）已经进行了 20 多项。AT&T、

Amazon、NEC 等多家运营商在其最新设备采购需求中，均提出以软件为主体、加大 NFV 力度的战略，体现了制造业的走向。思科公司 2014 年完成了“由硬及软”走向软件为主的转型，针对 SDN 与云、网络虚拟化与业务编排、网络自动化与可编程、芯片量产四大领域，以软件定义技术发力云网络互联，实现网络功能的开放性和自动化，这标志着 IT 领军企业加快发展 SDN、NFV 的步伐。

2.8　云网融合

2.8.1　云网融合发展趋势

（1）产业趋势

1）数据成为重要生产要素，云网保障数据存储和无损传送

数据是满足企业和个人生产生活需求的核心要素，最终将会在不同的 IT 基础设施中存储并进行流动。目前主要的 IT 基础设施均在向公有云、私有云和边缘云等迁移。云作为数据的载体，在可靠性、安全性、算力资源的弹性等方面尤显重要。网络作为支撑数据贯通的“筋骨”和“血脉”，提供大带宽、确定性时延以及无损传输服务。

电信运营商应结合自身网络优势，积极拥抱产业，通过云网融合技术为智慧城市、能源、公共事业、制造、供应链、AR/VR、车联网等提供无处不在的云网业务，促进数据在不同云、不同垂直行业以及个人之间流动，为数字经济发展做出贡献。

2）算力资源向分布化发展

数字化、智能化正在加快推动计算产业的创新，催生了海量的场景和应用，促使融合计算架构出现，“云、边、端”的泛在计算模式开始兴起。未来互联网商业模式将会以算力和数据为主。算力由云计算走向边缘计算和泛在计算，通过云端超级计算机集群，为客户提供快速且安全的云计算服务与数据存储，如图 2-6 所示。

云数据中心已经取代传统数据中心成为主流，根据思科云指数报告，2021 年云数据中心相关的流量，在全球 IP 流量中的占比将高达 95%。云原生技术解决了跨云环境一致性问题，缩短了应用交付周期，消除了组织架构协作壁垒。但中心化的云计算无法满足部分低时延、大带宽、低传输成本的场景（如智慧安防、自动驾驶等）需要，因此云计算从云端迁移到边缘端十分必要。

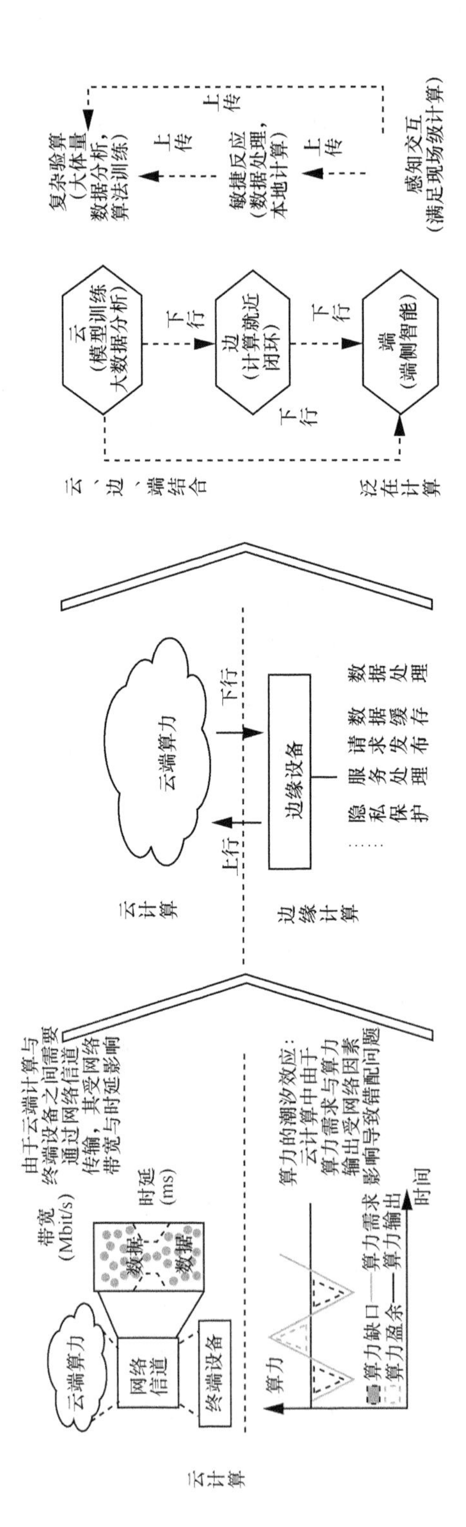

图 2-6 算力由云计算走向边缘计算和泛在计算

随着 5G 的发展普及，边缘计算的需求大幅增长，据 IDC 数据预测，到 2022 年将有超过 500 亿的终端与设备联网，未来超过 50%的数据需要在网络边缘侧进行分析、处理与存储，边缘计算市场的价值将达 67.2 亿美元。边缘计算与云计算互相协同，共同使能行业数字化转型。云计算聚焦非实时、长周期数据的大数据分析，能够在周期性维护、业务决策支撑等领域发挥特长。边缘计算聚焦实时、短周期数据的分析，能更好地支撑本地业务的实时智能化处理与执行。据阿里云数据统计，计算部署在边缘端后，计算、存储、网络成本可节省 30%以上。

为满足现场级业务的计算需求，计算能力进一步下沉，出现了以移动设备和 IoT（Internet of Thing，物联网）设备为主的端侧计算。在未来计算需求持续增加的情况下，虽然“网络化”的计算有效补充了单设备无法满足的大部分算力需求，但仍然有部分计算任务受不同类型网络带宽及时延限制，因此未来形成“云–边–端”多级计算部署方案是必然趋势，即云侧负责大体量复杂的计算，边缘侧负责简单的计算和执行，终端侧负责感知交互的泛在计算模式。由此判断，新的 ICT 格局将向着泛在联接与泛在计算紧密结合的方向演进。

2020 年 4 月，国家发展和改革委员会首次对新基建的具体含义进行了阐述，在信息基础设施部分，提出构建以数据中心、智能计算中心为代表的算力基础设施，提升各行业的“联接+计算”能力，引领重大科技创新、重塑产业升级模式，为社会发展注入更强动力。2020 年 12 月，国家发展和改革委员会在《关于加快构建全国一体化大数据中心协同创新体系的指导意见》提出“布局大数据中心国家枢纽节点”“形成全国算力枢纽体系”的具体要求。其中特别指出，构建一体化算力服务体系，加快建立完善云资源接入和一体化调度机制，以云服务方式提供算力资源，降低算力使用成本和门槛。支持建设高水平云服务平台，进一步提升资源调度能力。同时，还要优化算力资源需求结构。以应用为导向，充分发挥云集约调度优势，引导各行业合理使用算力资源，提升基础设施利用效能。对于需后台加工存储、对网络时延要求不高的业务，支持向能源丰富、气候适宜地区的数据中心集群调度；对于面向高频次业务调用、对网络时延要求极高的业务，支持向城市级高性能、边缘数据中心调度；对于其他算力需求，支持向本区域内数据中心集群调度。综上所述，从新基建政策的导向来看，给予算力提供者、网络运营者、服务提供者和服务使用者等不同角色引入多方参与的空间，同时也给以算力网络技术为基础的转–算–存主体分离、联合服务的新商业模式提供了宝贵的尝试空间。

（2）服务趋势

1）企业服务云化趋势加速

根据 IDC 预测，到 2025 年 85%的企业新建的数字基础设施将部署在云上，当前的比例只有 20%，还有较大的增长空间。超 90%的应用程序将会云化，并且超 80%的应用将会嵌入 AI（Artificial Intellgence，人工智能）。

2020 年，突发的新冠肺炎疫情使无接触服务成为主流，驱使企业加速数字化转型，在线教育、家庭办公、远程医疗、城市治理等将会得到长久的保留，改变了整个社会的生活方式。企业业务从以前的线下为主，变成现在的线上、线下业务深度融合；从以前动辄几个月甚至以年计的新系统、新应用上线周期到现在以周甚至以天为周期的更新迭代，业务和应用需求发生了翻天覆地的变化。在这种情况下，云和网需要适应应用服务的发展，提供快速敏捷的业务服务。未来的应用不仅能够在企业本地数据中心运行，而且还能够跨多个私有云和公有云提供应用服务，部署位置也能够依据业务 SLA（Service Level Agreement，服务级别协议）诉求，靠近用户灵活部署。

2）服务需求趋向于一体化解决方案，体验成为关键

根据第三方分析机构调查结果，企业对云网服务的顶层关键需求包含一站式自助订购云网组合产品、专线业务 1～2 天快速开通、云和专线资源根据业务变化灵活调整等。初期云网协同仅在商业层面实现协同，云和网是独立规划、独立建设、独立运营的产品。随着政企客户数字化转型的深入，海量应用上云后，网络需要能被云上的应用灵活调用，做到“网络即服务”。这就需要打造智能化、一体化的云网服务体系，满足客户一键式订购云网产品的需求，同时自动匹配网络资源，快速开通，业务灵活调整，向最终的客户提供云网一体化的产品与服务。客户可以任意选择产品组合，从签约到履约实现在线自助，快速开通，流程可视。

（3）技术趋势

运营商运营的云、网元的云化和 OSS/BSS 等系统云化都属于电信云。电信云基于虚拟化、云计算等技术，可以实现电信业务云化。根据场景，电信云可分为面向 CT 的云和面向 IT 的云。前者侧重于网络功能的云化，承载的业务类型包括 vIMS（vicrtualized IP Muttimedia Subsystem，虚拟化 IP 多媒体子系统）、vEPC（virtualized Evolved Paoket Core，虚拟化演进分组核心网）、vMSE（virtudized Mutti-Service Edge，虚拟化多业务网关）、vPCRF（virtudized Policy and Charging Rute Function，虚拟化策略和计费规则功能）、vBRAS（virtudized Broadband Remote Access Server，虚拟化宽带接入服务器）、vCPE（virtudized

Customer Premise Equipment，虚拟化客户终端设备）、vFW（virtudized Fire Wall，虚拟化防火墙）等；后者针对运营商内部应用系统（BSS 系统、OSS 系统、Email 系统、ERP 等）的云化。运营商网络正在加速向云化演进，网管系统、OSS/BSS 系统已迁移到云端，5G 核心网功能、固网 CPE（Customer Premise Equipment，客户终端设备）、BRAS（Broadband Rewote Rccess Server，宽带接入服务器）逐步推进云化部署。

电信云业务与私有云业务不同，电信云的 VNF（Virtualized Network Function，虚拟化网络功能）作为网络设施，对承载网络和云资源的可靠性要求更高。电信云本质上是把原来的专用设备采用“服务器+存储+数据中心网络”来实现，传统网元需要和网络其他设备建立连接关系，云化之后部署在数据中心，其连接属性没有变化，需要数据中心网络能够与广域网络进行更加深度融合。

从云化技术看，需要引入云原生技术，实现业务逻辑和底层资源的完全解耦，极大释放业务开发者的活力。通过面向服务的容器编排调度能力，实现服务编排面向算网资源的能力开放；结合新基建背景下社会中多产权主体可提供多种异构算力的情况，实现对泛在计算能力的统一纳管。

从网络协议看，“IPv6+”网络创新体系是以 IPv6+技术为底座，在 IPv6 提供海量连接的基础上，增加了 SRv6、随流检测等创新技术来提升网络智能可编程能力，可较好地解决层出不穷的新业务带来的 IPv4 地址短缺和网络复杂度日益增长等问题。IPv6+包含一系列的解决方案和能力：SRv6 作为 IPv6+的核心技术之一，使能网络可编程和差异化服务保障，为运营商网络提供了创新平台，满足在 5G 和云时代运营商自定义网络及业务的诉求；网络切片是在 IPv6+网络中提供差异化的 SLA，APN（Access Point Name，接入点名称）提供网络感知应用能力，随流检测机制提供业务 SLA 可感知、故障快速定位能力。

从网络能力看，需要持续推进网络开放，探索开放操作系统在云数据中心的应用，探索基于可编程交换机架构的核心网转发面实现方式和部署场景，探索无损网络等技术在边缘数据中心的应用等，增强网络对敏捷业务提供的适配能力和承载能力。

2.8.2 云网融合面临的挑战

随着云网业务的快速发展和应用的不断创新，云网融合迎来了蓬勃发展时期，但面临着连接、体验、运营、安全四个方面的挑战。

（1）连接挑战：多云接入，连接随动

随时、随地、随需接入多云：疫情加速了企业上云的步伐，85%以上的应用会承载在云中，未来企业和个人都会与多云进行连接。云应用会根据业务处理的时延、带宽及体验需求，跨公有云、私有云、边缘云等地部署，网络需要具备广覆盖以及敏捷接入能力，随时、随地、随需将用户接入多云，满足客户按需快速获取内容的诉求。

连接随动：连接随动包含两层意思，第一层是快速开通，云网协同，云网业务同开同停；第二层是带宽随动，能够基于云的弹性、花销等因素，自动伸缩调整带宽。如：医院需要定时上传 PACS（Picture Archiving and Communication Systems，影像归档和通信系统）的数据，运营商晚上带宽较为空闲，造价便宜，医院可以选择晚上定时上传数据。

一致体验和统一管控：云网业务的路径可能经过智能城域网、骨干网等多张网络，云网应该能够提供一致性的体验，保证端到端 SLA，同时不同的网络和云应具备统一的管理功能，提供统一的业务视图。

（2）体验挑战：确定性体验成为刚需，体验随动

确定性体验成为刚需：企业数字化转型，业务上的云分为互联网应用上的云、信息系统上的云、核心系统上的云 3 个阶段，网络需求差异性显著。互联网应用上的云追求高性价比，要求敏捷上云，快速开通；信息系统上的云要求大带宽和确定性时延，例如 VR 课堂要求每个学生带宽大于 50Mbit/s，时延小于 20ms；核心系统上的云要求网络稳定可靠、确定性时延、低时延和高安全，例如某电网差动保护业务要求承载网确保时延小于 2ms。面对不同的业务诉求，网络应能够基于业务的带宽、时延等不同的 SLA 诉求，提供多个分片并做到按需灵活调整，实现一网承载千行百业。

体验随动：在 5G 和云时代体验建网是发展趋势。体验建网首先要求云网业务应该具备质量度量、云网业务可视、可测、故障定位定界能力；其次基于度量的结果，云网业务可调，可以按需流量调优到不同路径，也可以调优到不同切片，保证业务差异化承载，满足业务 SLA 诉求。

云网高性能及高可靠性：网络功能云化部署在云中，网络和云的结合更加紧密，以前运营商要求网元达到 99.999%的可靠性，而 IT 的要求比较宽松，更加侧重于快速业务迭代。网络功能云化后，要求云网能够共同提供高可靠性，同时发生故障时能够提供毫秒级别的网络快速收敛，业务快速恢复能力。

简单易用、便于维护：未来的电信网络应简单易用，不需要复杂配置，非专业人士也能快速开通及维护。云期望网络是“透明”的，这样它可以更加关注应用。云网时代网络

将更加以应用为中心，采用自上而下的视角，旨在构建一个更加接近应用需求、意图驱动型的网络，对网络来说，这个意图就是云的“应用”。云不用关心网络底层的细节，只关心应用的意图，即效果，一键可将意图绑定云应用，即完成云应用在网络的 SLA 连接。同时要求网络具备可编程能力，以可编程来管理网络，以可编程来构造意图，最终的目标是让不懂网络的人也能够轻松使用网络。

（3）运营挑战：全在线的一体化服务能力

云和网是企业数字化转型的基石，客户在考虑云网能力的时候，首先考虑的是一体化解决方案能力，以最小的沟通协同成本，最便捷的业务开发，最完善的维护体系形成最高效的业务产出。因此，一体化服务能力是当今企业的迫切需求，管家型的贴心服务最终会在市场竞争中胜出。其次是在线化，这是打通“客户最后一米”的环节，提升客户业务感知，在线申请，在线开通，在线服务，实现电商化业务流程体验。

云网融合的目的是快速建立最终客户和内容的连接，云网融合可以依据需求提供应用随动，包括提供 FW（Fire Wall，防火墙）/DDoS（Distributed Denial of Service，分布式拒绝服务攻击）/DPI（Deep Packet Inspection，深度包检测技术）等防护增值业务给最终的客户。

（4）安全挑战：一体化安全解决方案

云计算正在不断改变数据被使用、存储和共享的方式，随着越来越多的数据进入云端，尤其是进入混合云，原有的安全物理边界被打破，同时在端侧，随着海量 IoT 设备接入，现在的网络不仅需要连接人，同时还需要连接物，这将存在更多的潜在威胁。从 2019 年统计数字看，全球平均每天产生的恶意邮件多达 4.65 亿件，DDoS 威胁攻击较上一年增长 64%。为应对新的安全威胁，2019 年国家发布了新的信息技术等级保护标准，重点解决云计算、物联网、移动互联和工控领域信息系统的等级保护问题，网络安全等级保护正式进入 2.0 时代。

未来的云网融合解决方案不仅要确保云和网的自身安全，同时可以向用户提供云网场景下的安全服务，从网络到业务构筑立体化的安全保障。

2.9　光网络

面向云时代，电信业务增不增收挑战日益明显，运营商需要重塑管道的价值，才能在新 ICT 市场趋势下紧握更多的市场地位和话语权。

云时代的新业务需要“三低四高”的品质连接，即低时延、低抖动、低丢包率，高带宽、高可靠性、高安全性和高可用性，因此承载网络应从尽力而为向确定性承载转型，开辟创新应用新蓝海。光网络因刚性管道的特性，具备提供高品质连接的能力，发展潜力巨大，将成为新基建和泛在网络的坚实底座。

当前光网络存在架构复杂、适应性差、智能化程度低等问题，迫切需要从带宽驱动的管道网络，向体验驱动的云化业务网络演进，应具备如下特征：确定性承载使能高品质业务、全光锚点使能全业务接入、光电协同使能网络扁平化、智能管控使能运维自动化、云光一体使能高品质云网。

（1）确定性承载

业务对网络的诉求从带宽逐步延伸到时延、抖动、丢包率等可预期的确定性承载，要求把超宽、低时延、高安全性、高可靠性、低丢包率等光网络核心能力对外开放，满足对内、对外业务承载需要。建设在物理光纤基础之上、面向连接的光网络，更容易提供满足高端专线、视频类业务以及千行百业数字化要求的确定性承载能力。

（2）全光锚点

传统光网络是业务倒逼网络规划，家庭宽带、无线（3G/4G/5G）接入，政企各自是一张网，网络架构缺乏系统性，建设响应速度慢，综合建设成本高。随着运营商基于综合业务接入点的网络架构重构，全光锚点将部署到综合业务接入机房，可实现网络边界稳定，提高传输接入站点集中度，保障业/网平滑发展及网络质量，降低投资成本，实现统一接入，统一传送承载。

（3）光电协同

在光网络中，同等容量下光层节点的成本和功耗都远小于电层节点，但光层节点连接颗粒和数量远远无法满足海量业务连接需求。电与光相反，其颗粒灵活，支持海量连接，但会带来管理复杂、成本高、功耗大等问题。通过光电协同设备和组网架构，可实现光电优势互补；通过智能化配置，可提供满足各种业务所需要的连接和网络。

（4）智能管控和能力开放

管控层是网络效率和安全性的核心，需要快速响应业务需求，准确提供网络资源，并能做到弹性扩容。智能管控将实现网络“规、建、维、优、营”生命周期内的闭环自治。

管控系统还要支持能力开放，与协同器对接，把光网络核心能力开放给各种应用，支持变现。中国联通政企精品网基于国际标准 ACTN（Abstraction and Control of TE Networks，流量工程网络抽象与控制）接口已率先在国内实现光网络 SDN 化商用部署。

（5）云光一体

面向金融、价值行业客户等接入行业云/专属云，提供一跳入云、稳定低时延、物理层硬隔离、安全承载、广覆盖快速开通服务，具有多种灵活业务接入、一跳入云和一站式开通等特性。

2.10　数据网络 5.0

根据网络 5.0 产业和技术创新联盟（成立于 2018 年 6 月 20 日）划分，模拟通信系统为网络 1.0 时代，数字通信系统为网络 2.0 时代，ATM 为网络 3.0 时代，IP 为网络 4.0 时代，在现有网络 4.0 基础上，网络 5.0 提出“以网络为中心、能力内生”的核心主旨，通过打造新型 IP 网络体系，连通分散的计算、存储及网络等资源，构建一体化的 ICT 基础设施。网络 5.0 包含内生安全可信、网络确定性、资源的感知和管控、算网融合、高通量新传输层、多语义多标识、可运营新组播、移动性管理等需求。

（1）内生安全可信

内生安全网络是以信任为基础，以可信标识为锚点，通过去中心化共识机制，具备内在自免疫可进化安全能力的网络安全体系。利用内生安全机制使网络具备可信管理、可信接入、业务可信传输以及可信路由能力。

（2）网络确定性

网络确定性包含三个方面，一是时间确定性，指从设备收到报文到报文从本设备送出所经历的时间满足时延上限和抖动上限；二是资源确定性，即资源预留能力，指在报文途径节点进行带宽、标签、队列、缓存等转发资源的预先分配和保留；三是路径确定性，即显示路径能力，指基于路径的服务质量能力，向确定性业务提供固定的路径。

（3）资源的感知和管控

未来网络将面临一体化的资源感知和管控需求，资源感知不仅包括及时、准确了解资源使用方的需求，还包括感知资源供给方的资源动态供给能力。同时，网络提供的高质量传输能力也需要纳入一体化资源感知和管控体系。因此，未来网络需要对网内各种资源的需求和供给能够清晰感知并有效管控。

（4）算网融合

为了实现算力资源灵活高效的调度，算网融合系统需满足包括对算力的需求、对网络的需求以及对融合管理各个方面的需求。

（5）高通量新传输层

随着媒体应用等网络服务的发展，VR/AR、全息通信、触感网络等技术的不断进步，未来网络需要满足数倍增长的带宽需求，满足超高通量网络传输的需求。

（6）多语义多标识

网络 5.0 的目的是在统一的框架下连接多种异构网络，实现万网互联。因此未来网络既要支持传统的基于主机和位置绑定的拓扑寻址，又要支持基于虚拟化和移动化的标识寻址、内容寻址、计算寻址等。

（7）可运营新组播

当今视频流量已成为互联网流量主体，面向垂直行业，产业技术升级带来了新的组播需求场景。组播业务需求广泛存在，但传统组播技术应用长期低于预期，如何提高组播技术的应用范围和用户体验是未来网络亟须解决的问题。

（8）移动性管理

移动性管理包括终端移动、服务移动和网络移动 3 个方面，移动性管理对网络也提出新的能力需求。

第 3 章

人工智能为未来网络赋能

人工智能意味着新的技术革命的到来，这好比电对工业革命的推动，互联网对高科技行业的推动。人工智能赋能产业的能力非常强，当整个社会开始进入万物互联的物联网时代，人工智能+任何垂直行业，都会产生很大的社会价值。电信网络作为信息通信的基础设施，拥有应用人工智能技术的巨大空间和潜力。利用人工智能算法提供的强大分析、判断、预测等能力，赋能网元、网络和业务系统，并将其与电信网络的设计、建设、维护、运行和优化等工作内容结合起来，成为电信业关注的重要课题。

3.1 人工智能简介

人工智能的发展可追溯到 1956 年达特茅斯会议。这次长达两个月的会议，首次提出了人工智能的术语，确定了很多需要日后解决的核心问题，这些问题包括：自然语言是否可以用于编程？是否可以编写出模拟人类大脑神经元的程序？计算机是否具有经验学习能力？计算机应该如何表达信息？算法中的随机性跟机器的智能化程度是否有正相关？在达特茅斯会议上，人工智能的名称和任务得以确定，同时出现了最初的成就和最早的一批研究者，因此这一事件被广泛承认为人工智能诞生的标志。

人工智能可以定义为机器能够实现的智能，是与人类和其他动物表现出的人类智能和自然智能相对的概念。人工智能技术是计算机科学的一个分支，致力于了解智能的实质，并生产出一种新的能以与人类智能相似的方式做出反应的智能机器，感知环境并采取行动以最大限度地实现目标。

人工智能技术主要具有以下能力：处理不确定信息的能力，通过模糊逻辑和模式识别，对未知的不确定、不准确的信息进行管理和控制；较强的协作能力，通过多代理协作，实现同一系统中不同子系统之间相互配合、相互协作，共同实现系统的管理和维护；较强的学习能力和推理能力，通过模拟人类的智能活动，具备人类智能的基本能力。

如图 3-1 所示，人工智能主要研究领域分为机器学习与推理、AI 系统与语音以及知识工程三个方面。其中，机器学习与推理中包括智能搜索、自动推理、模式识别以及深度学习等；AI 系统与语音包括智能机器人、计算机视觉、自然语言处理等；知识工程包括专家系统、知识图谱以及数据挖掘等。人工智能已成为各行各业数字化转型的重要方向，它将驱动人机交互的变革，让机器看懂物和人，深度影响零售、金融、交通、制造、医疗、安防、教育以及通信等行业。

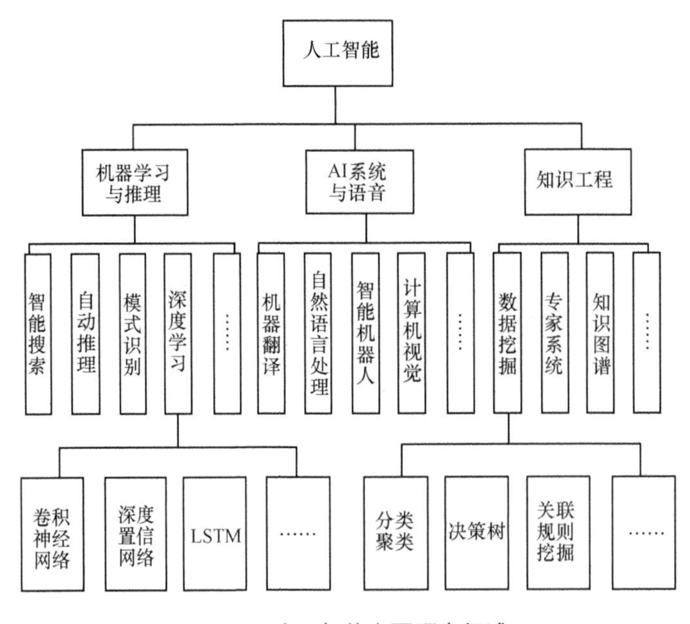

图 3-1　人工智能主要研究领域

1956 年至今，人工智能的发展经历了 3 次浪潮。1956—1976 年是第一次浪潮，这个阶段主要是符号主义、推理、专家系统等领域发展很快。第一次浪潮的高峰在 1970 年，当时由于机器能够自动证明数学原理中的大部分原理，人们认为第一代人工智能机器甚至可以在 5～10 年达到人类智慧水平。20 年以后，大家当时设计的理想目标很多都没有实现，由此进入第一个低潮期，符号主义和连接主义从此消沉。

第二次浪潮是 1976—2006 年，在这个阶段，符号主义没有再起来，但是连接主义起来了并持续多年。后来发现神经元网络可解决单一问题，但无法解决复杂问题，积累一定的数据量，有些结果在一定程度就不再上升。

第三次浪潮从 2006 年至今，因为有了互联网奠定的基础，再加上深度学习与大数据的兴起助推人工智能，人工智能处于爆发阶段。

当前，人工智能的第三次浪潮，以深度神经网络为基础，结合云计算、大数据和移动互联网，已经在语音合成、语音识别、图像识别、机器翻译、自动客服、口语评测、自动驾驶等人工智能领域取得了突破，跨过了实用门槛，每天都在为全球数以亿计的用户提供服务。

人工智能浪潮已经掀起，并有望成为未来 IT 产业发展的焦点。人工智能市场将继续保持高速增长，根据 IDC 预测，到 2024 年，包括软件、硬件和服务在内的全球人工智能市场规模将突破 500 亿美元。2017 年 7 月 20 日，国务院发布的《新一代人工智能发展规划》提出：到 2025 年，人工智能基础理论实现重大突破，部分技术与应用达到世界领先水平，人工智能成为我国产业升级和经济转型的主要动力，智能社会建设获得积极进展；到 2030 年，人工智能理论、技术与应用总体达到世界领先水平，成为世界主要人工智能创新中心。

3.2 人工智能技术常用算法

人工智能应用技术包括语音类技术（如语音识别、语音合成等）、视觉类技术（如生物识别、图像识别、视频识别等）和自然语言处理类技术（如机器翻译、文本挖掘、情感分析等）。以上各类技术的应用主要取决于数据、芯片能力及算法。

根据数据的标注程度，人工智能算法可以分为监督式学习、无监督式学习、半监督式学习和强化学习。监督式学习与无监督式学习算法的不同之处在于，预先获取的数据样本是否进行了标注。数据标注可能是离散型数值也可能是连续型数值。

3.2.1 监督式学习

监督式学习基于有标记的数据集进行学习，包括分类算法、回归算法，其中回归算法针对的是连续型数值（如预测房屋价格），分类算法针对的是离散型数值。近年来，业界流行的神经网络、深度学习在本质上属于分类算法范畴。

常见的监督学习类算法包括：贝叶斯、决策树、线性回归、支持向量机、k 近邻法等。

3.2.2 无监督式学习

无监督式学习基于未标记的数据集进行学习，包含聚类算法和关联分析类算法。常见的无监督学习类算法包括：关联规则学习、分层聚类、聚类分析、异常检测等。

1. 聚类算法

聚类就是将物理或抽象对象的集合分组成为由类似的对象组成的多个类的过程。聚类分析按照样本点之间的亲疏远近程度进行分类，为了使分类合理，必须描述样本之间的亲疏远近程度。

聚类算法有层次聚类算法和划分聚类算法，下面分别对这两种算法进行介绍。

（1）层次聚类算法

层次聚类算法通过将数据组成若干个体劳动者组并形成一个相应的树来进行聚类。根据层次是自底向上还是自顶而下形成，层次聚类算法可以进一步分为凝聚型聚类算法和分裂型聚类算法。层次聚类算法的质量由于无法对已经做的合并或分解进行调整而受到影响。但是层次聚类算法没有使用准则函数，它所含的对数据结构的假设更少，所以它的通用性更强。

（2）划分聚类算法

给定数据库一个包含 N_p 个数据对象及数目 K 的即将生成的簇，划分聚类算法将对象分为 K 个划分，其中，每个划分分别代表一个簇，并且 $K \leqslant N_p$，K 需要人为指定。划分聚类算法一般从一个初始划分开始，然后通过重复的控制策略，使某个准则函数最优化。划分聚类算法的优缺点和层次聚类算法的优缺点相反，层次聚类算法的优点恰恰是划分聚类算法的缺点，层次聚类算法的缺点恰恰是划分聚类算法的优点。根据两者的优缺点，人们往往会更趋向于使用划分聚类算法。

2. 关联规则算法

关联规则算法可以从数据集中发现项与项之间的关系。应用关联规则算法时，通常会涉及几个重要参数：支持度、置信度、项目集、频繁项集。支持度表示组合{X,Y}在总项集里出现的概率，支持度越高，代表这个组合出现的频率越大。置信度指的是在先决条件 X 发生的情况下，由关联规则推出 Y 的概率。每个项目集的大小不同，该大小表示项目集中包含的项的数目。频繁项目集是指支持度大于等于最小支持度阈值的项目集。

我们最常用的关联规则算法是 Apriori 算法。

Apriori 算法的基本思想是通过对数据库的多次扫描来计算项集的支持度，发现所有的频繁项集，从而生成关联规则。Apriori 算法对数据集进行多次扫描。第一次扫描得到频繁 1-项集的集合 L_1，第 k（k>1）次扫描首先利用第（k−1）次扫描的结果 L_（k−1）来产生候选（k−1）-项集的集合 C_k，然后在扫描的过程中确定 C_k 中元素的支持度，最后在每次扫描结束时计算频繁 k-项集的集合 L_k,算法在当候选 k-项集的集合 C_k 为空时结束。

Apriori 算法是一个迭代算法，很适合事物数据库的关联规则挖掘，尤其适合稀疏数据集的挖掘（频繁项目集长度小的数据集）。但它需要多次扫描数据库，需要很大的 I/O 负载，可能产生庞大的候选集，对计算时间和内存容量来说都是一种挑战。另外，在频繁项目集长度变大的情况下，运算时间显著增加。

Apriori 算法已被广泛应用于多个行业。在消费市场的价格分析中，运用该算法快速地分析出各种产品的价格关系及它们之间的影响。在网络安全领域，学习和训练发现网络用户的异常行为，从而快速锁定攻击者。在移动通信领域中，如增值业务挖掘，依托 web 数据仓库平台，对增值业务数据进行相关挖掘，指导运营商的业务运营和辅助业务提供商的决策制定。

3.2.3　半监督式学习

半监督式学习中的数据集中一部分有标记，一部分未标记。常见半监督式学习算法包括生成模型、多视角算法、基于图形的方法等。

3.2.4　深度、强化和迁移学习

1．强化学习

强化学习指系统从不标记信息，但是会在具有某种反馈信号（即瞬间奖赏）的样本中进行学习，以学到一种从状态到动作的映射来最大化累积奖赏，这里的瞬时奖赏可以看成对系统的某个状态下执行某个动作的评价。常见强化学习算法包括：Q 学习、状态−行动−奖励−状态−行动（State-Action-Reward-State-Action，SARSA）、DQN（Deep Q Network）、策略梯度算法、时序差分学习等。

2．深度学习

深度学习属于人工神经网络（Artificial Neural Network，ANN）。人工神经网络类似人类大脑的生理结构（互相交叉相连的神经元），但与大脑中一个神经元可以连接一定距离内的任意神经元不同，人工神经网络具有离散的层、连接和数据传播的方向。例如，你可能会抽取一张图片，将它剪成许多块，然后植入神经网络的第一层，第一层独立神经元会将

数据传输到第二层，第二层神经元也有自己的使命，一直持续下去，直到最后一层，并生成最终结果。每一个神经元会对输入的信息进行权衡，确定权重，弄清输入信息与所执行任务的关系，比如正确或者不正确。最终的结果由所有权重来决定。以停止标志为例，我们会将停止标志图片切割，让神经元检测，比如它的八角形形状、颜色、字符、交通标志尺寸、手势等。人工神经网络的任务就是给出结论：它到底是不是停止标志。神经网络会给出一个“概率向量”，“概率向量”依赖于有根据的推测和权重。在该案例中，系统有 86%的信心确定图片是停止标志，有 7%的信心确定它是限速标志，有 5%的信心确定它是一支风筝卡在树上，等等。最后网络架构会告诉神经网络它的判断是否正确。

典型的神经网络结构有两条主线。一条主线是卷积神经网络，主要用于图像类数据的处理。另一条主线是循环神经网络，主要用于时序类数据（文本类数据和音频类数据）的处理。深度学习包含监督式学习算法和无监督式学习算法，比如卷积神经网络属于监督式学习，生成式对抗网络属于无监督式学习。

（1）CNN 卷积神经网络

卷积神经网络（Convolutional Neural Network，CNN）是一种深度前馈人工神经网络，是第一个真正成功训练多层网络结构的学习算法，由 LeCun 等人受视觉系统结构的启示，利用 BP（Back Propagation，后向传播）算法设计并训练得到，已成为当前语音分析和图像识别领域的研究热点。

CNN 作为深度学习框架，是基于最小化预处理数据要求而产生的。受早期的时间延迟神经网络（Time Delay Neural Network，TDNN）影响，其权值共享网络结构类似于生物神经网络，降低了网络模型的复杂度，减少了权值的数量。当网络输入为多维图像时，该优点更为明显，图像可以直接作为网络输入，避免了传统识别算法中复杂的特征提取和数据重建过程。在 CNN 中被称为局部感受区域的图像的一小部分，为分层结构的最底层输入。信息通过不同的网络层次进行传递，因此在每一层能够获取平移、缩放和旋转不变的观测数据的显著特征。

如图 3-2 所示，CNN 的结构一般包含以下几层。

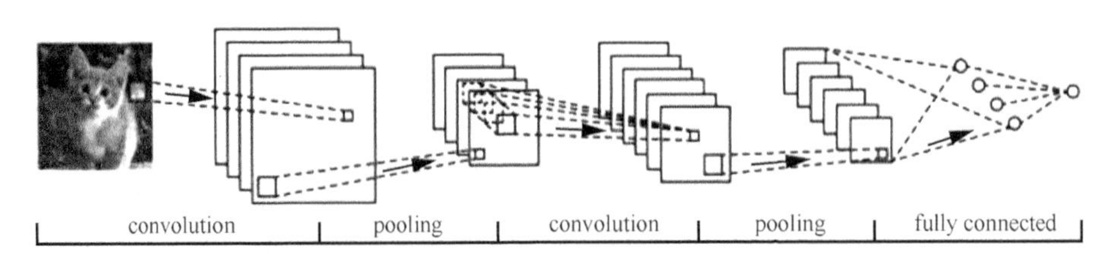

图 3-2 CNN 的结构

① 输入层：用于数据的输入。

② 卷积层（convolution）：使用卷积核进行特征提取和特征映射。

③ 池化层（pooling）：进行采样，对特征图稀疏处理，减少数据运算量。

④ 全连接层（fully connected）：通常在 CNN 的尾部进行重新拟合，减少特征信息的损失。

⑤ 输出层：用于输出结果。

（2）DBN 深度置信网络

深度置信网络（Deep Belief Network，DBN）由 Geoffrey Hinton 在 2006 年提出，是目前研究和应用都比较广泛的深度学习结构。它既可以用于非监督学习，类似于一个自编码机；又可以用于监督学习，作为分类器来使用。从非监督学习来讲，其目的是尽可能地保留原始特征，同时降低特征的维度；从监督学习来讲，其目的在于尽可能分类错误率。无论是监督学习还是非监督学习，DBN 的本质都是特征学习的过程，即得到更好的特征表达。

DBN 是一种生成模型，由一系列受限波尔兹曼机（Restricted Boltzmann Machine，RBM）单元组成。RBM 是一种典型神经网络，其结构示意如图 3-3 所示。该网络可视层和隐层单元彼此互连（层内无连接），隐单元可获取输入可视单元的高阶相关性。相比传统 sigmoid 信念网络，RBM 权值的学习相对容易。

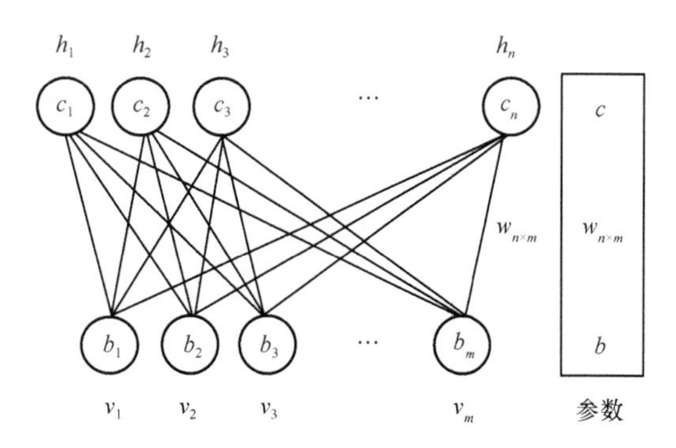

图 3-3　RBM 网络结构示意

通过自底向上组合多个 RBM 可以构建一个 DBN，如图 3-4 所示。其中，上一个 RBM 的隐层即为下一个 RBM 的显层，上一个 RBM 的输出即为下一个 RBM 的输入。在预训练过程中，需要充分训练上一层的 RBM 后才能训练当前层的 RBM，直至最后一层。整个预训练过程属于非监督学习。最后 DBN 可以通过利用带标签数据，用 BP 算法对判别性能做调整，这个过程属于监督学习。

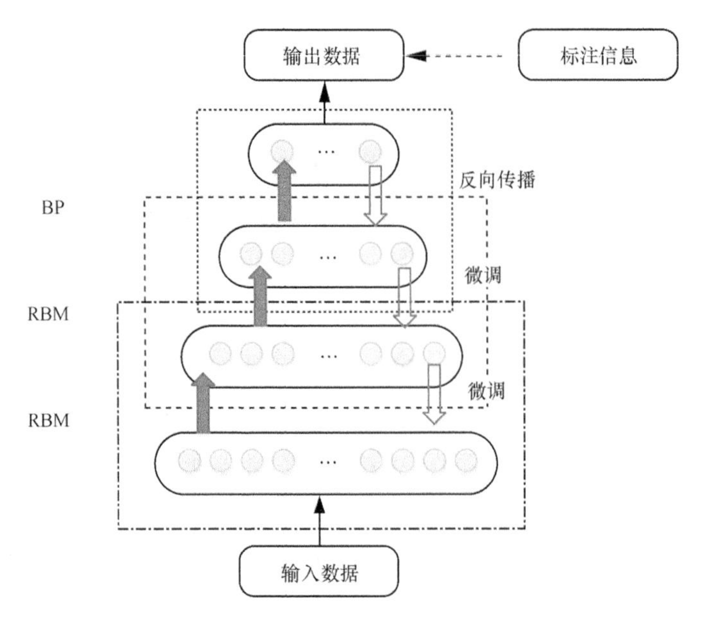

图 3-4 DBN 网络结构示意

（3）GAN 生成式对抗网络

生成式对抗网络（Generative Adversarial Network，GAN）是 Ian Goodfellow 等人在 2014 年提出的一种生成式模型。GAN 在结构上受博弈论中的二人零和博弈（即二人的利益之和为零，一方的所得正是另一方的所失）的启发，系统由一个生成器和一个判别器构成。生成器捕捉真实数据样本的潜在分布，并生成新的数据样本；判别器是一个二分类器，判别输入是真实数据还是生成的样本。生成器和判别器均可以采用深度神经网络。GAN 的优化过程是一个极小极大博弈问题，优化目标是达到纳什均衡，使生成器估测到数据样本的分布。GAN 的计算流程与结构如图 3-5 所示。

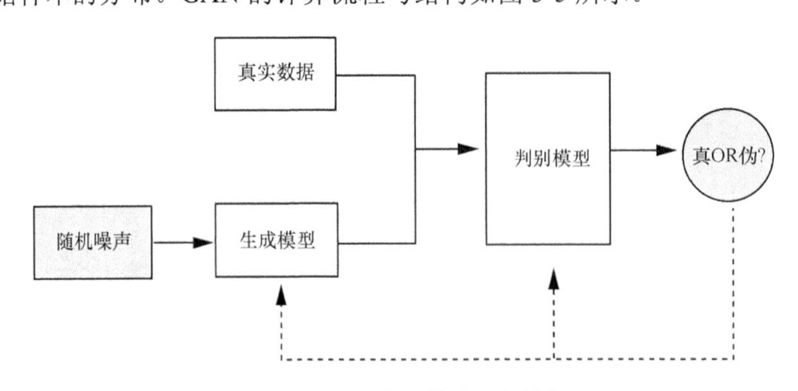

图 3-5 GAN 的计算流程与结构

在当前的人工智能热潮下，GAN 的提出满足了许多领域研究和应用的需求，同时

为这些领域注入了新的发展动力。GAN 已经成为人工智能领域一个热门的研究方向，著名学者 Yann LeCun 将其称为“过去十年间，机器学习领域最让人激动的点子”。目前，图像和视觉领域是对 GAN 研究和应用最广泛的一个领域，已经可以生成数字、人脸等物体对象，构成各种逼真的室内外场景，由分割图像恢复原图像，黑白图像上色，根据物体轮廓恢复物体图像，从低分辨率图像生成高分辨率图像等。此外，GAN 已经被应用到语音和语言处理、电脑病毒监测、棋类比赛程序等研究中。

（4）LSTM 长短期记忆

长短期记忆（Long Short Term Memory，LSTM）网络最早由 Sepp Hochreiter 和 Jurgen Schmidhuber 于 1997 年提出，是一种时间递归神经网络，也是一种特定形式的循环神经网络（Recurreut Neural Network，RNN）。

RNN 是一系列能够处理序列数据的神经网络的总称，已经在众多自然语言处理（Natural Language Processing，NLP）中取得了巨大成功并被广泛应用。RNN 具有三个特性：

① RNN 能够在每个时间节点产生一个输出，且隐单元间的连接是循环的；

② RNN 能够在每个时间节点产生一个输出，且该时间节点上的输出仅与下一时间节的隐单元有循环连接；

③ RNN 包含带有循环连接的隐单元，能够处理序列数据并输出单一的预测。

然而 RNN 在处理长期依赖（时间序列上距离较远的节点）时会遇到巨大的困难，因为计算距离较远的节点之间的联系时会涉及雅可比矩阵的多次相乘，这会带来梯度消失（经常发生）或者梯度膨胀（较少发生）的问题。为解决该问题，提出了 LSTM 算法，其三重门结构如图 3-6 所示。

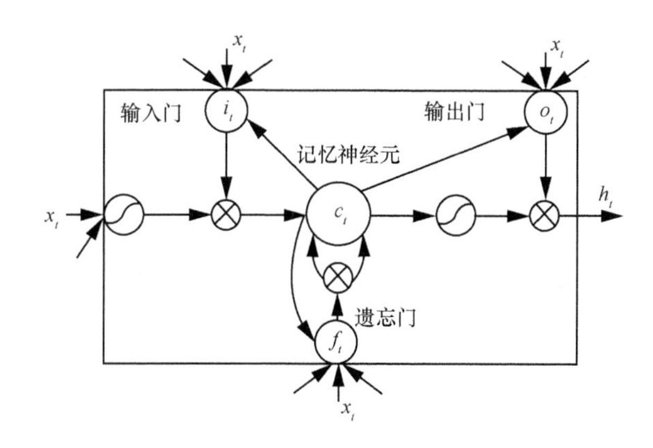

图 3-6　长短期记忆网络三重门结构

LSTM 的记忆神经模块包括输入门、遗忘门和输出门。信息通过输入门进入网络，LSTM 算法根据规则来判断该信息是否有用，只有符合算法认证的信息才会留下通过输出门输出给下一个单元，不符的信息则通过遗忘门被遗忘。这种结构成功的解决了传统 RNN 的缺陷，使 LSTM 算法也适合于处理和预测时间序列中间隔和延迟相对较长的重要事件，成为当前最流行的 RNN，在语音识别、图片描述、自然语言处理等许多领域中成功应用。

LSTM 算法的结构包括输入门、遗忘门和输出门。信息通过输入门进入网络，LSTM 算法根据规则来判断该信息是否有用，只有符合算法认证的信息才能通过输出门输出给下一个单元，不符的信息则通过遗忘门被遗忘。这种结构成功地解决了传统 RNN 的缺陷，使 LSTM 算法适合处理和预测时间序列中间隔和延迟相对较长的重要事件，LSTM 算法成为当前最流行的 RNN，在语音识别、图片描述、自然语言处理等许多领域中成功应用。

（5）GNN 图神经网络

传统的神经网络结构只能处理欧几里得空间的数据（语音、图像、视频、文本），无法处理非欧几里得空间的数据结构。而图神经网络更加适合处理非欧几里得空间的数据。图神经网络在社交网络、知识图、推荐系统、生命科学等各个领域得到了广泛应用。

3．迁移学习

迁移学习是继深度学习之后，能为人工智能带来突破的技术。它不同于传统的监督学习、无监督学习和半监督学习。迁移学习指把一个领域（源领域）已训练好的模型参数迁移到另一个领域（目标领域），使得目标领域能够取得更好的学习效果。迁移学习是深度学习与强化学习的结合体，实现迁移学习的方法有 4 种：①样本迁移（也被称为实例迁移），在源领域中的数据集里面找到和目标领域相似的数据，把这个数据放大多倍，与目标领域的数据进行匹配；②特征迁移，观察源领域数据与目标域数据之间的共同特征，然后这些共同特征在不同层级的特征间进行自动迁移；③模型迁移，将源领域中通过大量数据训练好的模型应用到目标领域；④关系迁移，利用源领域学习逻辑关系网络，再应用于目标域上，比如社会网络、社交网络之间的迁移。

3.3 人工智能落地产品

伴随着算法、算力的不断演进和提升，基于语音、自然语言处理和视觉技术，有越来

越多的应用和产品落地。比较典型的产品包括语音交互类产品（如智能音箱、智能语音助理、智能车载系统等)、智能机器人、无人机、无人驾驶汽车等。机器人属于人工智能范畴内的一个分支。为了避免机器人伤害人类，1942 年，美国著名科幻小说家艾萨克•阿西莫夫在作品《转圈圈》中提出了“机器人学三定律”，被称为“现代机器人学的基石”。

第零定律：机器人必须保护人类的整体利益不受伤害，其他三条定律都是在这一前提下才能成立（后来新补充）。

第一定律：机器人不得伤害人类个体，或者目睹人类个体将遭受危险而袖手不管。

第二定律：机器人必须服从人给予它的命令，当该命令与第零定律或者第一定律冲突时例外。

第三定律：机器人在不违反第零、第一、第二定律的情况下要尽可能保护自己的生存。

目前，智能机器人在人类生活中的应用已经相当广泛，有替代人类孤身冒险的消防机器人，有任劳任怨、持续工作的工业和农业机器人，有帮助人们打理家务的扫地机器人，有照顾老人、孩童、病人的护理机器人，有保卫国防安全的军用机器人，还有艺术领域的绘画机器人、作曲机器人、演奏机器人、指挥机器人、写作机器人等。另外，类人机器人、机器鱼、机器昆虫等各种仿生机器人不断问世，无人机、无人驾驶汽车已面世并投入使用，科学家们还在加紧研发灵敏度更高、功能性和适应性更好的宇航机器人，以及真正拥有人类思维模式的情感机器人等。

无人机涉及传感器技术、通信技术、信息处理技术、智能控制技术以及航空动力推进技术等，是信息时代高技术含量的产物。无人机在农林植保、电力及石油管线巡查、应急通信、气象监视、农林作业、海洋水文监测、矿产勘探等领域的应用效果和经济效益非常显著。此外，无人机在灾害评估、生化探测及污染采样、遥感测绘、缉毒缉私、边境巡逻、治安反恐、野生动物保护等方面有着广阔的应用前景。2019 年，中国联通发布了一款“水天一体 5G 无人机智能巡检”产品，该产品结合了水下无人机和空中无人机的优势，空中与水下全方位立体管理，能够实现全自动、智能化水天配合，有效提升水利问题处理效能。通过 5G 网络的应用，高清视频或 VR 影像的回传与超低时延成为可能，机动化、智能化兼具的巡检方式，打破了传统水利巡检的单一性与低效率，充分满足全天候多种环境下的差异性业务需求，实现水利巡检的全面升级。无人机可通过搭载 4K 高清摄像头、全景摄像头、热成像摄像头与激光云台等多种载荷，对重点河道、水利设施进行航拍监测，并通过 5G 网络实时回传。其中，4K 高清全景视频可以使用 VR 眼镜观看监控画面，全景方式形成沉浸式体验，全面直观地感受江河湖海、水利设施的真实现状。结合人工智能技术，自动发现水利问题、水务警情，当发现可疑情况需要进一步水下查探时，中国联通发布的 5G 水下无人机排查技术，将联通 5G 网络应用于水下可疑问题定点排查，通过声呐准确探测出水下航行深度为 0.6～40 米范围内水温、水深和水底地形地貌信息，通过搭载 4K 高清摄像机实时拍摄最大 30 米水深实景视频，进一步满足水下探测需求。

2020 年，中国联通聚焦人脸识别、人体识别、物体识别、环境识别、语音识别、NLP 等方向，自主研发了多项原子能力产品，形成具备感知、决策、执行能力的“AI 大脑”，赋能质检、合规监测、交通分析等场景，如图 3-7 所示。

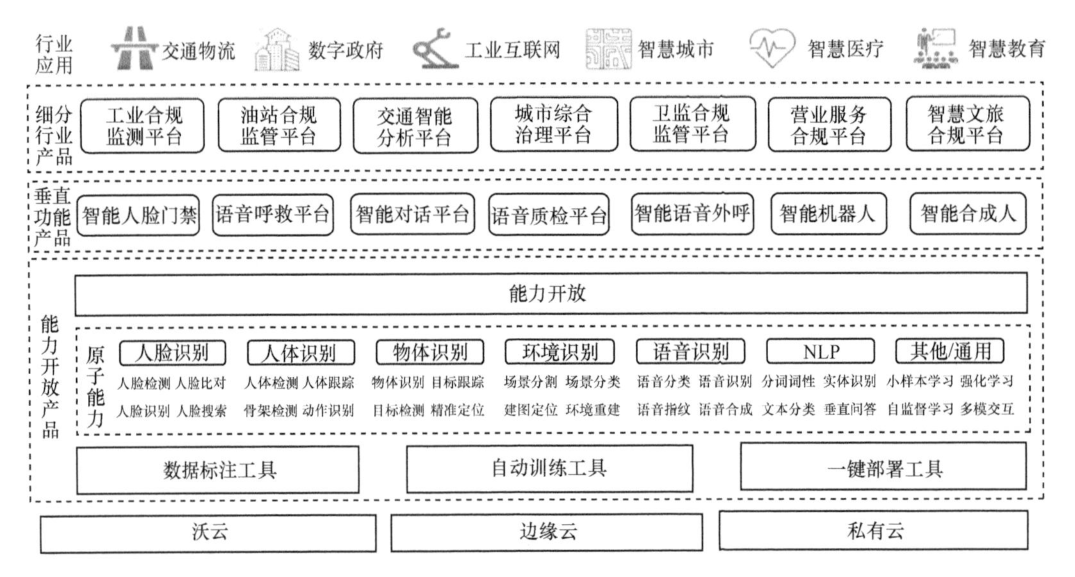

图 3-7 中国联通 AI 能力布局

① 合规监测场景细分为人员穿戴、人员操作、车辆、物品等类别；

② 质检场景细分为布料、织物、酒液、发动机等类别，其中，对 PVC、PU、真皮、无纺布、海绵等布料 $0.1mm^2$ 以上 30 余种瑕疵的正确检测率高达 99%；

③ 交通分析场景细分为车类型、车牌、车身颜色、违章行为等类别。其中，可识别车类型包括轿车、面包车、越野车/SUV、商务车/MPV、轻型客车、中大型客车、公交车、校车、微型货车、轻型货车；可识别车牌号码种类包括蓝牌、黄牌、警牌、军牌、武警牌、农用车牌、新能源车牌；可识别车身颜色包括白色、橙色、粉色、黑色、红色、黄色、灰色、蓝色、绿色、银色、紫色、棕色；可识别违章行为包括未系安全带、开车打电话、遮挡面部、非机动车违法载人、违停逆行。

3.4 人工智能在网络运维的应用

人工智能在行业解决方案的应用范围很广泛，目前已经在医疗健康、金融、教育、安防、商业、智能家居等多个垂直领域得到应用。电信网络作为信息通信的基础设施，拥有应用人工智能技术的巨大空间和潜力。利用人工智能算法提供的强大分析、判断、预测等能力，赋能网元、网络和业务系统，并将其与电信网络的设计、建设、维护、运行和优化等工作内容结合起来，成为电信业关注的重要课题。

目前全球多家运营商都发布了各自的人工智能战略，希望将人工智能技术引入网络规划、建设、维护及优化等各个方面，帮助自身实现网络智能化。其中，关注的热点之一是实现智能运维，降低运维成本。2019 年 6 月，中国联通与国网天津市电力公司合作，以天津滨海 110kV 变电站东江路沿线作为 5G 试点区域。由中国联通主导研发的 5G 智能电力巡检机器人充分利用 5G 技术大带宽、低延时的网络特性，加载 4K 分辨率超高清视频采集传输、8K 分辨率全景移动视频采集传输、红外测温感知、自主巡航避障等系统，有效解决了电力行业远程无人巡检、实时预警监测等难题，单变电站的巡检时间由人工巡检的 30 分钟降低到机器人巡检的 5 分钟，显著提高了巡检效率和准确性。

故障溯源和故障预测是智能运维中需要实现的最重要的两个功能，国内外运营商和著名研究机构对这两方面的研究从未停止。在故障溯源方面，著名的 IT 研究与顾问咨询公司 Gartner 在 2016 年提出 AIOps（Artificial Intelligence for IT Operations，智能化运维）的概念，即通过人工智能的方式来支撑现在日益复杂的运维工作。AIOps 可以在深度集成 DevOps 工具链的基础上获取系统数据，然后通过机器学习算法进行数据分析，更深度地解析数据中所蕴藏的运维信息。国内外各大公司例如 AT&T、Microsoft、Facebook、百度、阿里巴巴等都在运维系统中实验或部署了机器学习算法，助力某些运维任务智能化。华为诺亚方舟实验室开发了智能故障诊断系统，利用网络故障的历史记录数据自动构建通信领域知识图谱，并在知识图谱上进行概率推理，以自动问答的形式帮助工程师找出故障的根本原因。

在故障预测方面，国内外也有很多研究。早在 2010 年就有研究者发布了针对在线错误预测的调研，这个调研并不针对网络领域，但是给出了一种实现在线错误预测系统的较通用的过程。同时比较了当时存在的一些在线错误预测系统中使用的算法，其中机器学习算法是非常重要的一部分。

在一些典型场景中可以看到故障预测系统的应用。日本 KDDI 首先通过 SDN、NFV 平台对系统运行数据进行收集，然后基于 AI 的监视器根据汇报的数据进行智能分析，将系统可能出现的错误事件进行汇报，最后，SDN、NFV 编排平台将根据汇报的事件自动化处理。AT&T 于 2010 年在高水平会议 CoNEXT 上发布了针对自身 DSL 系统的错误预测和定位系统，名为 NEVERMIND。该系统通过学习一段时间内 DSL 系统的数据以及来自用户的错误报告，实现一个错误预测器。可以利用测量的网络数据预测可能出现的错误，提前向系统发出错误报告，加快故障恢复速度。中国移动也发布了其 AIOps 智能网络运维系统，旨在强调实现以运维为中心，依托数据挖掘技术与机器学习、深度学习算法，实现网络故障早发现，由被动处理问题改为积极预防问题，从而提高整体资源的利用率和运维效率，降低运维成本。

运维优化成为通信业的热门话题之一。面对数据流量快速增长、网络日益复杂、网络质量越来越难于优化和人工成本不断高涨的多重压力，芬兰运营商 Elisa 早在 10 多年前，也就是 3G 时代，就开始部署网络自动化系统。2010 年，Elisa 实现网管中心全自动化，客户投诉量减少了 15%，网络异常事件减少了 50%。之后 Elisa 宣称自己开发了 SON（Self-Organized Network，自组织网络）系统，实现了 75%的网络异常事件自动化解决，后续将实现网络 100%全自动化，引入人工智能是他们的下一步计划。

2017 年 8 月，国内湖北移动启动无线网络 AI 智能优化平台建设工作，已在武汉部分地区投入使用。人流密集的医院，通过对用户特征的智能识别，能有效保障医护人员和医疗器械在指定活动区域内通信顺畅；在数据需求激增的城市，通过人工智能开展数据预测，能有效支撑扩容保障和网络优化。作为国内首创的智能网络优化技术，该项技术的成功应用能有效提高网络优化效率，解决信号弱覆盖等问题。

2018 年，中国联通基于 AI 计算的 IPRAN 故障分析系统，重点研究将 AI 应用于网络运维的故障溯源场景中，运用分类、聚类等算法对原始告警进行预处理，运用 Apriori 算法、时间模式挖掘算法及 PrefixSpan 算法等进行关联规则挖掘，从而支撑告警根因分析和故障溯源。后续希望利用深度学习、决策树等算法对告警、网络性能信息和工单进行关联分析，实现智能派单。

根据中国人工智能产业发展联盟发布的《电信网络人工智能应用白皮书》，虽然目前将人工智能技术应用到电信网络中处于起步阶段，但其发展空间和作用巨大，已经成为电信业持续关注的重要方向。

① 对电信网络内部来说，通过人工智能技术挖掘分析大量运营数据中隐藏的信息，

可以用于辅助运营商提高运营和服务效率，提升网络运营和服务质量。

② 对电信网络外部来说，人工智能技术用于增强业务能力，拓展多元业务。基于成熟的图像、语音、语义智能技术，促进电信业务多元化，拓展新的业务形态和市场空间。

③ 长期来看，人工智能是实现网络智能化的目标和愿景的重要手段。人工智能技术自身经过 60 多年的积累，各种技术路线、算法、思想仍在不断地演进，同时电信网络技术在不断地变革和创新，两者的结合必将拥有巨大的创新空间。随着人工智能与网络各方面结合的深入，人工智能技术将成为网络中不可或缺的重要组成，从物理层到业务层，从数据面到管理面都将发挥重要作用，为电信网络的发展带来长远的影响。

目前，人工智能已在很多领域展现了强大的作用和效果，在未来网络不断发展和人工智能技术逐步成熟的趋势下，人工智能技术必将给网络运营带来全新的状态。

第 4 章

SDN、NFV 重新定义未来网络

SDN 和 NFV 采用了控制与承载分离的思想，并试图通过软件定义的形式实现基本控制功能。SDN 诞生于园区网络，即大学的校园网或企业的内部网，通过控制和转发分离，实现网络控制集中化、流量灵活调度，侧重于网络连接控制，在传统网络设备和 NFV 设备上都可以部署。NFV 源自运营商需求，通过软硬件分离，实现网络功能虚拟化、业务随需部署，可以在非 SDN 的环境中部署，侧重于网元功能实现。

4.1 SDN 的产生背景

4.1.1 SDN 的产生背景与发展历程

SDN 的思想起源于美国 GENI 项目资助的斯坦福大学 Clean Slate 课题。2006 年斯坦福大学的学生马丁・卡萨多（Martin Casado）领导了一个关于网络安全与管理的项目 Ethane，该项目通过使用一个集中式的控制器，使网络管理员能够在各种网络设备中定义基于网络流的安全策略，从而实现对整个网络的安全控制。Casado 和他的导师尼克・麦克考恩（Nick Mckeown）教授发现，如果将 Ethane 设计得更一般化，即将传统网络设备的控制平面（control plane）和数据平面（data plane）分离，通过集中式控制器用标准化的接口对各种网络设备进行管理和配置，就能为网络资源的设计、管理和使用提供更多的可能性。基于 Ethane 的启发，Mckeown 等人提出了 OpenFlow 的概念，并于 2008 年发表

了 *OpenFlow：enabling innovation in campus networks*，详细地介绍了 OpenFlow 的概念、工作原理，列举了 OpenFlow 的几大应用场景。

2009 年，Mckeown 和其团队共同努力，进一步提出了 SDN 的概念，基于 OpenFlow 的技术被逐渐推广。同年，SDN 技术被美国 MIT（Massachusetts Institute of Technology，麻省理工学院）主办的 *Technology Review* 杂志评为十大前沿技术。2011 年，在 Mckeown 等研究学者的推动下，成立了开放网络基金会（Open Networking Foundation，ONF），致力于推动 SDN 架构、技术的规范和发展工作，创建该组织的核心会员有 7 家，分别是 Google、Facebook、NTT、Verizon、德国电信、Microsoft、雅虎；2012 年年底，AT&T、英国电信、德国电信、Orange、意大利电信、西班牙电信公司和 Verizon 联合发起成立了网络功能虚拟化产业联盟（Network Functions Virtualization，NFV），旨在将 SDN 的理念引入电信业。2012 年 4 月 ONF 发布了 SDN 白皮书，其中的 SDN 三层架构得到了广泛的认同。

SDN 技术已成为学术界和工业界的热点。学术上，以美国斯坦福大学、普林斯顿大学、莱斯大学等为首的大学及研究机构致力于控制器的设计、SDN 应用、SDN 实现方式等方面的研究。工业上，一些标准化组织，如 IETF、ITU、ETSI 等也开始关注 SDN，讨论 SDN 在各个领域可能的发展前景及应用。一些新兴的 SDN 设备和解决方案提供商不断涌出，有来自斯坦福大学的 Casado 和 Mckeown 教授等人于 2008 年创办的 Nicira（2012 年 Nicira 以 12.6 亿美元被 VMware 公司收购），还有成立于 2010 年的 Big Switch 等。此外，思科、IBM、Microsoft，包括国内的华为、中兴等也纷纷提出自己的 SDN 解决方案，发布了支持 OpenFlow 的 SDN 硬件。2013 年 4 月，Linux 联合思科、IBM、Microsoft 等 18 家企业推出名为 Open Daylight 的开源 SDN 项目，旨在开发开源 SDN 控制器，推动 SDN 的部署和创新。目前，在互联网企业，不基于专用硬件建设的网络系统已经得到了部分商用。如 2014 年 Google 宣布，其数据中心之间的骨干网已全面运行在 OpenFlow 之上。电信运营商也在加大投入并开始进行试验。目前，SDN 主要应用于通信技术领域，具体涉及校园网、移动网络以及云计算网络等，随着 SDN 技术的深化发展，其应用领域会更加广泛。

4.1.2 SDN 的技术理念与基本概念

SDN 的核心思想是将网络的控制平面和数据平面分离，把网络控制功能从网络设备中分离出来，并为网络应用提供可编程接口，采用软件的方式对网络资源进行控制，从而革命性地改变现有的网络架构，为未来网络发展提供了一个新方向。

ONF 提出并倡导的基于 OpenFlow 的 SDN 架构对网络的发展有着深远的影响，成为

SDN 发展的重要基础。不同的研究人员或组织从不同的角度出发，提出了很多存在差异性的 SDN 理解，因此当前存在许多关于 SDN 的定义。现在普遍将 ONF 提出的基于 OpenFlow 的 SDN 视为狭义的 SDN，也是默认的 SDN 概念，对于那些面向应用开放资源接口，可实现软件编程控制的各类新型网络视为广义的 SDN。

图 4-1 所示为 SDN 的逻辑架构，它由基础设施层、控制层、应用层组成，其中基础设施层主要为转发设备，实现转发功能；控制层由 SDN 控制软件组成，可通过标准化协议与下层进行通信，实现对基础设施层的控制；应用层不同的应用逻辑可通过控制层开放的 API 管理能力控制设备的报文转发功能。除上述三层之外，还有连接控制层和应用层的北向接口，以及连接控制层和基础设施层的南向接口。控制器通过北向接口，以 API 的形式连接上层应用，北向接口是各种网络应用和控制器交互的接口。同时，基于网络虚拟化层功能，SDN 转发设备提供的网络资源服务，能够通过北向接口开放不同权限，客户可以进行端到端的全网业务监控、流量分析和端口监控。ONF 在南向接口定义了开放的 OpenFlow 标准，而在北向接口还未作统一的要求。应用层通过控制层提供的开放编程接口和网络视图，使得用户可以通过软件从逻辑上定义网络控制和网络服务；中间的控制层主要包括控制器和网络操作系统（Network Operating System, NOS），控制层主要负责处理数据平面的资源，维护全局网络视图；基础设施层主要负责数据处理、转发和收集。控制层通过南向接口的 OpenFlow 协议更新交换机中的流表（flow table），从而实现对整个网络流量的集中控制。

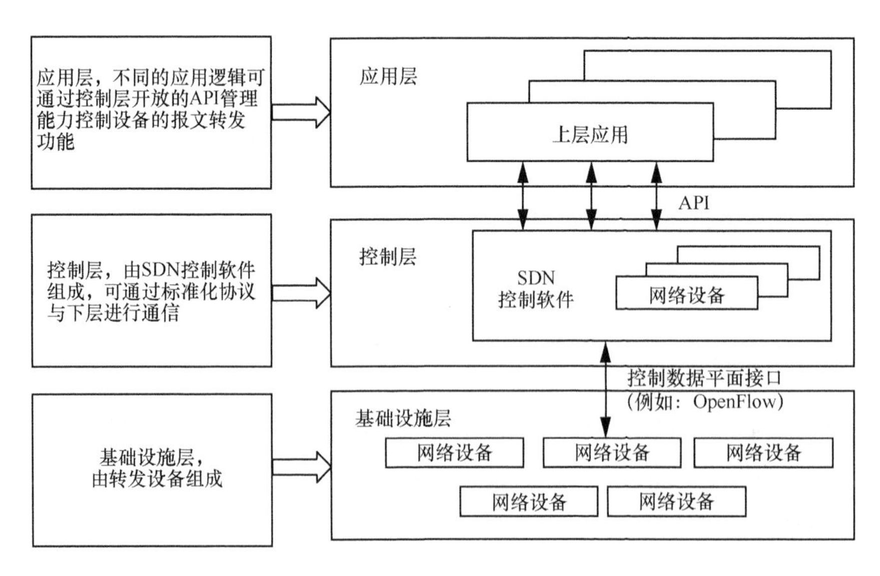

图 4-1　SDN 的逻辑架构

4.2　SDN 的技术特点

无论是 ONF 的 SDN 架构，还是其他标准化组织制订的 SDN 架构，都具备三大基本特征：控制平面与数据平面（也被称为转发平面）分离、开放的可编程接口和集中控制，其网络架构具备开放性、可扩展性和异构性等特征。SDN 通过控制平面与数据平面分离，对网络资源和状态进行逻辑集中控制，通过开放控制接口将抽象后的传送网资源提供给应用层，实现传送网络的可编程性、自动化网络控制，构建面向业务应用的灵活、开放、智能的光传送网络体系架构。

① 控制平面与数据平面的分离。具有松耦合的控制平面与数据平面减轻了传统网络设备的负担，分离出的控制平面降低了对网络设备的依赖性，同时提高了网络的灵活性。

② 开放的可编程接口。通过开放的南向接口和北向接口，能够加快新功能的面世周期，并且用户能够自主开发网络新功能，更好地满足应用的需求，比如业务的带宽、时延需求、计费对路由的影响等。

③ 集中化的控制。逻辑上的集中控制使得网络的全局优化成为可能，比如流量工程、负载均衡等。集中控制可以将整个网络当做一台设备进行维护，这样大大降低了管理的复杂度和运营成本。松耦合的控制平面与数据平面使得网络设备的集中控制成为可能，多种多样的开放接口，尤其是北向应用程序接口，推动网络业务的创新；以 OpenFlow 为代表的南向接口，使底层的网络转发设备统一管理和配置成为可能。

由于 SDN 实现了控制功能与数据平面的分离和网络可编程，为集中化、精细化地控制奠定了基础，因此 SDN 相对于传统网络具有以下优势：

① 网络协议集中处理，有利于提高复杂协议的运算效率和收敛速度；

② 集中化的控制有利于从宏观的角度调配传输带宽等网络资源，提高资源的利用率；

③ 简化了运维管理的工作量，大幅节约运维费用；

④ SDN 可编程性，工程师可以在一个底层物理基础设施上加速多个虚拟网络，并使用 SDN 控制器分别为每个网段实现 QoS，从而增加了传统差异化服务的程度和灵活性；

⑤ 业务定制的软件化有利于新业务的测试和快速部署；

⑥ 控制与转发分离，实施控制策略软件化，有利于网络的智能化、自动化和硬件的标准化。

总之，SDN 将网络的智能化从硬件转移到软件，用户不需要更新已有的硬件设备就可以为网络增加新的功能。这样做不仅简化和整合了控制功能，让网络硬件设备变得更可靠，还有助于降低设备购买和运营成本。控制平面和数据平面分离之后，厂商可以单独开发控制平面，并可以与 ASIC、商业芯片或者服务器技术集成。由于 SDN 具有上述特点，因此 SDN 的发展壮大可能带来网络产业格局的重大调整，传统通信设备企业将面临巨大挑战，IT 和软件企业将迎来新的市场机遇。同时，由于网络流量与具体应用衔接紧密，网络管理的主动权可能从传统运营商向互联网企业转移，因此，SDN 的出现可能会颠覆互联网产业的现状。

4.3 典型 SDN 技术——OpenFlow

4.3.1 OpenFlow 架构

随着云计算、大数据和物联网等新兴技术的发展，网络数据、流量和管理变得复杂化，网络架构和设备种类繁多难以维护。为了解决当前互联网所面临的各种问题以及满足新技术对网络提出的更高要求，人们进行了各种各样的探索和研究。起源于斯坦福大学的 Clean Slate 项目组的 OpenFlow，作为实现 SDN 架构的新型网络协议应运而生。OpenFlow 是一种交换技术，使用 OpenFlow 协议作为控制器与交换机通信的标准接口能把封闭的传统网络体系架构解耦为数据平面和控制平面，大大降低了网络的复杂度，为网络业务创新提供网络支持。

OpenFlow 的核心思想是基于流表来对网络数据流进行分类，并根据制订好的规则对各种数据流分别进行处理。同时将交换机、路由器控制的数据包转发过程，转化为 OpenFlow 交换机和控制器分别独立完成的过程。基于 OpenFlow 的 SDN 关键组件包括 OpenFlow 交换机和控制器，以 1.5 版本标准为例，OpenFlow 架构如图 4-2 所示。

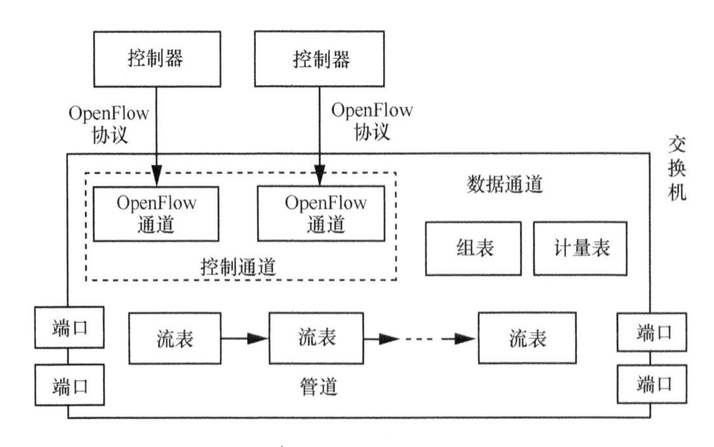

图 4-2 OpenFlow 架构

（1）控制器

控制器是 OpenFlow 网络的大脑，网络设备维护一个或者若干个流表，并且数据流完全根据这些流表进行转发，而流表本身的生成、维护完全由控制器来管理。OpenFlow 架构中不再是分布式控制，而是将转发设备的控制能力集中化。控制器通过 OpenFlow 协议与交换机通信，控制器可以通过操作事先规定好的 TCP 接口控制 OpenFlow 交换机中的流表，从而达到控制数据转发的目的，并且可实现多控制器对 OpenFlow 交换机的控制共享。

流表的下发有主动和被动两种模式。主动模式为控制器将收集的流信息主动下发给交换机。被动模式为交换机收到数据包后，首先在本地的流表上查找是否有已匹配的转发目标端口，如果没有则把数据包转发给控制器，由控制器决定转发端口并下发相应的流表，而且当流表过时后可将其删除。目前，常用控制器主要包括 Floodlight、OpenDaylight、ONOS、RYU 等。

（2）交换机

OpenFlow 交换机是用于控制和数据面之间转发数据的网络设备。OpenFlow 交换机与控制器之间通过 OpenFlow 协议来完成信息通信，由于 OpenFlow 交换机采用流的匹配和转发模式，因此在 OpenFlow 网络中不再区分路由器和交换机，而是统称为 OpenFlow 交换机。交换机主要组件为多个流表、一个组表和计量表、控制通道、数据通道、端口。下面将一一介绍。

1）流表

OpenFlow 交换机以流表为基本处理单元，每个流表由许多流条目（Flow Entry）组成，Flow Entry 的结构组成如图 4-3 所示。

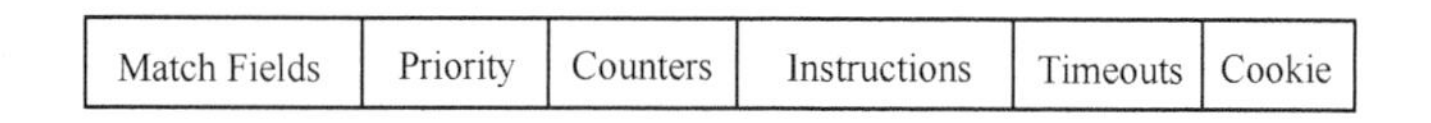

图 4-3　Flow Entry 的结构组成

① Match Fields：本字段的结构包含很多匹配项，基本涵盖了传输层、网络层、链路层的大部分标识，例如，数据包到达的交换机端口、来源以太网端口、来源 IP 端口、VLAN 标签、目标以太网或 IP 端口及上一流表传过来的 Metadata 值域等。

② Priority：匹配域和优先级两个字段是联合主键，用于标示流表项匹配数据包。此外，每个流表可能有一个 Table Miss Flow Entry，它的 Match Fields 能够匹配任何数据包，并且 Priority 值一定是 0，它专门用来处理本流表中匹配不成功的数据包。

③ Counters：与本 Flow Entry 成功匹配的数据包数量，实时更新。

④ Instructions：指示与本 Flow Entry 成功匹配的数据包将要执行的动作的指令集。一般包括以下几个动作：从某个端口直接转发出去、修改数据包某些头信息、进入组表继续处理、交由流水线上的后续流表处理。

⑤ Timeouts：记录本 Flow Entry 过期前剩余的有效时间。

⑥ Cookie：被控制器用来筛选流表删除、流表修改等行为的指示值。

Flow Entry 有时需要从流表中删除，主要可通过如下方法：

① 通过控制器直接发送删除 Flow Entry 的消息；

② 通过 OpenFlow 交换机的过期机制；

③ OpenFlow 交换机的逐出机制。

2）组表

交换机中一个组表和多个流表一起完成封包匹配与转发的功能，数据包到达组后会根据组表执行动作，组表中包含组条目（Group Entry），Group Entry 结构如图 4-4 所示。

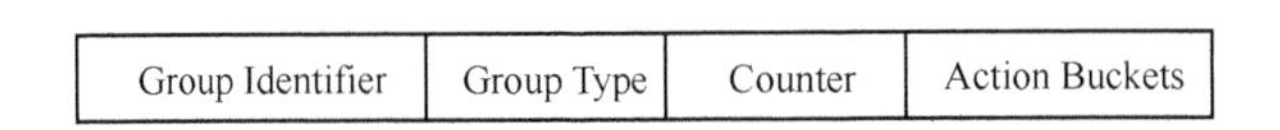

图 4-4　Group Entry 结构

① Group Identifier：一个 32 位无符号整数，每个 Group Entry 根据其 Group Identifier 来唯一定位。

② Group Type：定义了对数据包的处理行为，也就是组的语义。

③ Counter：被该 Group Entry 处理了的数据包的数量，实时更新。

④ Action Buckets：Action Bucket 的有序列表，每个 Action Bucket 包含了一组 Action 集合及其参数。

组表通过支持不同的 Group Type 提供了比流表高级的数据包转发特性，这样流表可以通过引用组表项以提供额外的报文转发功能。

① all：用于数据包需要多播或者广播的场景，组表中所有的 Action Buckets 都会被执行。

② select：用于基于某选择算法执行组表中的某一个 Action Bucket 的场景。

③ indirect：执行组表中已经定义好的一个 Action Bucket。

④ fast failover：执行第一个 live 的 Action Bucket，即关联了一个 live 的 port 或者 group 的 Action Bucket，如果当前没有 Buckets 是 live 的，那么数据包就被丢弃。

3）计量表

计量表包含了多个 Meter Entry，每个 Meter Entry 定义每个流的 meters。交换机通过应用计量表来控制流表的性能指标，比如速率，如果数据包速率超过了预定义的阈值，将被丢弃。Meter Entry 的具体结构如图 4-5 所示。

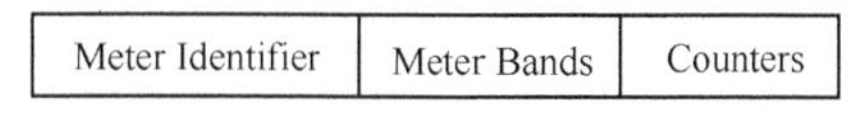

图 4-5　Meter Entry 的具体结构

① Meter Identifier：一个 32 位无符号整数，每个 Meter Entry 根据其 Meter Identifier 来唯一定位。

② Meter Bands：一个无序的 Meter Band 集合，每个 Meter Band 定义了一个带宽速率和相应的数据包处理行为。带宽速率是 Meter Band 的唯一标识，限制了 Band 可以被应用的最低速率。数据包会被略低于其当前传输速率值的一个 Meter Band 处理，如果数据包的当前测试速率均低于任意一个 Meter Band 定义的带宽速率，那么不会触发任意一个 Meter Band。

③ Counters：被该 Meter Entry 处理了的数据包的数量，实时更新。

4）控制通道

控制通道是 OpenFlow 交换机和控制器之间的连接接口，通过此通道，控制器能按照 OpenFlow 协议来配置和管理交换机，并接收来自交换机的消息。

5）数据通道

数据通道的功能是完成数据交换，先将入口端口收到的数据包在流水线中与流表进行匹配，然后执行匹配到的动作。

6）端口

下面介绍与 OpenFlow 端口有关的几个概念。

① OpenFlow 端口。OpenFlow 处理单元与网络其余部分传递数据包的网络接口。交换机通过 OpenFlow 端口在逻辑上连接，数据包可以通过第一个交换机上的输出 OpenFlow 端口和第二个交换机上的入口 OpenFlow 端口，从一个交换机转发到另一个交换机。

OpenFlow 交换机提供了多个 OpenFlow 端口用于 OpenFlow 处理。这些 OpenFlow

端口可以与交换机硬件提供的网络接口不同。一些网络接口可能不支持 OpenFlow，交换机可以定义另外的端口。

OpenFlow 数据包在入口端口被接收并且在流水线处理后转发到输出端口。入口端口是数据包的一种属性，表示数据包进入交换机中的 OpenFlow 端口。入口端口可以在匹配数据包时使用。流水线可以决定使用输出操作在输出端口上发送数据包，该操作定义了数据包从交换机返回网络。

② 标准端口。OpenFlow 标准端口定义为物理端口、逻辑端口和预留端口，可作为入口端口和输出端口，也可以在组中使用，它们有端口计数器，具有状态和配置。

③ 物理端口。与交换机的硬件接口对应的、由交换机定义的端口。例如，在以太网交换机上，物理端口与以太网接口一一对应。在部署中，OpenFlow 交换机在硬件上虚拟化。这种情况下，OpenFlow 物理端口可以表示交换机的相应硬件接口资源的虚拟切片。

④ 逻辑端口。由交换机定义的端口，不直接对应交换机的硬件接口。可以在交换机中使用非 OpenFlow 方法（例如，链路聚合组、隧道、环回接口）设置逻辑端口。逻辑端口包括数据包封装可能映射到的各种物理端口。由逻辑端口完成的包处理必须依赖于它实现，且对 OpenFlow 处理是透明的，这些端口必须采用与物理端口相同的方式来完成与 OpenFlow 处理的交互。

物理端口和逻辑端口之间的唯一区别是，与逻辑端口相关联的数据包具有与其相关联的隧道 ID 作为额外流水线字段，并且当逻辑端口接收的数据包被发送到控制器时，其逻辑端口和其底层物理端口都会报告给控制器。

⑤ 预留端口。预留端口也被称为保留端口，与通用转发动作有关，用于指定通用转发动作。预留端口分为 ALL、CONTROLLER、TABLE、IN_PORT、ANY、UNSET、LOCAL、NORMAL、FLOOD，其中标记为“必需”的端口是交换机默认具备的。

（必需）ALL：表示交换机可用于转发特定数据包的所有端口。仅可用作输出端口。在这种情况下，数据包的副本在所有标准端口上开始输出处理，除了数据包入口端口和配置为 OFPPC_NO_FWD 的端口。

（必需）CONTROLLER：表示与 OpenFlow 控制器的控制通道。可用作入口端口或输出端口。当用作输出端口时，将数据包封装在 Packet-in 消息中，并使用 OpenFlow 交换协议发送。当用作入口端口时，标识源自控制器的数据包。

（必需）TABLE：表示 OpenFlow 流水线的开始。该端口仅在 Packet-out 的动作列表

的输出动作中有效，并将数据包提交到第一个流表，以便可以通过常规 OpenFlow 流水线处理数据包。

（必需）IN PORT：表示数据包入口端口，通过入口端口发送数据包。

（必需）ANY：在没有指定端口（端口为通配符）时，某些 OpenFlow 请求中使用的特殊值。一些 OpenFlow 请求包含仅适用于该请求的特定端口的引用。在这些请求中使用 ANY 作为端口号允许请求实例应用于任何和所有端口。既不能用作入口端口也不能用作输出端口。

（必需）UNSET：指定在操作集中未设置输出端口的特殊值。仅当尝试使用 OXM_OF_ACTSET_OUTPUT 匹配字段匹配操作集中的输出端口时使用。既不能用作入口端口，也不能用作输出端口。

（可选）LOCAL：表示交换机的本地网络堆栈及其管理堆栈。可用作入口端口或输出端口。本地端口使得远程实体能够经由 OpenFlow 网络而不是经由单独的控制网络与交换机及其网络服务交互。利用合适的一组默认流条目，可以实现带内控制器连接。

（可选）NORMAL：表示使用交换机的传统非 OpenFlow 流水线的转发。只能用作输出端口，并使用正常流水线处理数据包。如果交换机不能将数据包从 OpenFlow 流水线转发到正常流水线，就必须指示不支持此操作。

（可选）FLOOD：表示使用交换机的传统非 OpenFlow 管道的泛洪。只能作为输出端口使用，实际结果取决于实现。通常将数据包发送到所有标准端口，但不发送到入口端口或处于 OFPPS_BLOCKED 状态的端口。交换机可以使用数据包 VLAN ID 或其他标准来选择哪些端口用于泛洪。仅开放流交换机不支持 NORMAL 端口和 FLOOD 端口，而 OpenFlow 混合交换机支持它们。转发数据包到 FLOOD 端口取决于交换机的实现和配置，而使用类型为 all 的组转发使控制器能够更灵活地实现洪泛。

⑥ 端口更改。端口更改包括交换机配置和端口添加。

交换机配置：例如使用 OpenFlow 配置协议，可以在任何时候从 OpenFlow 交换机添加或移除端口。交换机可以基于底层端口机制来改变端口状态，例如断开链路。对端口状态或配置的任何此类更改都必须传送到 OpenFlow 控制器。

端口添加：修改或删除端口不会改变流表的内容，转发到不存在的端口的数据包被丢弃。类似地，端口添加、修改和删除从不改变组表的内容，但是某些组的行为可能会被改变。如果端口被删除并且其端口号被重用于不同的物理或逻辑端口，引用该端口号的任何剩余流条目或组条目将被有效地重定向到新端口，但是执行的动作可能与预期结果不一样。因此，当端口被删除时，如果需要，控制器会清理引用该端口的任何流条目或组条目。

⑦ 端口回流。逻辑端口可以选择性地在 OpenFlow 交换机中插入网络服务或复杂处理。最常见的是，发送到逻辑端口的数据包不会返回到同一个 OpenFlow 交换机，它们由逻辑端口消耗或最终通过物理端口发送。在其他情况下，发送到逻辑端口的数据包将在逻辑端口处理后再循环回 OpenFlow 交换机。通过逻辑端口的包循环是可选的，OpenFlow 支持多种类型的端口循环。最简单的再循环是逻辑端口上发送的数据包经由相同的逻辑端口返回到交换机，这可以用于环回或单向数据包处理。再循环也可能发生在端口对之间，其中在逻辑端口上发送的数据包经由该对的另一逻辑端口返回到交换机中。这可以用于表示隧道端点或双向数据包处理。端口属性描述端口之间的再循环关系。当使用端口再循环时，交换机应该保护自己不受数据包无限循环的影响。例如，交换机可以将内部再循环计数附加到每个数据包，数据包对于每个再循环递增，并且交换机丢弃其计数器高于交换机定义的阈值的数据包。隧道 ID 字段和与数据包相关联的一些其他流水线字段可以可选地通过再循环被保留，并且当返回到交换机时可用于匹配，保留的流水线字段通过端口匹配字段属性指示。如果流水线字段存在于输出端口的 OFPPDPT_PIPELINE_OUTPUT 属性和返回端口的 OFPPDPT_PIPELINE_INPUT 属性中，此流水线字段与数据包就一起保留（其值必须保持不变）。

4.3.2 OpenFlow 关键协议

OpenFlow 是一个开放协议，使用 OpenFlow 协议实现软件定义网络，可以集中管理网络，从而可以显著增强网络可用性和网络管理效率。

（1）OpenFlow 协议操作

本节主要介绍数据包处理和协议消息传送两部分。

1）数据包处理

如图 4-6 所示，OpenFlow 流水线处理机制定义了数据包与这些流表交互的过程。流水线处理分为两个阶段，即入口处理和出口处理，在出入口之间可能将封包导向一个组，组中包含对封包的额外处理动作集。入口处理阶段始于在接收到数据包后，具体执行流程如图 4-7 所示。流水线处理始终从标号为 0 的第一个流表处入口开始，基于流水线处理，交换机在一流表中执行表查找，如果匹配，计数器统计值会增加，然后执行指定的指令集，这些指令可以明确地将数据包定向到另一流表（使用 GotoTable 指令），依此逐表进行处理，直到最后一次匹配的流条目不将数据包引导到另一流表，则流表的处理在该表处停止，并且将流经的这些流表和组表的所有指令动作集都处理完，数据包成功转发。流条目只能将数据包引导到大于其自己的流表编号的流表，换句话说，流水线处理只能向前而不能向后，并且流水线上的最后一个表的流条目不能包括 Goto-Table 指令。如果出现数据包与流表中的流条目不能成功匹配的情况，则定义为表缺失（Table Miss）。表缺失后执行的行为取决于流表配置，常见的选项包括：丢弃、继续转发到另一个表、封装成 packet-in 消息通过控制信道发送给控制器。在少数情况下，数据包没有被流条目完全处理，并且此时流水线停止工作了也没有动作集将其引导到另一个表。此时如果没有表缺失流条目存在，则丢弃数据包。如果发现无效的 TTL，则可以将该数据包发送到控制器。由图 4-7 可看出，出口处理阶段流程和入口类似。

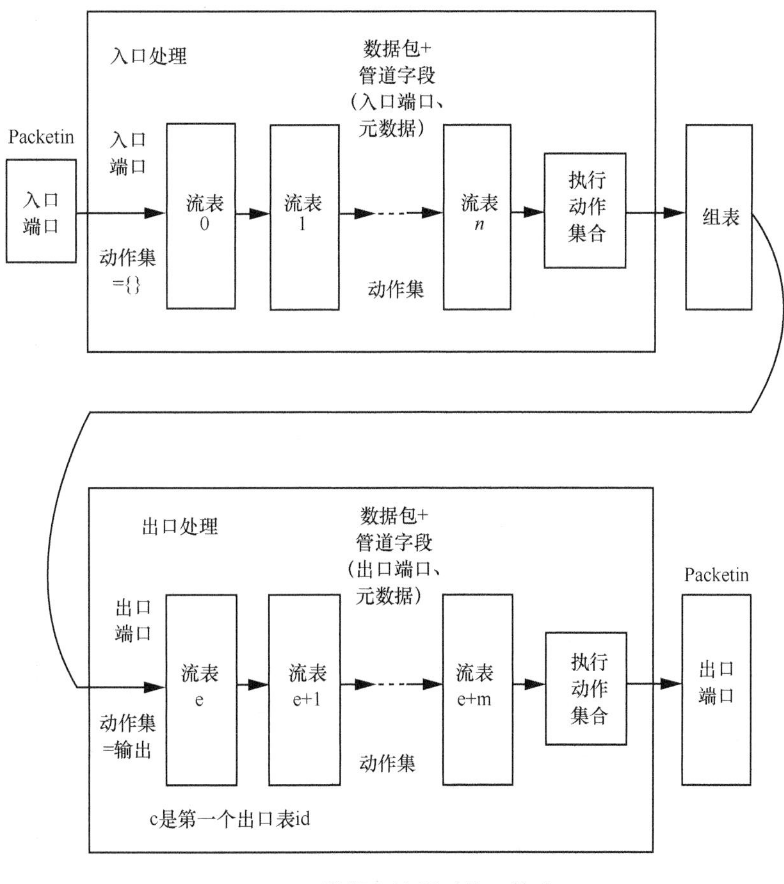

图 4-6　数据包流通过处理管道

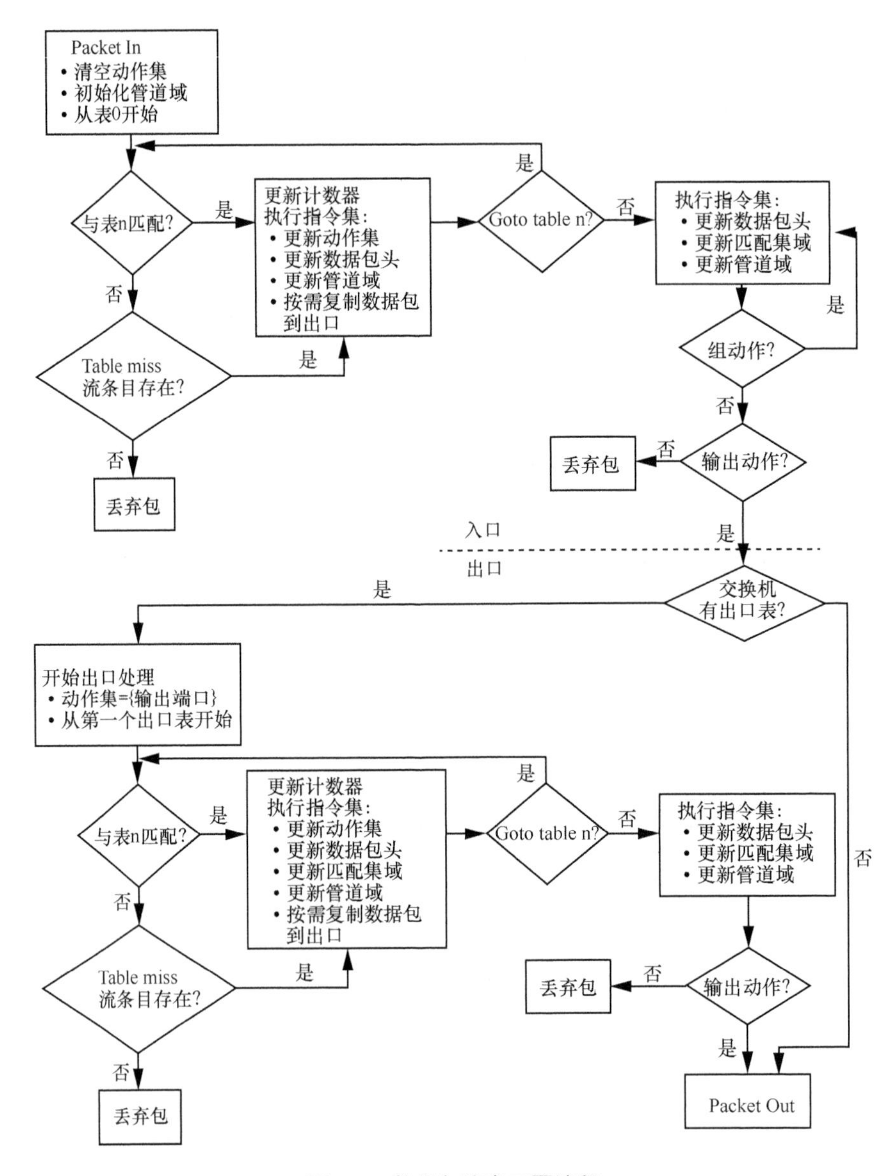

图 4-7　数据包流表匹配流程

2）协议消息传送

控制器和交换机之间通过 OpenFlow 协议的 3 种消息，即控制器-交换机消息、异步消息和对称消息的传送来进行连接建立、流表下发和信息交换等操作，每一类消息的传送发起对象不一样，这 3 类消息可细分为多种子类型。

控制器-交换机消息由控制器发起，对交换机进行状态查询和修改等操作。交换机接收到此类消息后执行指令并按需发送应答消息。异步消息是单向的，由交换机发起，不需

要控制器应答，用来通知交换机上发生的某些异步事件。对称消息是双向对称的，控制器和交换机双方都可以主动发起，并需要对方应答，一般用来建立连接、检测对方是否在线等，此类消息可为将来 OpenFlow 技术的扩展需要做好准备。

（2）OpenFlow 协议演进

在 ONF 等组织的推动下，OpenFlow 协议自 2009 年年底发布第一个正式版本 v1.0 以来，陆续发布了 1.1、1.2、1.3、1.4 和 2014 年 12 月的 1.5 版本，每一个后续版本都在前一版协议的基础上进行了或多或少的改进。

4.3.3 OpenFlow 应用状况

近年来 OpenFlow 已经引起了业界各方的广泛关注，使用此协议可以很好地实现软件定义网络。基于 OpenFlow 的 SDN 技术在解决当前存在的实际问题和开拓网络新应用等方面取得了不少成果，下面列举几类主要的应用部署。

（1）面向校园网的部署

校园网是 OpenFlow 协议设计之初部署应用较多的场景，它为学校的科研人员有效地提供了一个可以部署网络新协议和新算法的创新平台，并实现了基本的网络管理和安全控制功能。目前，已经有包括斯坦福大学在内的多所高校部署了 OpenFlow 交换机，并搭建了应用环境。在斯坦福大学的计算机系大楼里，设计了一种新型的面向无结构网络的负载均衡算法，向系统中动态添加和移除计算资源，增加了请求的传输率，改变了每个请求的 CPU 和网络负载，最终实现了网络的负载均衡。在斯坦福大学的计算机系和电机工程系大楼里，利用 OpenFlow 和 SNMP（Simple Network Management Protocol，简单网络管理协议）在异构无线网络（如 Wi-Fi、WiMAX 等）中实现了网络虚拟划分和移动管理，简化了网络管控的方法。同时，佐治亚理工大学的研究者在校园内部署了一整套 OpenFlow 网络动态接入控制系统，通过在高层部署安全策略和分布式监控推断系统，实现了更细粒度的分布式安全接入功能。显然，这些在校园网内部署的 OpenFlow 网络试验平台，既在效果上接近真实网络的复杂度，又在部署上能快速进行自动化，并且可以节约实验费用，取得了很好的实验效果。

（2）面向广域网和移动网络的部署

OpenFlow 在广域网和移动网络部署中充分发挥优势。在广域网和移动网络中添加具有 OpenFlow 特征的节点，可以使固网和移动网络实现无缝控制、VPN 的管理更加灵活等。NEC 公司利用 OpenFlow 控制技术对快速、宽带的移动网络进行高效、灵活的网络管理，解决了两个问题。一个是在多个移动通信方式之间实现动态切换：在移动通信混杂时以及通信环境恶化时，动态切换通信方式，将满足通信服务所需的服务品质，提供给终端用户。另一个是移动回环网络的节能：在一天中通信量相对较少的夜晚时段，可以汇集网络路径，关闭多余的中转基站的电源，从而降低能耗。

（3）面向数据中心的部署

随着云计算等新技术的快速发展，通信业务种类越来越多，数据中心的流量持续增加，交换机层次结构愈发复杂，服务器和虚拟机要求更快速地完成配置和数据迁移，如果不能在庞大的服务器机群中进行高效地寻址和数据传输，就很容易造成网络拥塞和性能瓶颈，影响数据中心的高效运行。因此，在数据中心网络中使用 OpenFlow交换机是非常明智的选择，可以实现高效寻址、优化传输路径、负载均衡等功能，从而进一步提高数据交换的效率，增加数据中心的可控性。已有的部署实例有：将 OpenFlow 技术引入数据中心网络，并采用 NOX 控制器实现比较典型的数据中心网络，如 PortLand 或 VL2 的高效寻址和路由机制，并支持网络动态管理动态流调度，增加网络健康度监控和自动报警功能。此外，还可以在数据中心部署能量管理器，动态调节网络元素，如链路和交换机等的活动情况，在保证数据中心的流量负载平衡的情况下，达到节能的目的。

（4）面向网络管理的应用

OpenFlow 网络中数据流的转发主要由控制器决定，这种集中式控制更加方便实现对网管的管理，尤其是流量管理、负载平衡、动态路由等功能，通过配置控制器提前部署转发策略，将实现更加直观的网络管控模式。已有的应用实例有：通过 OpenFlow 控制移动用户和虚拟机之间的连接，并根据移动用户的位置进行动态重路由和移动管理，使它们始终采用优化的路径。同时，利用 OpenFlow 控制器中的路由信息进行流量数据统计，构建整个网络的流量矩阵，保证网络负载均衡。控制器上可开发多个应用程序，用户可以在 Web 界面对 OpenFlow 网络进行配置管理，包括 QoS、QoE、VPN 等扩展功能。

（5）面向安全控制的应用

对数据流的安全控制机制是 OpenFlow 的流管理功能里不可或缺的，各种部署场景里有许多应用是针对安全控制的。已提出的机制有：先提取 OpenFlow 流统计信息中与 DDoS 攻击相关的六元组，然后采用人工神经网络方法进行降维处理，从而识别 DDoS 攻击。也可以利用交换机统计流数据的功能，设计一种识别大的聚集流量的功能用于网络的异常检测。在内网和外网的连接处配置 OpenFlow交换机，通过实时控制数据流的路径以及拒绝

某些数据流的转发可以增强内网的安全性。此外，OpenFlow 网络中的防火墙可以在交换机中实现，并且可引入虚拟化技术使调控维护等方面更加灵活有效。

4.4 SDN 的发展趋势

4.4.1 SDN 的产业趋势

SDN 的引入将带来传统网络的巨大变革，大有重塑网络市场格局的趋势，2011 年，ONF 成立，旨在推广 OpenFlow 和实现标准化，从思科、IBM、惠普等传统大厂商到 Google、Facebook 等新型互联网公司纷纷发布 SDN 产品。与此同时，越来越多的小公司和初创公司，包括 Big Switch 网络、Arista 网络和 Plexxi，正带着自己的 SDN 产品进入市场。此外，像 VmWare、戴尔和甲骨文一类的公司正在寻求机会将 SDN 加入他们的数据中心解决方案。目前，SDN 产业生态系统已初现雏形，基本形成芯片提供商、设备和解决方案提供商、互联网企业和运营商三大产业角色共同推进 SDN 产业快速发展的局面。

市场研究公司 Infonetics 在 SDN 的报告中称，SDN 正在经历一个典型的市场接受周期，许多新进入者希望得到一个立足之地，而大部分企业仍在起步阶段。SDN 控制器和 SDN 以太网交换机将在未来企业和数据中心发挥重要作用。

作为网络的颠覆性技术，SDN 已经成为 IT 和网络产业一个新增长点。新网络产业链正在形成，这将对网络软硬件和网络架构带来巨大的影响。以前封闭的网络技术路线会被改变，网络系统结构会变得像计算机系统那样灵活，以便支持日益丰富的网络应用，但是网络变革必须经历相当长的过程，SDN 有很长的路要走，技术上仍有许多挑战，产业经济上也任重道远。

4.4.2 SDN 的应用前景

SDN 技术在提出时就受到广泛关注，它为未来网络的发展提供了一种新的解决思路，尽管目前还存在着一定的问题，但是随着业界对其不断的研究演进和应用实践，SDN 必将逐步成熟，应用前景一片光明。未来学术界和产业界对 SDN 应用的研究主要有几个方面：标准的推进和控制软件的开发、OpenFlow 等支撑协议的实现、网络管理和安全控制、数据中心网络部署、面向大规模通信市场的商用部署、面向未来互联网研究设计的部署。

4.5 NFV 的概念与影响

4.5.1 NFV 产生的背景

传统的电信网络架构是在以电话业务为主的 20 世纪 90 年代确立的。随着数据业务流量的爆炸式增长，现有网络架构暴露出难以克服的结构性问题。设备和业务的紧耦合造成现有相对封闭的网络架构，粗放的网络建设与运维模式难以支撑网络可持续发展。例如，每一种新业务的引入都需要新建一张承载网络，通常是由功能单一、价格昂贵、专用的硬件设备构成，网络复杂且与业务强相关。这样软硬件一体化的封闭架构，带来了通信设备日益臃肿、扩展性受限、功耗大、功能提升空间小、技术进步慢、价格昂贵、易被厂商锁定等问题。网络和业务相互割裂，缺少协同，业务不了解网络的资源使用状况，网络无法适应业务动态的资源需求，造成资源不能共享、业务难以融合。与此同时，网络中存在大量不同厂商、不同功能的设备，在部署中需要实现多厂商设备的集成、互通、维护和升级，很难降低成本。

未来将是数字化、全连接的世界，云计算、大数据、物联网、移动互联网、工业互联网以及高清视频、虚拟现实等将成为未来的热点业务，运营商将面临流量/连接数快速增加、用户体验要求高和新业务不断涌现的需求。在连接方面，随着智能终端和移动互联网的发展，人与人广泛连接，物物相连未来可期。在用户体验方面，实时、按需定制、全时在线、自助服务以及社交分享成为用户的核心需求。这些需求推动着运营商网络的流量出现爆炸式增长，各种 OTT 类新业务和商业模式在不断挑战运营商的传统优势地位。

新服务带来了网络敏捷、创新、安全、经济、开放的新需求，这就要求网络遵循开放标准体系，能够支撑业务多样化、弹性化，高效支持第三方业务创新，提供高安全性，支持自动化部署和运维。传统电信网络基于私有平台部署，采用专用设备，部署周期长、运维复杂，运营商意识到想要轻盈转身，必须从根本上改变电信网络的部署和运维方式。

4.5.2 NFV 的概念

维基百科对 NFV 的定义是：“NFV 是一种网络架构概念，基于 IT 虚拟化技术将网络功能节点虚拟化为可以链接在一起提供通信服务的功能模块。”OpenStack 基金会对 NFV

的定义是：“通过用软件和自动化替代专用网络设备来定义、创建和管理网络的新方式。”ETSI（欧洲电信标准化协会）对 NFV 的描述是：“NFV 致力于改变网络运营者构建网络的方式，通过 IT 虚拟化技术将各种网元变成了独立的应用，可以灵活部署在基于标准的服务器、存储设备、交换机构建的统一平台上，实现在数据中心、网络节点和用户端等各个位置的部署与配置。NFV 可以将网络功能软件化，以便在业界标准的服务器上运行，软件化的功能模块可以被迁移或实例化部署在网络中的多个位置而不需要安装新的设备。”

NFV 简单理解就是把电信设备从目前的专用平台迁移到通用的 x86 服务器上，同时运用虚拟化技术，实现网络功能的软件处理。软硬件解耦及功能抽象，使网络设备功能不再依赖于专用硬件，资源可以充分灵活共享，实现新业务的快速开发和部署，并基于实际业务需求进行自动部署、弹性伸缩、故障隔离和自愈等。NFV 的技术基础就是目前 IT 业界的云计算和虚拟化技术。软硬件解耦后，每个应用可以通过快速增加/减少虚拟资源来达到快速扩/缩容的目的，从而大大提升网络的弹性，降低设备成本；加快网络部署和调整的速度，降低业务部署的复杂度，提高网络设备的统一性、通用性、适配性等。

图 4-8 所示为 NFV 的基本概念。NFV 的目标是替代通信网中私有、专用和封闭的网元，实现统一的“硬件平台+业务逻辑软件”的开放架构，以节省设备投资成本，提升网络服务设计、部署和管理的灵活性和弹性。

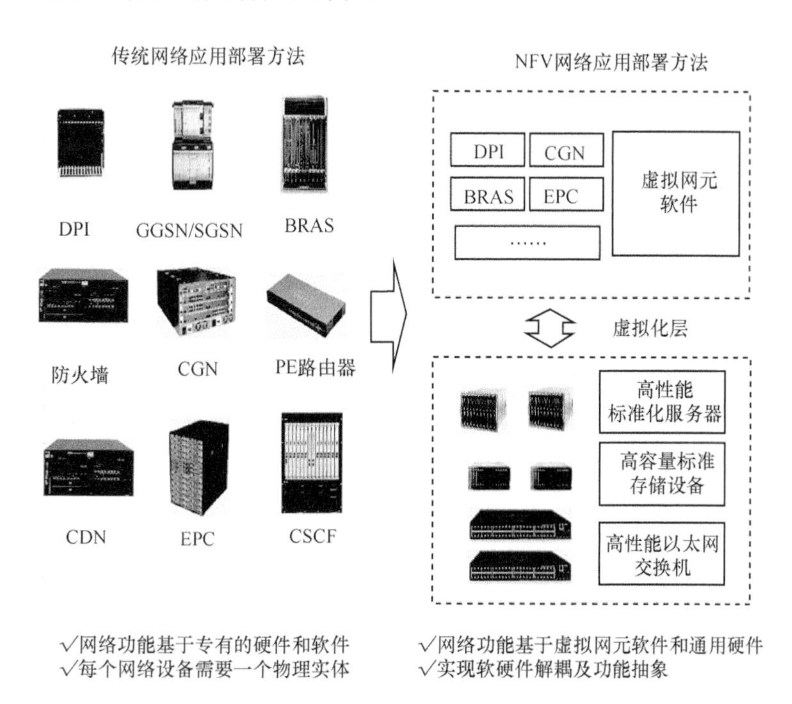

图 4-8　NFV 的基本概念

4.5.3 NFV 的影响

NFV 倡导的网络开放化、智能化和虚拟化的新理念，将驱动网络技术路线进行深刻调整，推动网络建设、运维、业务创新和产业生态发生根本性变革。

（1）NFV 对网络运营商的影响

NFV 技术的诞生从根本上来说就是为了解决运营商网络演进的痛点，并已经逐渐成为运营商网络转型的关键技术。在 NFV 方式下，新业务的上线由传统的硬件建设和割接转变为软件加载过程，建设周期大大缩短，有助于提升网络建设、管理和维护的效率。结合云计算资源池的规模优势，可以实现多种业务共享资源和集中化管理，大幅提升管理和维护效率。

在网络建设方面，NFV 利用通用化硬件构建统一的资源池，在大幅降低硬件成本的同时，还可以实现网络资源的动态按需分配，从而实现资源共享，显著提升资源利用率。

在研发和运维方面，NFV 采用自动化集中管理模式，推动硬件单元管理自动化、应用生命周期管理自动化，以及网络运维自动化。运维研发一体化（DevOps，Development 和 Operations 两个英文单词的组合）成为可能。

在业务创新方面，基于 NFV 架构的网络中，业务部署只需申请云化资源（计算/存储/网络），加载软件即可，网络部署和业务创新变得更加简单。

在企业管理方面，为了应对 NFV 给运营商带来的一系列变化，基础网络运营商的组织关系、企业文化等都需要变革，运营商的企业文化在 NFV 引入之后加速向软件文化转变。

（2）NFV 对电信设备厂商的影响

引入 NFV 以前，旧有产业链相对单一，核心成员主要包括设备制造商、芯片制造商等，而 NFV 的引入拉长了整个通信产业链条，传统设备制造商面临严峻的挑战，原本软硬件一体化设备销售模式被拆解为通用硬件、虚拟化平台和网元功能软件三部分的销售模式。新的产业链核心成员主要包括通用硬件设备制造商、芯片制造商、虚拟化软件提供商、网元功能软件提供商、管理设备提供商等。传统设备制造商除了在网元功能软件上具有较强的技术壁垒外，在通用硬件和虚拟化平台软件方面将面临来自 IT 领域的强大竞争。传统的设备厂商面临市场深度和广度的双重威胁。

（3）NFV 对 IT 厂商的影响

NFV 打破了传统 IT 和 CT 的藩篱，从最底层的硬件设备，到上层的虚拟网元和管理软件，为 IT 及软件厂商带来了新的机遇。但 NFV 的实践涉及软硬件多个领域，并非一家企业可以实现，其发展需要产业链各方共同合作。由于对传统运营商网络缺乏了解，真正

有能力进行全网部署的 IT 厂商并不多。

与此同时，NFV 软件化、模块化的实现方式可灵活地对网络能力进行定义、组合和管理，对外提供更为丰富的网络能力接口，促进第三方业务服务商与运营商的灵活对接，实现业务的快速集成和上线，激发第三方业务的创新活力。

4.6 NFV 的参考架构

4.6.1 主要模块

2012 年 10 月，AT&T、英国电信、德国电信等运营商在 ETSI 成立了 NFV ISG 组织，致力于推动 NFV 技术的产业化，提出了 NFV 的目标和行动计划，并发布了 NFV 白皮书，对 NFV 的架构和模块功能进行了细致的定义，如图 4-9 所示，以便所有参与者可以依照共同的框架完成相关研发工作。

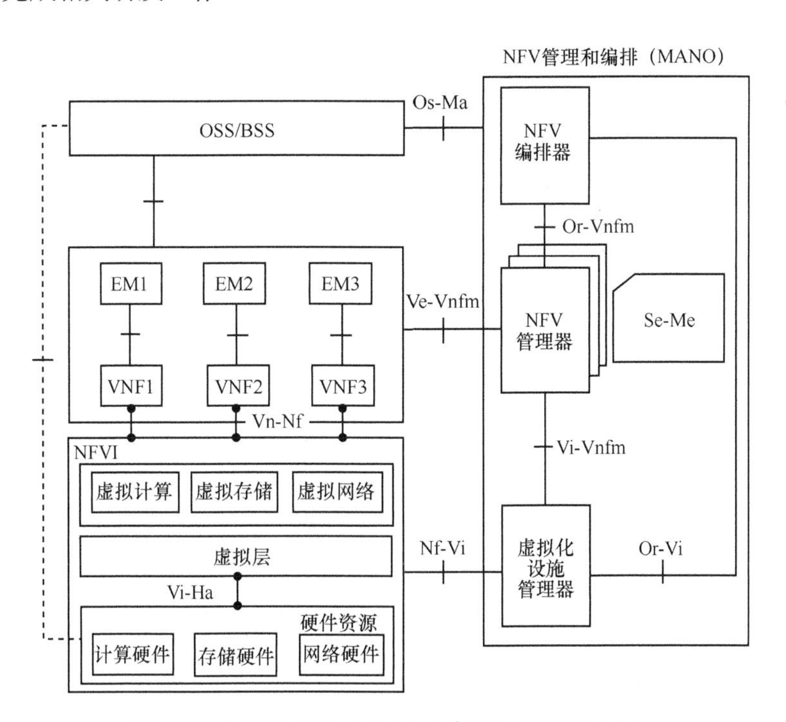

图 4-9　NFV 的架构（ETSI GS NFV 002 V1.2.1）

VNF 可分为 3 层。

① 基础设施层：从云计算的角度看，就是一个资源池，主要模块为 NFVI（NFV

Infrastructure，NFV 基础设施）。

NFVI 的主要功能是为虚拟网络功能模块的部署、管理和执行提供资源池。NFVI 包含了虚拟化层及物理资源，如通用的 x86 服务器、存储设备、交换机等，NFVI 需要将物理计算/存储/交换资源转换为虚拟的计算/存储/交换资源池。NFVI 可以跨越若干个物理位置进行部署，此时，为这些物理站点提供数据连接的网络为 NFVI 的一部分。为了兼容现有的网络架构，NFVI 的网络接入点要能够与其他物理网络互联互通。

虚拟化层即虚拟化中间件或 Hypervisor 软件，主要有三种类型，如图 4-10 所示。类型一为裸机型，虚拟化层直接管理调用硬件资源，而虚拟机（包括客户操作系统）直接运行在物理硬件上，比如 VMWare 的 ESX 及 Citrix 的 XenServer 等。类型二为托管型或者宿主型，虚拟化层在宿主操作系统上运行，对硬件资源进行管理，而虚拟机（包括客户操作系统）也在宿主操作系统上运行，比如 VMWare 的 Workstation、微软的 Virtual PC 及甲骨文的 VirtualBox 等。类型三为容器型，虚拟机仍然在宿主操作系统（通常是 Linux 系统）上运行，模拟出运行应用程序的容器，所有虚拟机共享宿主操作系统的内核空间。

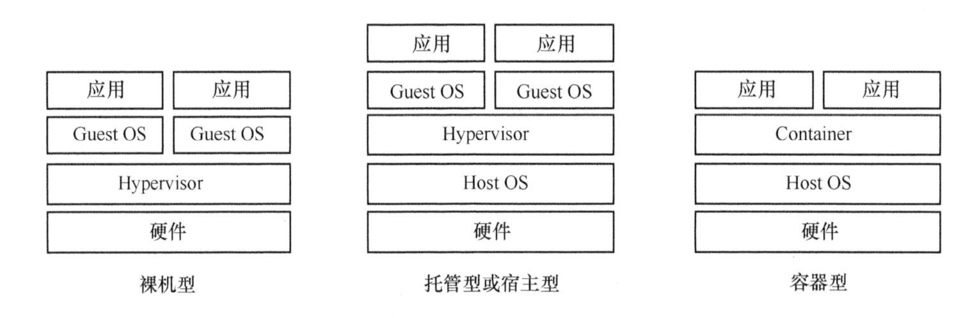

图 4-10　虚拟化层类型

不同类型虚拟化层在性能、安全性和灵活性方面存在差异。

性能：裸机型因直接工作在硬件层面，性能和效率最高；容器型因虚拟机（应用）共享宿主操作系统内核空间，可直接对硬件资源进行操作，性能和效率较高；而托管型在调用和控制硬件资源时，必须经过客户操作系统和宿主操作系统的内核，相对性能较低。

安全性和可靠性：裸机型和托管型创建和管理的虚拟机相互之间是隔离的，一个虚拟机产生故障不会影响到其他虚拟机；容器型因共享宿主操作系统内核，虚拟机之间会产生相互影响。

灵活性：裸机型和托管型创建和管理的虚拟机可以运行不同的操作系统；而容器型只支持和宿主操作系统相同的虚拟机和应用。

② 虚拟网络层：对应的就是目前各个电信业务网络，主要模块为 VNF、EM（Element Management，网元管理）以及 MANO。

每个物理网元映射为一个 VNF，VNF 所需资源需要分解为虚拟的计算/存储/交换资源，由 NFVI 来承载。一个 VNF 可以部署在一个或多个虚拟机上。相对于 VNF，传统的基于硬件的网元可以称为 PNF（Physical Network Function，物理网络功能）。VNF 和 PNF 能够单独或者混合组网，形成所谓的业务链，提供特定场景下所需的端到端网络服务。EM 同传统网元管理一样，实现 VNF 的管理，如配置、告警、性能分析等功能。

MANO 提供了 NFV 的整体管理和编排，由 NFVO（NFV Orchestrator，NFV 编排器）、VNFM 以及 VIM（Virtualised Infrastructure Manager，虚拟化基础设施管理器）三者共同组成。

NFVO 负责全网的网络服务、物理/虚拟资源和策略的编排和维护以及其他虚拟化系统相关维护管理，确保所需各类资源与连接的优化配置，实现网络服务生命周期的管理，与 VNFM 配合实现 VNF 的生命周期管理和资源的全局视图功能。

VNFM 实现虚拟化网元 VNF 的生命周期管理，包括 VNFD（Virtualised Network Function Descriptor，虚拟网络功能模块描述符）的管理及处理、VNF 实例的初始化、VNF 的扩/缩容、VNF 实例的终止。支持接收 NFVO 下发的弹性伸缩策略，实现 VNF 的弹性伸缩。VNFD 描述了一个虚拟化网络功能模块的部署与操作行为的配置模板，被用于虚拟化网络功能模块的运行过程，以及对 VNF 实例的生命周期管理。

VIM 控制着 VNF 的虚拟资源分配，负责基础设施层硬件资源、虚拟化资源的管理，监控和故障上报，面向上层 VNFM 和 NFVO 提供虚拟化资源池。OpenStack 和 VMWare 都可以作为 VIM，前者是开源的，后者是商业的。

③ 运营支撑层：就是目前的 OSS/BSS，在 OSS/BSS 域中包含众多软件，这些软件的产品线涵盖基础架构领域、网络功能领域，需要为网络功能虚拟化后带来的变化进行相应的修改和调整。

4.6.2　主要接口

主要接口有以下 9 个。

（1）Virtualisation Layer-Hardware Resources（Vi-Ha）

该接口提供虚拟化层与硬件层的通道，可以支配硬件按照 VNF 的要求分配资源；同时收集底层的硬件信息上报到虚拟化平台，告诉网络运营者硬件平台状况。

（2）VNF-NFV Infrastructure（Vn-Nf）

该接口描述了 NFVI 为 VNF 提供的虚拟硬件，本身不包含任何协议，只是在逻辑上把基础设施与网络功能区分开，使基础设施的配置更加灵活多样。

（3）Orchestrator-VNF Manager（Or-Vnfm）

该接口承载了资源编排和虚拟网络功能管理之间的信息流，功能较多，主要有资源请求、预留、分配和授权；发送预配置信息到虚拟网络功能管理模块；收集虚拟网络功能管理模块发来的状态信息，包括各网元整个生命周期的信息。

（4）Virtualised Infrastructure Manager-VNF Manager（Vi-Vnfm）

该接口沟通了虚拟网络功能管理模块和基础设施管理模块，主要负责把虚拟网络功能管理模块的资源请求信息下发到基础设施管理模块，以及交换虚拟硬件资源配置和状态信息。

（5）Orchestrator-Virtualised Infrastructure Manager（Or-Vi）

该接口完成资源编排模块的资源请求信息下发工作，同时把虚拟硬件资源的配置和状态信息与资源编排模块交换。

（6）NFVI-Virtualised Infrastructure Manager（Nf-Vi）

该接口存在于底层的硬件平台，主要负责把基础设施管理模块接收到的资源请求信息传达到基础设施层完成具体的资源分配，并回复完成消息；把基础设施层的状态信息发送到管理模块完成底层信息上报。

（7）OSS/BSS-NFV Management and Orchestration（Os-Ma）

该接口完成虚拟网络功能管理和管理与编排之间的信息交互，交互信息较多。一是网元生命周期信息与管理编排的交互；二是转发 NFV 有关的状态配置信息；三是管理配置策略交互；四是 NFVI 用量数据信息交互。

（8）VNF/EM-VNF Manager（Ve-Vnfm）

该接口让管理平面与虚拟网络功能管理有信息交流，主要完成网元配置信息与生命周期状态交互。

（9）Service，VNF and Infrastructure Description-NFV Management and Orchestration（Se-Ma）

该接口主要完成 VNF 部署模板的下发工作，VNF 部署模板是由管理和编排层根据网络运营者的意愿生成的。

4.6.3 部署方案

NFV 通过软硬件解耦，使网络设备开放化，软硬件可以独立演进，避免厂家锁定。

根据软硬件解耦的开放性不同，可将 NFV 部署方案分为单厂家、共享资源池、硬件独立和三层全解耦 4 种，如图 4-11 所示。

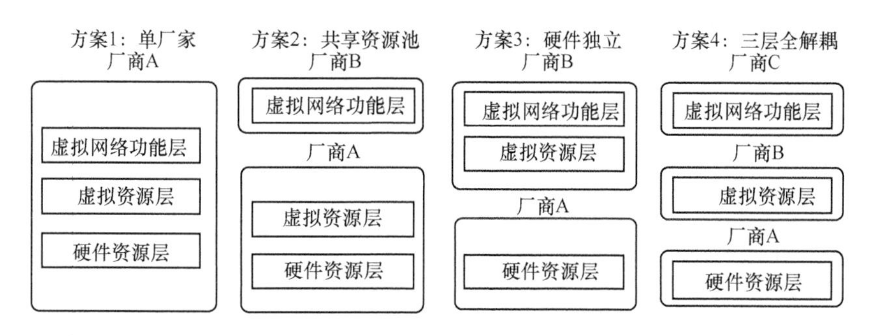

图 4-11 NFV 部署方案

方案 1：单厂家方案，优点是可以实现快速部署，整体系统的性能、稳定性与可靠性都比较理想，不需要进行异构厂商的互通测试与集成。缺点是与传统网络设备一样，存在软硬件一体化和封闭性问题，难以实现灵活的架构部署，不利于实现共享；与厂商存在捆绑关系，不利于竞争，会再次形成烟囱式部署，总体成本较高，不利于自主创新以及灵活的迭代式部署升级。

方案 2：倾向于 IT 化思路，选择最好的硬件平台和虚拟机产品，要求上层应用向底层平台靠拢。关于 VNF 与 NFVI 层解耦，VNF 能够部署在统一管理的虚拟资源之上，并确保功能可用、性能良好、运行情况可监控、故障可定位；不同供应商的 VNF 可灵活配置、可互通、可混用、可集约管理。其中，VNFM 与 VNF 通常为同一厂商（即“专用 VNFM”），这种情况下 VNF 与 VNFM 之间的接口不需标准化；特殊场景下采用跨厂商的“VNFM”（即“通用 VNFM”）。

方案 3：倾向于电信思路，通用硬件与虚拟化层软件解耦，基础设施全部采用通用硬件，实现多供应商设备混用；虚拟化层采用商用/开源软件进行虚拟资源的统一管理。可以由电信设备制造商提供所有软件，只是适配在 IT 平台上。

方案 4：三层全解耦的优点是可以实现通用化、标准化、模块化、分布式部署，架构灵活，而且部分核心模块可进行定制与自主研发，有利于形成竞争，降低成本，实现规模化部署；缺点是需要规范和标准化，周期很长，需要大量的多厂商互通测试，需要很强的集成开发能力，部署就绪时间长，效率较低，后续的运营复杂度高，故障定位和排除较为困难，对运营商的运营能力要求较高。

另外，以上各方案都涉及 MANO 的解耦，涉及运营商自主开发或者第三方的 NFVO

与不同厂商的 VNFM、VIM 之间的对接和打通，屏蔽了供应商间的差异，统一实现网络功能的协同、面向业务的编排与虚拟资源的管理。

根据上述分析，从满足 NFV 引入的目标要求来看，方案 4 更符合网络云化的演进需求，是主流运营商的选择方案。但该方案对于接口的开放性和标准化、集成商的工作、运营商的规划管理和运维均提出了新的、更高的要求。

4.7 NFV 转发性能提升

NFV 最初是针对部分低转发流量类业务功能设计的，x86 服务器在配备高速网卡（10Gbit/s）后，业务应用不经特殊优化，基本可以满足大多数低速率转发业务的处理要求。随着 SDN 技术的推动，各类高速率转发和会话控制类网络业务功能，如 vBNG（virtual Broadband Network Gateway，虚拟化宽带网络业务网关）、vPGW（virtual Packet Data Network Gateway，虚拟化分组数据网关）等，速率在 40Gbit/s 以上，逐步加入 NFV 的应用行列中。x86 服务器采用软件转发和交换技术，报文在服务器各层间传递，会受到多方面因素的影响，因此服务器的内部转发性能是 NFV 系统的主要瓶颈。

传统硬件网元能够通过专用芯片实现高转发性能，而 x86 环境下的虚拟化网元尚不具备万兆以上端口的小包线速转发能力，在同等业务量的情况下，虚拟化网元和传统设备相比存在一定的性能差距，需要分析转发性能影响因素，有针对性地进行持续优化。

4.7.1 影响因素

NFV 中的网络业务应用运行于服务器的虚拟化环境中，单个业务应用流量的收发要经过虚拟化层、服务器 I/O 通道、内核协议栈等多个处理流程，多个应用业务之间可以用复杂的物理或虚拟网络连接。因此，NFV 系统的整体性能取决于单服务器转发性能与业务组链转发性能两个方面。

数据分组处理流程如图 4-12 所示。业务应用流量的收发 I/O 通道依次包括物理网卡、虚拟交换机、虚拟网卡 3 个环节（图 4-12 左半部分）。从软件结构上看，报文的收发需要经过物理网卡驱程、宿主机内核网络协议栈、内核态虚拟交换层、虚拟机网卡驱程、虚拟机内核态网络协议栈、虚拟机用户态应用等多个转发通道（图 4-11 右半部分），存在着海量系统中断、内核上下文切换、内存复制、虚拟化封装/解封等大量 CPU 费时操作过程。

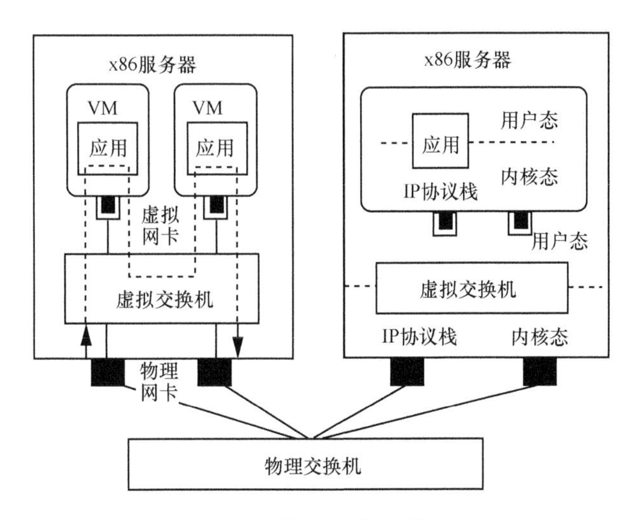

图 4-12　数据分组处理流程

影响 NFV 转发性能的主要因素有以下几个。

（1）网卡硬件中断

目前流行的 PCI/PCIe（Peripheral Component Interconnect，外设部件互连标准/ PCI-Express）网卡在收到报文后，一般采用 DMA（Direct Memory Access，直接存储器存取）方式直接写入内存并产生 CPU 硬件中断，当网络流量激增时，CPU 的大部分时间阻塞于中断响应。在多核系统中，可能存在多块网卡绑定同一个 CPU 核的情况，导致 CPU 占用率达到 100%。

中断处理方式在低速网络 I/O 场景下非常有效。然而，随着高速网络接口等技术的迅速发展，10Gbit/s、40Gbit/s 甚至 100Gbit/s 的网络端口已经出现。网络 I/O 速率不断提高，网卡面对大量高速数据分组发生频繁地中断，中断引起的上下文切换开销，造成较高的时延，并引起吞吐量下降。因此，网卡性能改进一般采用减少或关闭中断、多核 CPU 负载均衡等优化措施。

（2）内核网络协议栈

在 Linux 或 FreeBSD 系统中，用户态程序调用系统套接字进行数据收发时，使用内核网络协议栈。这将产生两方面的性能问题：一方面是系统调用会导致内核上下文切换，频繁占用 CPU 周期；另一方面是协议栈与用户进程间的报文复制是一种费时的操作。

NFV 系统中，业务应用报文处理从物理网卡到业务应用需要完成收发操作各 1 次，至少经过 4 次上下文切换（宿主机 2 次以及 VM 内 2 次）和 4 次报文复制。将网络协议栈移植到用户态是一种可行的思路，但这种方法违反了 GNU 协议。GNU 是 GNU GPL（GNU General Public License，通用公共许可证）的简称，Linux 内核受 GNU GPL 保护，内核代码不能用于 Linux 内核外。因此，弃用网络协议栈以换取转发性能是唯一可行的办法，但需要修改大量业务应用代码。

（3）虚拟化层的封装效率

业务应用中存在两类封装：服务器内部的 I/O 封装和网络层对流量的虚拟化封装。前者是由于 NFV 的业务应用运行于 VM 中，流量需要经历多次封装/解封装过程，即宿主机虚拟化软件对 VM 的 I/O 封装、虚拟交换机对端口的封装、云管理平台对虚拟网络端口的封装；后者是为实现 NFV 用户隔离，在流量中添加用户标识，如 VLAN、VxLAN（Virtual Extensible Local Area Network，可扩展虚拟局域网）等。这两类封装均要消耗 CPU 周期，降低 NFV 系统的转发效率。

（4）业务链网络的转发效率

常见的 NFV 业务链组网方式有星形连接和串行连接两种，如图 4-13 所示。星形连接依赖于物理网络设备的硬件转发能力，整体转发性能较优，但当应用的数量较大时，会消耗大量昂贵的网络设备端口。因此，在业务链组网范围不大时，如在 IDC 内部，为简化组网和节约端口，更多地采用串行连接。

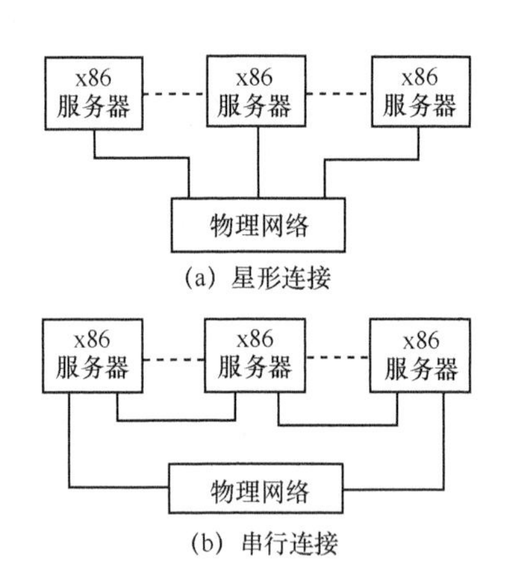

图 4-13　常见的 NFV 的业务链组网方式

串行连接时，NFV 控制器需要在多个业务应用中选择合适位置的应用进程或进程组来处理流量，以均衡各应用负荷并兼顾业务链网络性能。不合适的负载均衡算法会造成流量在不同进程组的上下行链路之间反复穿越，严重降低业务链网络的带宽利用率。

（5）其他开销

① 缓存未命中开销：缓存是一种能够有效提高系统性能的方式，然而，由于设计的不合理造成频繁的缓存未命中，会严重削弱 NFV 数据平面的性能。

② 锁开销：当多个线程或进程需要对某一共享资源进行操作时，往往需要通过锁机制来保证数据的一致性和同步性，而加锁带来的开销会显著降低数据处理的性能。

③ 上下文切换开销：NFV 的扩展需要多核并行化的支持，然而，在该场景下，数据平面需要进行资源的分配调度，调度过程中涉及多种类型的上下文切换。在网卡中断、系统调用、进程调度与跨核资源访问等上下文切换过程中，操作系统均需要保存当前状态，而这一类的切换开销往往相当昂贵，严重影响系统性能。

以上 3 种开销对 NFV 转发性能的影响较大，在实际的转发过程中，开销不止这 3 种。

4.7.2 优化方法

针对上述转发性能影响因素，目前业界已提出了多类解决方法。

（1）轮询取代中断

作为 I/O 通信的另一种方式，轮询不存在中断所固有的开销。以网卡接收分组为例，在轮询模式下，系统会在初始化时屏蔽收发分组中断，并使用一个线程或进程来不断检测收取分组描述符中的收取分组成功标志是否被网卡置位，以此来判断是否有数据分组。整个收取过程没有发生上下文切换，避免了相应的开销。

当 I/O 速率接近 CPU 速率时，中断的开销不可忽略，轮询模式的优势明显；相反，如果数据吞吐率很低，中断能有更好的 CPU 利用率，此时不宜采用轮询模式。基于以上分析，针对网络流量抖动较大的场景，可以选用中断与轮询的混合模式，即在流量小时使用中断模式，当遇到大流量时切换为轮询模式。目前 Linux 内核与 DPDK 都支持这种混合中断轮询模式。

（2）零复制技术

零复制技术主要用来避免 CPU 将数据从一个内存区域复制到另一个内存区域带来的开销。在 NFV 数据平面操作的场景下，零复制指的是除网卡将数据 DMA 复制进内存外（非 CPU 参与），从数据分组接收到应用程序处理数据分组，整个过程中不存在数据复制。零复制技术对于高速网络而言是十分必要的。

DPDK、Netmap、PF-ring 等高性能数据分组处理框架都运用了零复制技术，可以在通用平台下实现高效的网络处理，大幅提升单服务器内的报文转发性能。进一步地，DPDK 不仅实现了网卡缓冲区到用户空间的零复制，还提供虚拟环境下的虚拟接口、兼容 OpenvSwitch 虚拟交换机、专为短小报文设计的 hugepage 访问机制等实用技术。

上述开源方案能很好地满足 NFV 中 DPI、防火墙、CGN（Carrier-Grade NAT <Network Address Translation>，运营商级网络地址转换）等无须协议栈的网络业务功能，但存在着大量改写原有业务应用套接字的问题，应用中需要在性能提升与代码改动之间进行取舍。

（3）高效虚拟化技术

目前在 NFV 领域常用的高效虚拟化技术大致可以归为以下两类。

1）基于硬件的虚拟化技术

I/O 透传与 SR-IOV 是两种经典的虚拟化技术。I/O 透传指的是将物理网卡直接分配给客户机使用，这种由硬件支持的技术可以接近宿主机的性能。不过，由于 PCIe 设备有限，PCI 研究组织提出并制定了一套虚拟化规范——SR-IOV，即单根 I/O 虚拟化，也就是一个标准化的多虚机共享物理设备的机制。完整的带有 SR-IOV 能力的 PCIe 设备，能够被发现、管理和配置。

SR-IOV 最广泛的应用是在网卡上，通过 SR-IOV，每张虚拟网卡都有独立的中断、收发队列、QoS 等机制，可以使一块物理网卡提供多个虚拟功能（VF），而每个 VF 可以直接分配给客户机使用。

SR-IOV 使虚拟机可以直通式访问物理网卡，并且同一块网卡可被多个虚拟机共享，保证了高 I/O 性能，但 SR-IOV 技术存在一些问题。由于 VF、虚端口和虚拟机之间存在映射关系，映射关系的修改存在复杂性，因此很多厂商目前还无法支持 SR-IOV 场景下的虚拟机迁移功能。另外，SR-IOV 特性需要物理网卡的硬件支持，并非所有物理网卡都能提供支持。

2）半虚拟化技术

半虚拟化无须对硬件做完全的模拟，而是通过客户机的前端驱动与宿主机的后端驱动共同配合完成通信，客户机操作系统能够感知自己处在虚拟化环境中，故称为半虚拟化。由于半虚拟化拥有前后端驱动，不会造成 VM-exit，所以半虚拟化拥有更高的性能。主流虚拟化平台 KVM 使用了半虚拟化的驱动。半虚拟化相比 SR-IOV 的优势在于支持热迁移，并且可以与主流虚拟交换机对接，而 SR-IOV 只支持二层连接，因此半虚拟化技术具有更好的灵活性。

（4）硬件分流 CPU 能力

CPU 具有通用性，需要理解多种指令，具备中断机制协调不同设备的请求，因此 CPU 拥有非常复杂的逻辑控制单元和指令翻译结构，这使得 CPU 在获得通用性的同时，损失了计算效率，在高速转发场景下降低了 NFV 的转发性能。

业界普遍采用硬件分流方法来解决此问题，CPU 仅对服务器进行控制和管理，其他事务被卸载到硬件进行协同处理，降低 CPU 消耗，提升转发性能。

网卡分流技术是将部分 CPU 事务卸载到硬件网卡进行处理，目前大多数网卡设备已

经能够支持卸载特性。网卡卸载的主要功能有：数据加解密、数据包分类、报文校验、有状态流量分析、Overlay 报文封装和解封装、流量负载均衡，以及根据通信协议最大传输单元限制，将数据包进行拆分或整合。

CPU+专用加速芯片的异构计算方案。异构计算主要是指使用不同类型指令集（x86、ARM、MIPS、POWER 等）和体系架构的计算单元（CPU、GPU、NP、ASIC、FPGA 等）组成系统的计算方式。在 NFV 转发性能方面，使用可编程的硬件加速芯片（NP、GPU 和 FPGA）协同 CPU 进行数据处理，可显著提高数据处理速度，从而提升转发性能。

（5）整体优化方案 DPDK

PCI 直通、SR-IOV 方案消除了物理网卡到虚拟网卡的性能瓶颈，但在 NFV 场景下，仍然有其他 I/O 环节需要进行优化，如网卡硬件中断、内核协议栈等。开源项目 DPDK 作为一套综合解决方案，对上述问题进行了优化与提升，可以应用于虚拟交换机和 VNF。

DPDK 是 Intel 提供的数据平面开发工具集，为 Intel 处理器架构下用户空间高效的数据包处理提供库函数和驱动的支持。与 Linux 系统以通用性设计为目的不同，DPDK 专注于网络应用中数据包的高性能处理。DPDK 架构如图 4-14 所示。

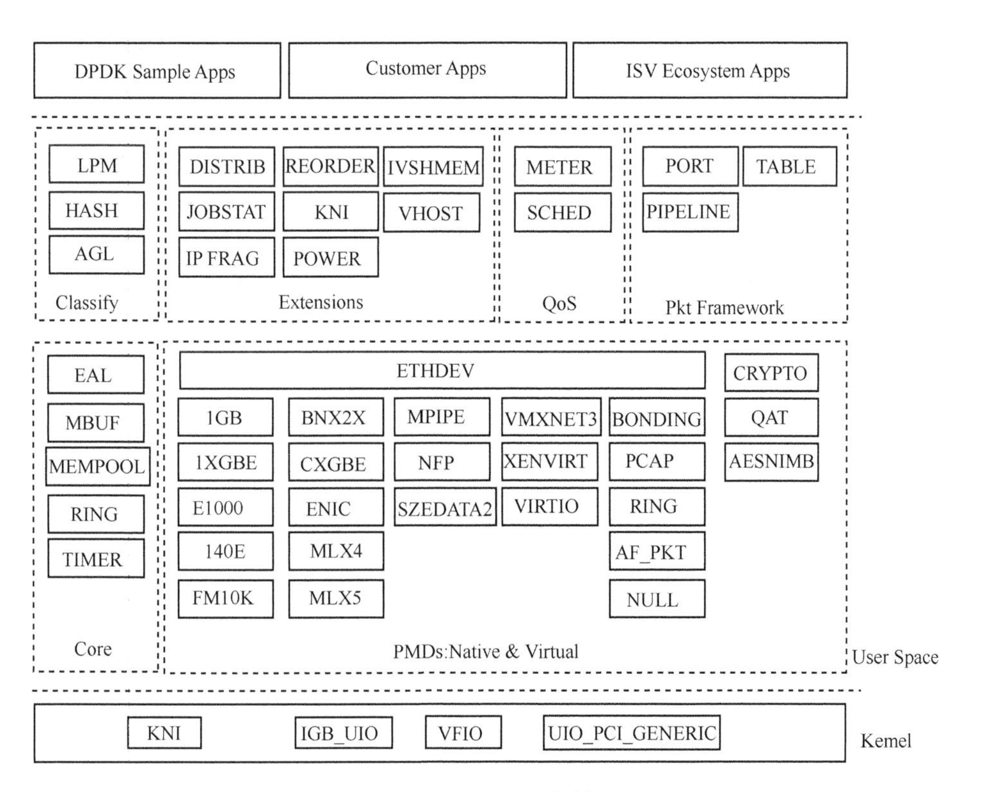

图 4-14　DPDK 架构

一般来说，服务器上的每个 CPU 核会被多个进程/线程分时使用，进程/线程切换时，会引入系统开销。DPDK 支持 CPU 亲和性技术，优化多核 CPU 任务执行，将某进程/线程绑定到特定的 CPU 核，消除切换带来的额外开销，从而保证处理性能。

DPDK 支持巨页内存技术。一般情况下，页表大小为 4kB，巨页技术将页表尺寸增大为 2MB 或 1GB，使一次性缓存内容更多，有效缩短查表消耗时间。同时，DPDK 提供内存池和无锁环形缓存管理机制，加快了内存访问效率。

报文通过网卡写入服务器内存，会产生 CPU 硬件中断。在数据流较大的情况下，硬件中断会占用大量时间。DPDK 采用轮询机制，跳过网卡中断处理过程，释放了 CPU 处理时间。服务器对报文进行收发时，会使用内核网络协议栈，由此产生内核上下文频繁切换和报文拷贝问题，占用了 CPU 周期，消耗了处理时间。DPDK 使用户态进程可直接读写网卡缓冲区，旁路了内核协议栈处理。

DPDK 以用户数据 I/O 通道优化为基础，结合 Intel 虚拟化技术、操作系统、虚拟化层与虚拟交换机等多种优化方案，形成了完善的转发性能加速架构，并开放了用户态 API 供用户访问程序应用。DPDK 已逐渐演变为业界普遍认可的完整 NFV 转发性能优化技术方案。但目前 DPDK 还无法达到小包线速转发，仍需进行性能提升研究和测试验证工作。

4.7.3 提升建议

从 NFV 系统的组网和转发性能要求来看，需要考虑服务器宿主操作系统的 I/O 通道、业务应用及其 VM 转发通道、虚拟交换机、业务链组网效率以及 NFV 控制器等多个方面的性能优化，只有这样，才能实现系统性能的整体提升。提升 NFV 转发性能的建议如下。

① 优化网卡驱动。采用应用层或内核轮询与中断混合机制，释放 CPU 中断处理时间。

② 旁路内核协议栈。减少内核上下文切换，数据通道应采用用户空间 I/O 技术，用户态直接收发网卡缓冲区，减少报文处理中的内核系统调用；同时应保留协议栈功能供管理网络使用。

③ 提供虚拟网络的性能优化。虚拟交换机容易导致性能瓶颈，选择用户态虚拟交换机有利于提升性能和进行故障定位；方案应支持 OpenFlow 协议，满足各类复杂的转发要求；应可关闭不必要的虚拟化端口和封装，减少 CPU 对报文的封装开销。

④ 提供 VM 内部 I/O 优化能力。优化方案应能提升 VM 内部的虚拟网卡及其业务应用转发通道的性能。

⑤ 与 OpenStack 类云管理平台无缝对接。优化技术不能影响 OpenStack 相关网络插

件和虚拟网络的管理。

⑥ 持 CPU 与网络资源的负载分担。利用 CPU 亲和性技术，按需调整和定制多核 CPU 的负载分布；利用 NFV 控制器的全局拓扑，提供业务组链的链路负荷优化和路由优化。

4.8 NFV 分层解耦与集成

NFV 方面，解耦是首当其冲的问题，目前业界有不解耦、软硬件解耦和三层解耦 3 种思路，其中软硬件解耦分为共享虚拟资源池和硬件独立两种方案。不解耦无法实现硬件共享，运营商依赖厂商，网络开放能力弱，不支持自动化部署，显然不符合 NFV 技术的初衷；而仅硬件解耦不支持多厂商 VNF 在同一云平台部署，运营商仍旧依赖厂商；三层解耦可以解决上述问题，但其涉及多厂商垂直互通，系统集成和维护难度大，部署周期长。NFV 三层解耦要求在部署 NFV 时，不同组件由不同的提供商提供，需要比传统电信网络更复杂的测试验证、集成和规划部署工作。

4.8.1 NFV 解耦现状

从目前产业发展情况来看，三层解耦再集成虽然面临着一些挑战，但是运营商的普遍选择，而且已经不乏成功案例。国内某运营商就选择了三层全解耦方案进行现网试点。通过采用符合集采要求的通用服务器，部署两个资源池，集成底层硬件资源、虚拟层、VoLTE（Voice over LTE<Long Term Evolution>）核心网应用层，验证了 NFV 三层解耦的 VoLTE 基本业务功能。

在海外，AT&T 的 NFV 网络建设采用的是 VNF 与 NFVI 分层解耦，数据业务部署在本地 DC，控制面与 CDN（Content Delivery Network，内容分发网络）、VAS（Value Added Service，增值业务平台）部署在区域 DC。Telefonica 的 UNICA 架构同样要求 VNF 与 NFVI 分层解耦。德国电信的 PAN-EU 计划提出了基于 NFV 的数据中心架构设计，采用两级 DC，对开放、开源的诉求非常强烈，要求厂家做到全解耦。

4.8.2 技术挑战

当前，NFV 技术尚处于半封闭的软烟囱群阶段，主要在 vEPC、vIMS 场景应用，少数在 vBRAS 和 vCPE 开始应用。

NFV 分层解耦的方式由于缺乏集成商和完整验证，距离开放的全解耦目标还有一定距离，运营商会面临一定的运维风险和技术挑战。NFV 分层解耦的技术挑战如下。

① 不同厂商的硬件设备之间存在管理和配置的差异，如存储设备管理配置、安全证书、驱动、硬件配置等方面的问题，会导致统一资源管理困难、自动化配置失效；各类 VNF 和虚拟化软件部署在不同的硬件设备上，在缺乏预先测试验证的情况下，硬件板卡或外设之间，如 PCIe 网卡、RAID 卡硬件、BIOS，存在兼容性不一致问题。因此，NFV 规模商用前应细化服务器安全证书、硬件选型方面的规范要求，重点关注硬件可靠性和兼容性问题，在商用前进行软硬件兼容性和可靠性验证。以上问题需要通过大量的适配、验证和调优来解决。

② 不同基础软件之间存在兼容性问题，如操作系统与驱动层之间、虚拟交换机与操作系统之间、虚拟化软件与 VNF 之间，不同的模块和不同的版本，以及不同的配置参数、优化方法，都会造成性能、稳定性、兼容性的较大差异，有待进一步测试与验证。

③ 分层之后，从 NFV 各层之间的接口定义与数据类型，到层内功能的实现机制，还有层间的协同处理均待完善。如 VNF 在发生故障时，涉及 VM 迁移与业务倒换机制以及 NFVI、NFVO 和 VIM 的处理流程，而目前各层的故障恢复机制还不够完善，导致实际部署中存在业务中断风险；VNF 对配置文件管理和存储设备使用不当，同样会导致 VM 实例化失效。因此，在 VNF 集成过程中，集成方或者运营商需要对各层的功能进行定义或者详细规范。

④ NFV 系统集成涉及多厂商、多软硬组件的高度集成。由于虚拟化环境的存在，在初期的测试验证、中期的系统部署、后期的运维过程中，进行系统评测与管理部署都较为困难。这就要求运营商在提升 DevOps 能力的基础上，依托持续集成与持续部署和运维自动化技术，形成 NFV 系统的持续集成、测试和部署能力。

4.8.3 实施建议

在这场重构的浪潮中，运营商普遍趋向选择三层解耦模式，从而构造真正开放、灵活的网络，为用户提供优质的服务体验。得益于 x86 硬件架构的开放性，二层软硬件解耦已经可部署，但是鉴于电信庞大的网络层级架构，三层解耦仍然存在诸多障碍。对于 NFV 分层解耦与集成这一技术难题，本书针对运营商的需求提出以下几点建议。

① 坚持 NFVI 统一部署，尽可能做到集约化和规模化部署，推进服务器通用化（跨 VNF）；探索 NFVI 与已有的云资源池统一的策略，减少硬件设备的类别；从集中的云管平台上增强对 NFV 的支持和全局的资源调度能力。为加快部署，可提前完成虚拟化层与

服务器的解耦测试并进行预集成，软硬一体化交付。

② 尽量减少虚拟化层类型，适时引入自主研发虚拟化层软件，减少持续不断的三层解耦测试工作量。采用集中的云管平台（统一 VIM），降低 NFVO 与 VIM 集成的复杂度。

③ MANO 架构全网统一。由于目前 VNFM 通常是与 VNF 绑定的厂商组件，而实际上 VIM 也是厂商提供的，因此 VNFM、VIM 仍然是与 VNF、NFVI 就近部署。所以需要尽早明确 NFVO 的架构（例如，采用集团 NFVO+区域 NFVO 两层架构），明确 VNFM 和 VIM 的跨专业、跨地域部署能力和部署位置，明确已部署的云管平台与 VIM 架构的关系，以及已有的 EMS、NMS 与 VNFM 架构的关系。

④ 提升多厂家的管理能力。三层解耦后，多厂家的垂直集成的接口对接复杂度远大于传统网络的异厂家对接或二层解耦对接，需要有确定的角色组织多部门、多厂家完成预验证，识别风险。多厂家场景下，需要有角色对问题定界、定位进行裁决，在集成和运维的过程中，对技术问题进行端到端的管理。

对于运营商来说，三层解耦是一个较长的过程，与厂商的博弈需要时间，再加上自主能力（研发、测试、集成）也需要时间，因此，在实现最终目标之前可以先选择过渡方案，例如厂商一体化方案（不适合作为商业化规模部署方案）、部分解耦方案（硬件与软件解耦、MANO 中的 NFVO 解耦出来）等，在试点和小规模部署过程中培养能力，逐渐实现最终的解耦目标，并在解耦基础上逐步提升自主研发比例，增强对网络 NFV 化的掌控力。

4.9　NFV 发展展望

采用 NFV 架构后，电信网络的自动化管理能力和敏捷性将大幅提升，一个电信设备的部署周期将从几个月缩短为几个小时，扩容周期从几周扩展到几分钟，电信网络新业务的部署周期将从数月级缩短到数周级，电信运营商将真正具备“大象跳舞”的能力。

ETSI 定义的 NFV 标准虽然从技术上看是可行的，但在具体模块、接口、流程等实现上还不完善，目前业界的开源社区、标准组织和厂家乃至运营商都在积极推动相关技术的进步。对于运营商来说，NFV 技术应该是一个解耦的软硬件开放体系，具有丰富的产业链，这样才能在满足自身技术发展需求的同时达到效益的最大化。对于设备厂商而言，拓展市场和合作范围是第一要务，厂商可以通过整合和收购等手段，形成较为完整的产品和服务体系，但产品往往会开放性不够。

以 NFV 为基础的运营商网络转型大幕已经开启，随着技术的成熟，未来将很快看到

NFV 架构的电信网络。以 NFV 为出发点，CT 和 IT 将走向深度融合。

4.10 SDN 与 NFV 关系

SDN 与 NFV 的关系如图 4-15 所示。SDN 和 NFV 都采用了控制与承载分离的思想，并试图通过软件定义的形式实现基本控制功能。SDN 和 NFV 互不依赖，自成体系。SDN 诞生于园区网络（大学的校园网或企业的内部网），通过控制和转发分离，实现网络控制集中化、流量灵活调度，侧重于网络连接控制，在传统网络设备和 NFV 设备上都可以部署。NFV 源自运营商需求，通过软硬件分离，实现网络功能虚拟化、业务随需部署，可以在非 SDN 的环境中部署，侧重于网元功能实现。两者最基本的区别及关系体现在以下几个方面。

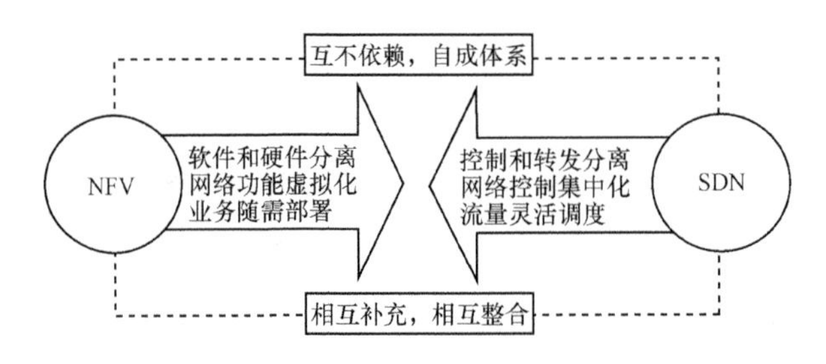

图 4-15　SDN 与 NFV 的关系

① SDN 的核心是软件定义网络，NFV 的核心是网元功能的虚拟化。也就是说，SDN 的落脚点体现在 IP 网络策略及路由转发的软件集中控制上，NFV 的落脚点体现在传统网络网元功能实现的变革上。

② NFV 与 SDN 没有直接的关系，两者的着眼点不相同，其应用场景在很大程度上是不重合的，只是在部分应用上有交集，也就是说，两者有一定的互补性，但并不相互依赖。如 SDN 的控制器可以部署在 NFV 架构上，可以通过 SDN 集中控制 NFV 架构中各虚拟网元之间的 IP 数据分组转发。

③ NFV 可以不依赖于 SDN 部署，SDN 技术不是 NFV 架构中必须部署的技术。规模不断扩展的云数据中心可以采用 SDN 技术控制和均衡各虚拟机资源，以便更好地连接和控制这些虚拟机，最终使数据中心更加可控管理。

④ 针对 IP 大网，如果逐步采用 SDN 架构，其相应的 SDN 控制器可以设置在 NFV 架构的云平台上。

总之，SDN 和 NFV 两种技术之间没有直接相互依存的关系，但 SDN 与 NFV 有很强的互补性，NFV 增加了功能部署的灵活性，SDN 可进一步推动 NFV 功能部署的灵活性和方便性，如利用 SDN 将控制平面和数据平面分离，使现有的部署进一步简化，减轻运营和维护的负担。同时，NFV 为 SDN 的运行提供基础架构的支持，如将控制平面和数据平面的功能直接运行在标准服务器上，简化 SDN 的部署。NFV 和 SDN 紧密结合，能够产生更大的价值，最大限度地满足用户对服务速度、业务能力和操作简便性的要求。

4.11　部署 SDN、NFV 面临的问题

技术可以创新，但网络发展必须是演进的，新技术的应用必须要充分考虑现网的平滑演进，这是网络发展的一般规律。当前，运营商存量网络规模大且设备极度复杂，部署 SDN、NFV 技术将是一项浩大的系统工程，多数运营商对如何实现现网到 SDN、NFV 的平滑演进，如何解决多厂商的兼容性、互联互通和集成部署等问题存有疑虑，真正推动商用化规模部署尚需时日。

（1）开放接口标准化和互操作问题

SDN、NFV 打破了原有封闭的网络架构，实现控制和转发分离、软硬件解耦以及向上层业务开放网络能力。为此，SDN 架构引入了新接口，这些接口的标准化对实现开放网络架构至关重要，是实现多厂商方案高效集成、摆脱厂商锁定的先决条件。

南向接口是控制器与转发设备之间下发流表的通信接口，目前呈现多样化发展态势（业界定义了超过 15 种的通信协议），增加了厂商解决方案和运维部署的复杂度，给不同厂商解决方案的互通带来了更大的挑战。南向接口最终能否统一成少数几种协议（如 OpenFlow 或 NETCONF），是业界亟待解决的一个问题。

北向接口是直接为业务应用服务的，其设计与业务应用的需求密切相关，具有多样化的特征。市场上已经出现了 30 余种不同的控制器，尽管每种控制器都宣称遵循 RESTful 的接口标准，但是对外提供的接口不完全相同，充分说明北向接口标准尚未统一。

东/西向接口主要解决控制平面的扩展性问题，实现“组大网”，同时还要考虑与非 SDN 网络控制平面的互通。目前，关于 SDN 东/西向接口的研究刚刚起步。

上述问题带来了一个直接的影响，就是跨厂商的控制器与转发设备，以及与上层业务之间不能实现完全解耦，需要逐一适配，因而增加了互操作的成本。

（2）性能问题

性能是运营商网络的关键指标之一。数据面的转发性能（如吞吐量、时延）直接影响用户业务体验；控制面性能决定网络规模大小和业务承载容量。

在数据面，芯片是主要瓶颈，TCAM（Ternary Content Addressable Memory，三态内容寻址存储器）的容量直接影响 OpenFlow 流表的数量，同时 OpenFlow 协议定义的灵活的报文格式及操作指令，使 ASIC 芯片全面支持 OpenFlow 协议越来越困难。对于通用 x86 实现的转发面，其吞吐量无法达到线速转发的要求（根据测试数据，128Byte，10Gbit/s 物理接口吞吐量<1Gbit/s；1518Bytes，吞吐量<9Gbit/s）。这就需要在数据处理的灵活性和吞吐量之间寻找平衡。在控制面，SDN 集中控制架构对控制器的性能提出了更高要求，Packet-in 消息的处理能力、管理交换机的最大数量、流建立速率、集群能力等都是关键指标。从前期测试数据来看，目前中国的主流厂商在这些指标上还存在明显的差异，很难满足大规模组网的需求。

另外，在引入 NFV 后，一方面，硬件通用化、网元功能的软件化导致网络输入/输出能力难以匹配电信网络的需求，计算能力难以满足特殊功能（如加解密、编解码、深度报文解析等）需求；另一方面，给中间件带来了一定的性能损耗。降低软件的开销并通过引入软硬件加速技术满足电信网络高速转发、密集计算的性能需求成为 NFV 面临的挑战之一。业界提出了一些性能加速解决方案，如 SR-IOV（Single-Root I/O Virtualization，单根 I/O 虚拟化）、DPDK（Data Plane Development Kit，数据平面开发工具套件）、超线程技术和硬件加速机制等。

（3）可靠性和扩展性问题

现有网络从抗毁性的需求出发设计了分布式的控制机制，网络中的每个网元都独立地学习路由，生成转发表项，并在此基础上引入故障快速检测、快速重路由、保护倒换等机制，实现链路/节点的故障保护，提升网络可靠性。采用分布式的分层架构，从本质上来说分散了每个网元设备的路由运算压力，能够有效支撑网络的大规模扩展。SDN 架构采用集中的控制机制，由控制器集中完成路由计算并下发流表到转发设备，因此它成为整个网络的中枢大脑，一旦故障就会全网瘫痪，因此控制器的可靠性对于网络而言至关重要。如何避免控制器单点故障，链路或节点发生故障时如何快速上报，并快速完成流表的更新，这些问题对于控制器的实现都具有挑战。对于大规模的网络部署，需要考虑控制器的分层部署、多个控制器之间的相互协作。

在设备层面，传统的电信网络设备采用软硬一体的封闭架构，使用专用硬件，能够满

足线速转发的要求，而且无论是硬件还是软件的故障，都能够快速检测并启动保护机制，达到 99.999%的高可靠性要求。而引入 NFV 之后，采用通用硬件设备目前很难达到 5 个“9”的可靠性要求（一般通用商用化设备的可靠性只能达到 99.9%），原有软硬一体化设备分成了三层，并引入管理和编排深度介入网元的自动伸缩等流程。因此，硬件资源层、虚拟资源层、VNF 和 MANO 每层如何增强，三层如何协同，VNF 与 MANO 如何配合等，都会影响到整个系统的可靠性，这就需要建立一套完整的可靠性体系并对三层协同提出明确的要求。但是，硬件资源的池化，有助于在设备层面根据业务的需求灵活实现扩容与缩容，这是传统电信网络设备无法实现的。

（4）与现有运维系统的协同问题

在 SDN、NFV 架构下引入新的网元管理实体，对现有网络体系架构下的系统和设备运维都会产生影响。在传统网络与 SDN、NFV 网络共存阶段，如何处理新的网元管理实体与传统网络中 OSS/BSS 等管理、运维系统的关系，原有 OSS/BSS 及网管系统如何与 MANO 协作配合，物理网络功能（Physical Network Function，PNF）和虚拟网络功能（VNF）如何协同管理，控制器与原有非 SDN 设备如何对接等，解决上述问题将会是一个长期复杂的过程，需要在 SDN、NFV 实际应用部署中不断探索和完善。

网管系统的演进方向应当是“纵向分割、横向协同”，新系统基于开源码和开放应用程序编程接口，负责虚拟资源的动态管理，而旧系统负责物理网元的管理，通过顶层的业务生命周期管理编排提供横跨虚拟资源和物理资源的端到端业务；新、旧系统通过信息模型的转换实现横向互通，理想但不现实。

（5）安全问题

相比传统电信设备，软硬件分离的特点以及网络的开放性给网络带来了新的潜在安全问题：一是引入了新的高危区域——虚拟化管理层；二是弹性、虚拟网络使安全边界模糊，安全策略难以随网络调整而实时、动态迁移；三是用户失去对资源的完全控制以及多租户共享计算资源带来的数据泄露与攻击风险。

在 NFV 环境中，可能存在安全风险的组件包括 VNF 组件实例，绑定到 VNF 组件实例的本地网络资源，远程设备上对本地 VNF 组件实例的参考，VNF 组件实例占用的本地、远程以及交换存储等。在发生安全事故的情况下，如何保证这些组件涉及的硬件、内存不被非法访问，如何保证 VNF 上应用的现有授权不被改变，如何保证本地和远程资源彻底清除崩溃的 VNF 资源及授权不被滥用，是 NFV 安全面临的关键技术挑战。

此外，控制器开源和开放的特性也具有潜在的安全风险，需要建立一套隔离、防护备份机制来确保控制器安全、稳定地运行，这既包含控制器自身的安全问题，也包含控制器和应用层之间以及控制器和转发设备之间的安全问题。

（6）集成部署问题

运营商引入 SDN、NFV 技术，期望通过推动硬件和软件的分离、软件功能的分层解耦，进一步细化和拉长产业链环节，从而摆脱厂商锁定。引入 NFV 后，原先由单一厂商提供整套软硬件一体化的系统，将分解成来自不同厂商的不同组件，复杂度大大提升。从架构上看是一个巨大的 ICT 系统集成工程，包括 NFVI 的集成、VNF 的集成和业务网络的集成，涉及的系统、厂商、地域和接口非常多。现阶段，NFV 相关接口的标准化进度不一，部分接口将直接采用开源软件，部分 API 难以完全标准化。此外，开源软件和厂商定制化软件解决方案所采用的私有协议和接口，都将成为 NFV 系统集成和工程联调面临的巨大挑战。

4.12 SDN、NFV 在随选网络中的应用

4.12.1 随选网络产生的背景

近年来运营商一直面临管道化的困境，一方面，网络流量激增，现有网络不能满足用户需求，运营商需要投入大量的建设资金，扩容现有网络，以满足用户日益增长的带宽需求；另一方面，流量增长给运营商带来的利润增长微乎其微，互联网生态系统产生的利润没有成比例地回馈到运营商手中。运营商的业务量与收入之间的剪刀差日益扩大。

针对上述问题，2007 年左右，运营商提出了智能管道的概念。智能管道是指以高带宽的固定和移动承载网络为基础，通过可管控的端到端差异化管道的建立，实现网络资源的智能调度和按需匹配，满足用户多种方式灵活接入的需求，为用户提供可按需定制和随时随地接入的网络以及创新业务体验。但是，由于传统的网络架构不具备多维感知和精细化区分的能力，智能管道并没有大规模部署，业界需要新的能够改变网络基础架构的技术。

云计算、SDN、NFV 等技术的产生和发展为电信网络的变革提供了技术驱动力。随选网络正是市场需求和新兴通信技术变革相结合的产物，使客户按需获得网络资源、按需获得极致业务体验成为可能。

业界一些主流运营商先后提出了随选网络的建网思路。2014 年，AT&T 推出了

“Network on Demand”（按需提供网络服务）的创新型业务。“Network on Demand”具备 3 项较明显的网络特性，分别是自助服务、虚拟连接、快速部署。在自助服务中，用户可以登录在线自助门户，增加和修改业务，支持的业务包括 DDOS 攻击防御、Web 过滤、邮箱过滤等；在虚拟连接中，用户可以在门户上自行建立和修改虚拟连接，相应的实体连接会随着用户发起的变更发生相应变化；在快速部署中，在保证光纤资源已经到位的前提下，AT&T 将业务开通时间缩短为 80 秒，这一速度对于传统的电信网络而言，几乎是不可想象的。

沃达丰支持企业分支机构和总部之间的点到点网络随选方案，同时也支持点到数据中心的网络随选连接服务，可提供公有云和私有云之间基于叠加网络的隧道传输，满足云网络之间的带宽保证、性能要求和安全可靠性等方面的需求。

NTT 支持 DC 内业务自动配置，支持各种防火墙、负载均衡器等业务功能的随选。对于网络随选，NTT 支持企业分支机构和总部之间的点到点，以及企业到 DC 之间的点到 DC。结合 NFV 虚拟化技术，NTT 提供认证服务器、防火墙等的随选。

中国电信提供了面向中小企业的随选网络系统。系统基于 SDN、NFV 和云技术，为中小企业提供一站式的云加网的便捷服务，随选网络具有基于 SDN 的自动化配置能力和基于云技术的快速扩展能力。随选网络系统具备的功能包括：客户自助服务，实现 VPN 业务快速开通发放；灵活配置，按需调整带宽和路由；根据需求快速加载防火墙等增值业务；云网的一站式订购和云接入服务。中国电信将基于随选网络的业务能力，构建面向中小企业的生态服务平台，提供中小企业所需的各种通信服务能力，包括网络的连接、语音、短信、会议电话、视频通信、云服务、安全服务、服务质量保障等，帮助中小企业更方便地获得通信服务。

4.12.2　随选网络的特征与价值

随选网络有以下 4 个特征。

① 敏捷：用户定制网络服务的速度明显加快，由原来的几个星期缩短至几分钟，甚至可以接近于实时。

② 简单：用户可以轻松订购和管理网络服务，无须专业人员协助或接受专业培训。

③ 灵活：用户可以根据自身的需求来开通差异化功能。

④ 可靠：用户可以得到高安全性和高可靠性的服务。

随选网络可以为客户提供以下价值：

① 客户可以根据自身的连接、业务需求自助选购，按需部署；

② 客户可以获得对自己网络的管理权利，根据自身需求变化，灵活调整业务套餐，包括调整带宽、服务等级、增减网络业务、选择要接入的分支等；

③ 钟级业务开通，可见的业务选择，极大地提升了客户体验；

④ 为客户提供云网一体的综合通信信息基础设施服务，客户可以直接“拎包入驻”。

针对网络的建设及运营者，即运营商，随选网络有以下价值。

① 重构运营商大量的基础设施及运营支撑系统，运营管理系统、业务编排、网络控制、基础网络资源等形成有机可协同的整体；

② 有效整合和利用闲置资产，并可利用这部分资源对外服务创造价值；

③ 重构运营商的业务提供模式，实现从运营商定义业务到用户自定义业务的转变；

④ 在基本的连接服务的基础上提供更加丰富的网络及信息服务，例如网络状态监测控制、业务保障，云主机、云存储、云桌面等 IaaS 及 OA、CRM、财务等在线 SaaS；

⑤ 对于高价值的目标客户，可以提供极致的、随需进行优化的网络解决方案。

4.12.3 随选网络的核心功能

基于对网络本身的剖析以及对各种应用场景的需求分析，可将随选网络分为两大部分，即连接随选和功能随选。连接随选和功能随选不仅可以单独提供服务，而且可以提供多样化的组合服务。用户可以在终端灵活指定所需的连接及业务功能服务，自动化实现全网的业务保障，真正契合时代需求，提供多样化的服务。

以连接为基础、以体验为根本是随选网络的核心。对于连接随选，可选择相应的站点、带宽、服务质量等相关内容，可以为用户真正定制端到端有质量保障的网络连接服务。对于功能随选，用户可以选择所需的网络功能服务，比如网络地址转换、防火墙等，还可以根据用户的需求形成相应的业务功能链。当用户选定所需的网络连接和业务功能服务后，通过编排器和 SDN 控制器实现网络及业务的自动化快速部署，真正实现所见即所得，大幅提升用户感知。

（1）连接随选的实施策略

随选网络的关键之一是连接随选，主要聚焦于三大应用场景：点到点、点到数据中心、点到互联网。

1）点到点

点到点主要是针对企业分支到分支、分支到总部互联的需求。此场景下对网络的主要

要求是支持带宽按需分配（BoD）、虚拟专用网（VPN）、QoS 等，个别企业会有二层 VPN 的需求。企业的边缘路由器需支持二层或三层接入，通过叠加网络隧道进行互通。SDN 控制器根据编排器下发的策略信息，为边缘路由器配置 QoS、虚拟可扩展局域网（VxLAN）隧道信息。

2）点到数据中心

点到数据中心主要是针对企业接入数据中心的场景，需要接入的 DC 可能是边缘 DC，也可能是核心 DC，甚至是公有云。此场景下，主要的网络诉求是二层接入，而核心 DC 或公有云需要支持 VPN 业务，同时还要支持 BoD、QoS 以及某些网络功能虚拟化应用。主要的网络需求包括快速的云业务接入，云接入带宽 BoD、QoS、VPN，以及与现有叠加网络的兼容等。虚拟边界网关设备对企业网络接入的数据进行 VxLAN 封装，VEG 通过隧道接入 DC 的网关，编排器协调跨域操作，能够保证用户接入侧业务 VLAN 和 DC 侧业务 VLAN 保持一致。

3）点到互联网

点到互联网针对的场景比较简单，主要是互联网接入。网络需求在于快速地接入，接入带宽 BoD，支持 NAT 网络增值服务、流量可视化，以及多站点的互联网接入等。VEG 设备根据编排器下发的策略和网络的流量状态动态调整用户接入互联网的网络带宽，对私网地址进行 NAT。

（2）功能随选的实施策略

功能随选的基本特征是用户按需订购，业务按需提供。这就需要有一整套自动化部署流程，配合预定模板来实现。借鉴 SDN 和 NFV 框架，引入云技术、大数据和开放等理念构建的分层集中控制、统一管理的软件可定义的弹性网络，采用编排管理层、业务功能层和基础设施层的三层架构，引入了多级 DC 部署方式，以 SDN、NFV 技术双轮驱动、编排管理层统一管控的形式，构成运营商的目标架构。其中，弹性网络的关键组成部分是按照 NFV 框架在 DC 之上实现各类网络的虚拟网络功能，并引入 NFV 的管理和编排进行全生命周期管理和自动化部署与运维，在编排管理层的统一编排下完成全网点到点的 NFV 业务自动部署和能力开放，可以根据用户的需求和整网的资源情况采取最优的策略，实现业务的快速部署和资源的最大化利用，快速构建定制化网络，有效降低建网成本。

在具体实施和演进的过程中，可以结合 vCPE 等网络功能虚拟化。如针对政企客户，在提供 L2/L3 专线或者互联网访问的同时，提供包括 NAT、防火墙、深度报文检测等一系列网络功能服务，这些服务可根据需要部署在具备智能化处理能力的智能微云网关中或运营商的 DC 机房中的云平台上。

4.12.4 随选网络的应用案例

以中国电信面向中小企业的随选网络系统为案例，介绍随选网络系统的组成和应用，如图 4-16 所示。面对中小企业资费敏感、网络敏捷开通、云网协同等需求，中国电信的中小企业的随选网络系统采用 SD-WAN（Software Defined Wide Area Network，软件定义广域网）技术，以软件定义的方式快速建立端到端 WAN 网络路径，满足客户需求。同时，为了满足企业客户快速上云的需求，随选网络系统将网络节点延伸至云数据中心，可以实现云网一站开通、云间互联等云网协同服务。

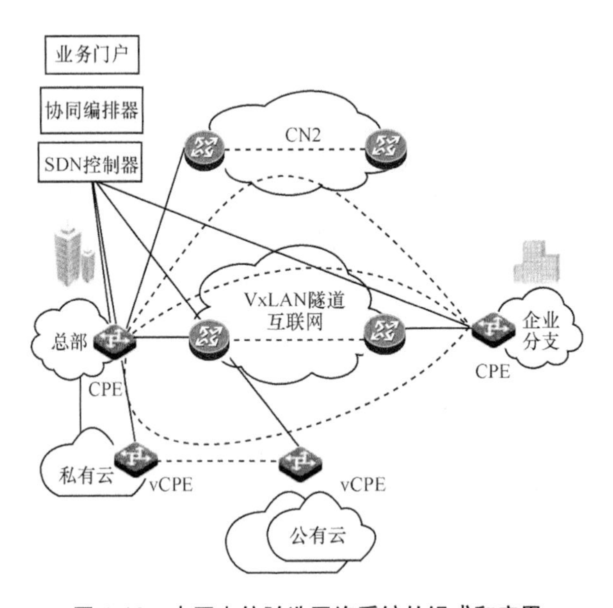

图 4-16 中国电信随选网络系统的组成和应用

随选网络系统由客户自服务门户、协同编排器、SDN 控制器和 SDN 设备（包括 CPE、vCPE）组成，如图 4-17 所示。客户自服务门户作为用户的入口，供客户、客户经理和网络运维人员使用。协同编排器作为随选网络的核心组件，向上对接门户，接收门户下发的业务请求；向下对接 SDN 控制器，把接收的业务请求，转化成业务能力需求，下发给 SDN 控制器。SDN 控制器作为随选网络的组件，向上对接编排器，接收编排器下发的业务需求；向下对接 SDN 设备，将接收的业务需求，通过相关协议下发给 SDN 设备。SDN 控制器的主要功能包括网络控制、路径计算、智能调度等。CPE/vCPE 设备作为随选网络的转发单元，受 SDN 控制器的控制，实现配置的执行和流量的转发。

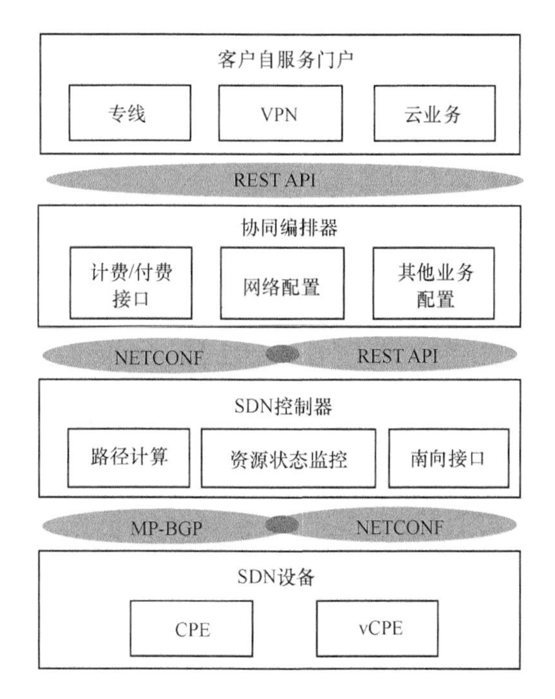

图 4-17　随选网络系统架构示意

以随选网络智能园区解决方案作为示例，介绍中国电信随选网络的实际应用。随选网络智能园区解决方案面向创业园区或写字楼的中小微企业，提供零资产、零配置、轻便灵活的云网协同业务。在园区管理方的统一调度下，客户可以在入驻当天获得日常运营所需的网络资源和云资源，无须安装任何终端设备，无须购买服务器设备。随选园区解决方案能够全面满足园区类客户租期灵活、租户流动性大、频繁变更办公室或办公位的要求，同时帮助园区实现管理和服务转型升级。

随选网络智能园区解决方案如图 4-18 所示，主要实现以下功能：自助开通租户的互联网访问通道，带宽可配置；自助开通租户云主机，并可配置云的公网地址、访问策略；自助开通租户工位到云主机的云专线。

租户到园区云节点之间使用二层 VxLAN 隧道，租户与使用的云资源、云增值业务采用大二层互联方式。另外，租户通过云内 vCPE 进行互联网访问，园区管理者通过 vCPE 进行带宽限速，并且云节点的云管平台与 SDN 编排器需进行对接，将云内客户与 VLAN/VxLAN 对应信息导入 SDN 编排器。

在租户租用园区外部公有云情况下，如果外部公有云已部署随选 vCPE，则由 SDN 编排控制系统从园区提供的云节点内 vCPE 到外部公有云 vCPE 建立 VxLAN 隧道；如果外部公有云未部署随选 vCPE，则租户直接通过 vCPE 互联网通道访问公有云。

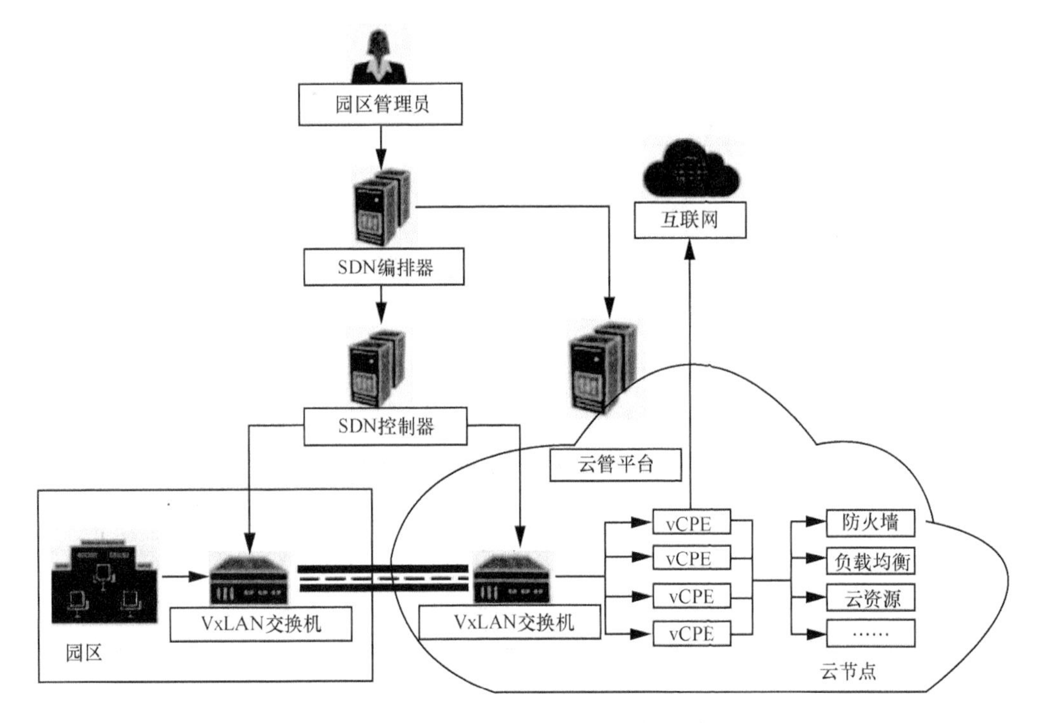

图 4-18　随选网络智能园区解决方案

4.12.5　随选网络技术小结

随选网络是 SDN、NFV 的新发展阶段。针对最终用户，随选网络可以让用户根据自身的需要进行灵活定制，快速提供专线服务，灵活调整业务套餐，还可以按需增加相应的网络功能服务等。针对运营商，随选网络重构运营商大量的基础设施及系统，如业务运营支撑系统、业务编排、网络控制、基础网络资源等，更加有效地利用闲置资源。同时，随选网络也重构运营商的业务提供模式，实现从运营商定义业务到用户自定义业务的转变。

随选网络利用 SDN 最新技术，实现点到点、点到 DC、点到互联网 3 类专线服务。通过 SDN 的调度，实现站点选择以及带宽与 QoS 的端到端保证，以实现用户定制网络。同时，通过 NFV 技术构建微型虚拟化环境，基于此环境，用户可以定制 NAT、防火墙、广域网加速等业务，提升应用体验。通过业务编排层和 SDN 控制器实现业务和网络的自动化部署，快速提升用户感知。在具体的演进过程中，可以结合 CO-DC 重构，通用的应用及服务可部署在核心 DC/区域 DC，供各企业共享。

4.13　SDN、NFV 在云网协同中的应用

4.13.1　云服务的价值依赖于网络

云计算作为一种新的 IT 基础设施及业务提供方式，不仅能够帮助企业降低 IT 建设和运营成本，加强业务敏捷性，而且能够灵活实现弹性伸缩。越来越多的应用正逐步从传统模式向云上迁移，带来了云计算的爆发式增长。云计算的规模发展使数据中心的流量也爆发式的增长，数据中心成为网络架构新的中心，以 DC 为中心的组网模式得到越来越多的认可。

但是，各种云服务无一不依赖于基础网络，网络质量是评价云服务体验的决定性因素，特别是一些对响应时间和网络稳定性要求很高的关键性业务。例如，文件丢失和系统故障会导致企业或项目瘫痪，因此具备快速备份保障能力的云备份服务是至关重要的。但是，当故障发生时，网络带宽必须能够在短时间内迅速增大才能确保关键文件即刻从云端恢复，企业运营以最快的速度恢复正常。没有与之匹配的网络，实现云服务的真正价值就只能是空谈。

将越来越多的 IT 负载转移至云端需要良好的服务保证。为提高云服务的可靠性和可用性，云平台需要具备诸如防分布式防服务攻击、高可用性和备份等特性，以及设立双活数据中心。但这样还不够，网络的时延仍然会对性能产生影响，例如实时视频的检索，视频转码、视频流和媒体存储等爆炸式增长会促使云平台产生大量的数据，增大数据中心内部和数据中心之间的网络带宽。

4.13.2　云网协同的含义

云服务正在成为信息通信服务的主体，为云服务提供更好的支撑是网络发展的新使命。提供云服务的主体多元化，在云服务提供商与网络提供商分离的情况下，二者协同对于保障服务质量和用户体验至关重要。协同的前提是坚持“开放”，需要推动网络服务和云服务能力的双向“开放”，通过网络与云服务之间的协同实现服务的一体化。云网协同包括以下 3 个层面的含义。

① 布局协同。网络从以通信机房为中心向以数据中心为中心转变，因此，对于网络基础设施和云计算数据中心的布局，应该统一协调。

② 控制协同。实现网络资源与计算/存储资源的协同控制。云服务建立在网络与计算/存储资源共同作用的基础上，网络与计算/存储资源的管控协同有助于实现资源效率最优化。

③ 业务协同。实现上层应用与网络服务之间的相互感知和开放互动，网络要具备对业务、用户和自身状况等的多维度感知能力，同时业务要将其对网络服务的要求和使用状况动态传递给网络。

云网协同是运营商在云计算、“互联网+”时代差异化竞争的关键，基于 SDN、NFV 技术实现混合云网络能力提升及网、云协同互动，可以随时随地发放及按需部署计算、存储和网络资源，并实现资源自动化部署、智能优化，确保最佳的客户体验。

4.13.3　SDN、NFV 是云网协同的关键手段

云网协同已经成为云业务发展的关键需求，但运营商的网络目前还无法满足云业务发展的需求，主要存在以下问题。

① 互联网流量变化快，调整优化不灵活。面向业务/应用的动态调度能力不足，网络节点分散，连接关系复杂，调度和调整困难。

② 网络设备耦合封闭，功能可扩展性差，弹性能力不足。网元设备的软硬件紧耦合，新功能和新业务上线慢，无法支持虚拟化功能，资源无法共享和按需分配。

③ 以网络运维为主，缺乏自主研发和研发运营一体化。对厂家依赖性强，从网络部署到故障定位相对缓慢。自主研发能力较弱，网络业务灵活性和定制化不足。

国外许多运营商已经开展云网协调相关研究工作，例如 AT&T 推出 Domain 2.0 技术，德国电信推出 PAN-EU 打造“云+网”一体网络，西班牙电信的 UNICA 架构、沃达丰的 One Clound 架构、法国电信的 Cloud4Net 架构等。国内各大运营商纷纷跟进，如中国移动的 NovoNet 2020、中国联通的 CUBE-Net 2.0、中国电信的 CTNet2025 等，均包含了云网协同的相关内容。

凭借 SDN、NFV 技术，运营商可以使网络具有按需增减资源、即时开通、自动交付的能力，并且网络的可靠性和资源利用率得以极大提升。可以说，SDN、NFV 技术是运营商实现“云网协同”的关键手段。要想实现云网协同，必须从云数据中心内部、数据中心之间、广域网络三方面共同发力，并且需要有一个协同控制器进行统一协调控制。

① 在云数据中心内部。网络必须能够实现多租户的灵活隔离，并满足虚拟机部署时的网络属性自动配置，以及迁移时的网络属性携带，并且能够和计算资源、存储资源等协同交付。

② 在数据中心之间。网络必须能够满足多个分散的数据中心的资源集中调度、业务统一呈现，以及无感知的用户交付。对于用户来说，就像使用一个本地化的集中数据中心一样。

③ 广域网络。网络必须根据业务的需求，满足随时随地、突发性的资源需求，如即开即通的链路、带宽按需或按业务负载情况灵活动态调整、各节点之间的安全网络连接等。

④ 云业务和网络的协同编排。在以上三点的基础上，还要实现云业务和网络的协同编排，在统一的控制界面下实现集中的管控及优化。只有这样，才能真正实现业务与网络的无缝融合，提供高质量的用户体验。

广域网主要采用 SD-WAN 技术来实现。即，将 SDN 的技术应用在广域网中，借助 SDN 的集中控制架构来创建不依赖于底层网络的动态路径，并实现业务的灵活串接、状态端对端可视及灵活的路径选择等功能。

要想在现有网络基础上实现上述功能，比较容易的方式一般是采用叠加（Overlay）方式。叠加是指在传统的物理网络之上构造一个虚拟网络，完成虚拟计算，实现逻辑上的用户隔离和专用通道。叠加方案具有成本低、业务开通迅速的优点，但单纯的叠加解决方案通常无法提供差异化的 SLA 保障。所以我们一般要结合 Underlay。Underlay 是指利用物理网络路由设备和技术进行专线、VPN 的建立，实现有质量保证、安全的网络通道，常用技术包括 MPLS-VPN、光纤专线、MSTP（Multi-Service Transfer Platform，多业务传送平台）专线等。在叠加方案的基础上，增加对 Underlay 网络的控制，从而同时获得质量保证和安全性。

要想实现叠加网络，目前较常见的方式是通过 VxLAN 技术的封装来实现一个跨越三层网络基础之上的大二层互通协议，通过一个集中的 SDN 编排器，就可以灵活地实现各种逻辑通道的配置、建立，并能够灵活进行带宽的调整，可以实现各类业务的串接以及业务路径的动态调整。

4.13.4　面向企业用户的典型云网协同场景

对于通信运营商来说，为企业用户提供“语音+网络+云服务”一体化的打包服务模式是首选，在实现收益最大化的同时，还能极大地增强用户黏性。以往，客户开通上述服务需要客服人员通过不同的系统，进入不同的门户进行办理，经过手工工单、资源确认、资源分配调度、配置与割接等一系列流程，业务开通时间往往以“周”为单位。引入 SDN、NFV 技术实现云网协同之后，用户可以通过统一的自服务门户，像普通网络购物一样，采购各项服务并能实现自动配置，即时开通，业务开通时间缩短到以“分钟”为单位。云网协调示意如图 4-19 所示。

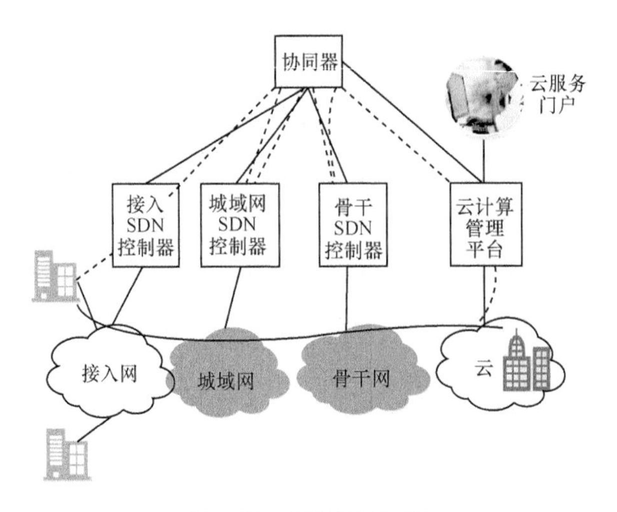

图 4-19　云网协同示意

通过集中控制的协同器，用户可一站式完成计算、存储、网络的资源配置和业务开通。云计算管理平台完成资源池租户网络配置，并请求协同器配合完成网络连接（如 VPN）的开通。用户可将企业内部 IT 与云端的资源池通过 VPN 连接，实现“混合云”。此业务场景以政企客户和公众用户为重点，实现云网协同的网络能力供给侧改革，具有以下突出优势。

① 网络可视：全程全网的资源可视、流量告警、故障排查、优化建议。

② 资源随选：提供按需（计算、存储、网络等资源任意组合）、自动化部署（分钟级的业务开通与调整）。

③ 用户自服务：电商级自助门户，实时登录、查询、管理自有资源和服务。

运营商通过新技术的运用，将网络资源与云资源协同管理运营，可以随时随地发放及按需部署计算、存储和网络资源，并实现资源的自动化部署和智能优化，从而极大地提高企业云服务的资源调度效率和网络效率；以专业化的服务，提供差异化体验，通过更优质的客户体验，培养企业用户“为体验付费”的习惯，强化企业的用户忠诚度。

4.14　SDN、NFV 在云数据中心的应用

4.14.1　在云数据中心内部的应用

（1）云数据中心面临的问题

计算和存储虚拟化技术经过几年时间的发展，已经基本能够满足用户的需求。随着云

计算 IDC 的规模越来越大，客户个性化需求日趋强烈，网络已经成为制约云计算 IDC 发展的最大瓶颈，主要体现在以下几个方面。

① 虚拟化环境下网络配置的复杂度极大提升。IDC 内部设备众多，特别是计算资源虚拟化后，虚拟机的数量数十倍地增长，且各类业务特性各异，导致网络配置的复杂度大大增加，基于传统点到点手工配置的模式已难以满足业务快速上线的要求。

② 虚拟化环境下无法有效进行拓扑展现。现有的网管系统均是基于传统网络环境的。在虚拟化环境下，由于虚拟机与网络设备端口并不是一一对应的，因此无法很好地呈现业务系统与网络资源之间的对应关系，导致运维复杂，极易出现问题。

③ 无法很好地实现多租户网络隔离。在云计算环境下，各业务系统共用同一套核心的交换机、路由器、防火墙、负载均衡器等设备。目前的传统网络技术很难有效实现多个系统之间的有效隔离，无法在既满足云 IDC 对 IP 地址、VLAN、安全等网络策略统一规划的前提下，又很好地支撑各系统的个性化要求。

④ 无法实现动态的资源调整。不同业务系统的流量、安全策略等均有所不同，传统的网络技术无法动态感知各业务属性，无法灵活地进行适应性的资源调整，容易造成资源的浪费或过载。

（2）基于 SDN 的解决方案比较

目前基于 SDN 的 IDC 网络解决方案主要有以下 3 种。

① 基于专用接口。此方案主要为一些网络设备厂家主导的方案，SDN 控制器与网络设备之间通过私有协议通信，实现网络配置的统一管理和下发。方案需要对现有网络设备进行软件化的升级改造，较易实现，过渡平滑。但缺点很明显，就是标准不统一，异厂家无法互通，SDN 控制器适配多种设备难度很大。

② 基于开放协议。大致同方案①，只是将厂家的私有协议换成基于 ONF 主导的 OpenFlow 等标准开放协议。缺点是 OpenFlow 标准的产业化成熟度不高，目前不同的标准化组织之间还存在激烈的竞争，标准无法统一，而且需要对现有的网络设备进行大规模的升级与替换，无法很好地实现业务的平滑升级过渡。

③ 基于叠加。方案①、②的问题都是需要对现有的硬件设备进行全面的升级或替换，一方面会造成前期投资的浪费，另一方面容易造成业务的中断。因此，我们主要推荐采用基于叠加的 SDN 解决方案，如图 4-20 所示。

基于叠加的 SDN 解决方案的特点是以现有的 IP 网络为基础，建立软件实现的叠加层，全面屏蔽底层物理网络设备，所有的网络能力均以 NFV 倡导的软件虚拟化的方式提供。

该方案的优点是不依赖底层网络设备，可灵活地实现业务系统的安全、流量、性能等策略，实现多租户模式，基于可编程能力实现网络自动配置；缺点是在一定程度上增加了网络架构的复杂度，且通用服务器架构与传统的专用网络设备相比存在一定的性能缺失。

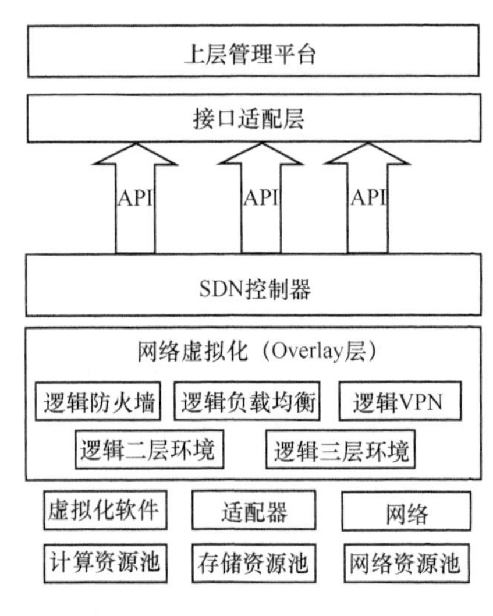

图 4-20　基于叠加的 SDN 解决方案

（3）多租户的网络隔离实现

为了实现多租户的网络隔离，采用一种 L2 over L3 的隧道技术来构建一张虚拟网络，隧道封装协议有 VxLAN、MPLS over GRE（基于多协议标签交换的标准路由封装）、NV-GRE（基于网络虚拟化的标准路由封装）、STT（Stateless Transport Tunneling，无状态传输隧道）等，由于 VMware 在业界的领先地位，目前支持较多的是 VxLAN。VxLAN 的工作原理是创建第二层的逻辑网络，并将其封装在标准的第三层 IP 包中，无须依赖传统的 VLAN 等二层隔离手段，即可实现多租户的逻辑区分，使用户可以很方便地在现有网络上大量创建虚拟域，并使它们彼此之间以及与底层网络完全隔离。

（4）利用 NFV 实现路由及边界防护

IDC 的东、西向流量给传统的集中式路由模式带来了挑战，为了很好地应对这个挑战，采用基于软件定义的路由器以及防火墙，为每个租户分配独立的逻辑路由器以及防火墙，支持各租户之间的个性化定制要求，并智能地将流量按最短路径进行转发，从而减轻核心交换机的压力。

基于通用服务器架构的虚拟机实现南、北向的网络边界防护，包括第四至第七层的负载均衡、防火墙、路由器以及其他高级网络服务功能，可以完全取代传统模式下的硬件边

界网关设备。

（5）Service Chain（服务链）管理

根据业务的特性，将不同的基于软件定义的网络服务像珠子一样自由拼接起来，形成一条服务链。服务链可以根据业务需要，任意定制所经过的服务节点，并且可以进行灵活修改。

（6）智能控制器实现统一业务控制及管理

控制器是 SDN 的“大脑”，建立统一的智能控制器，对上连接上层管理平台及各应用系统，对下进行集中的网络策略的定义及分发，动态感知虚拟机、租户与网络的对应关系，实现虚拟网络和物理网络的统一拓扑呈现与配置，提供基于业务的服务链定义等功能。

（7）SDN、NFV 解决方案面临的问题

SDN、NFV 解决方案以较低的成本实现云计算 IDC 网络的智能化，简化了网络配置，实现多租户隔离，但作为一种新兴技术，不可避免地存在一些问题。

① 可靠性问题。传统数据中心网络设备采用高可用性的专有电信网络设备，可靠性达 99.999%，而虚拟化核心网络设备基于通用服务器，可靠性低于专有电信网络设备。当然，可以通过虚拟机集群化部署、实时监控、管理备份等手段在一定程度上提高软件定义系统的可靠性。

② 转发性能问题。传统网络设备采用专用的 ASIC 芯片，以及优化的交换背板，数据存储转发能力优于通用服务器，瓶颈主要集中在 I/O 接口的数据转发性能上。从一般性的测试结果来看，与传统设备相比有 30%～40%的性能损失。但通过底层设备定制、操作系统优化、业务层软件优化等方式，未来可以争取将差距缩小到 10%以内。

③ 标准化问题。SDN、NFV 的虚拟化架构与传统的电信标准化工作差异非常大，而且接口及协议涉及多个标准化组织及开源组织，标准化难度较大，且进展缓慢，整个虚拟化网络的标准化工作任重道远。

4.14.2 利用 SDN+VxLAN 技术构建 vDC

vDC（virtual Data Center，虚拟化数据中心）是将云计算概念运用于 IDC 的一种新型的数据中心形态。通过传统 IDC 业务与云计算技术相结合，建设统一创新型 vDC 运营管理系统，应用虚拟化、自动化部署等技术，构建可伸缩的虚拟化基础架构，采用集中管理、分布服务模式，为用户提供一点受理、全网服务的基础 IT 设施方案与服务，如图 4-21 所示。

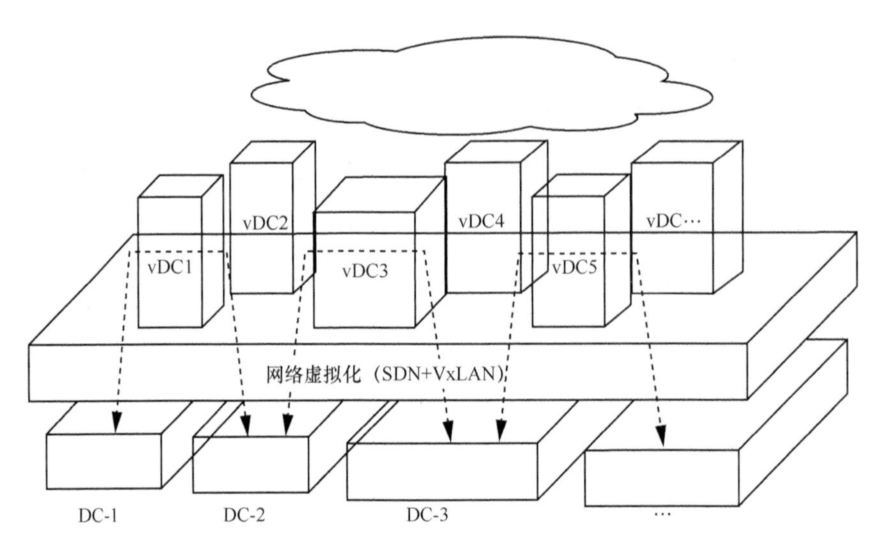

图 4-21　利用 SDN+VxLAN 技术构建 vDC

（1）业务模式

vDC 的业务模式见表 4-1。

表 4-1　vDC 的业务模式

<table>
<tr><th>业务模式</th><th>场景描述</th><th>为运营商带来的优势</th><th>为企业带来的优势</th></tr>
<tr><td>vDC 机架租赁模式</td><td>将运营商 IDC 机房和网络资源（包括零散机架）整合，为用户提供跨机房、弹性、高可扩展性的机架租赁服务</td><td>增加盈利点：
（1）通过资源整合租赁，提高资源利用率；
（2）引入更多现场增值服务；
（3）高效、快速提供 FW 和 IPS 等网络增值服务</td><td rowspan="3">业务需求：
（1）满足机架和网络平滑扩展的需求；
（2）跨机房资源租赁，提升基础资源的冗灾安全性；
（3）基础资源开通加速；
（4）采用服务外包方式简化现场运维。

经济效益：
租用零散资源，费用较低</td></tr>
<tr><td>vDC 公有云模式</td><td>企业用户业务全部在公有云上运行（跨 IDC 机房的云资源池），只需租赁公有云资源即可，不需要投入云的建设和维护，完全由运营商负责</td><td>增加盈利点：
（1）提供虚拟机、存储、网络管理和增值服务租赁，扩展 IDC 运营商的传统业务模式；
（2）未来可出租资源有 TOR 接入端口、VNI 资源、DC-LAN 带宽/BoD、层次化安全服务（租户内/间）、VM 和存储等</td></tr>
<tr><td>混合云模式</td><td>企业的高私密业务部署在私有云内，其余业务在公有云上运行，公有云由运营商负责</td><td>增加盈利点：
（1）扩展业务空间，提供跨城域、灵活部署的混合云业务，简化运维；
（2）业务快速开通与业务可视化</td></tr>
</table>

（2）实现方式

基于 SDN 技术实现 VxLAN 大二层组网，提供 IDC 间东西向与底层无关的二层互通能力，如图 4-22 所示。

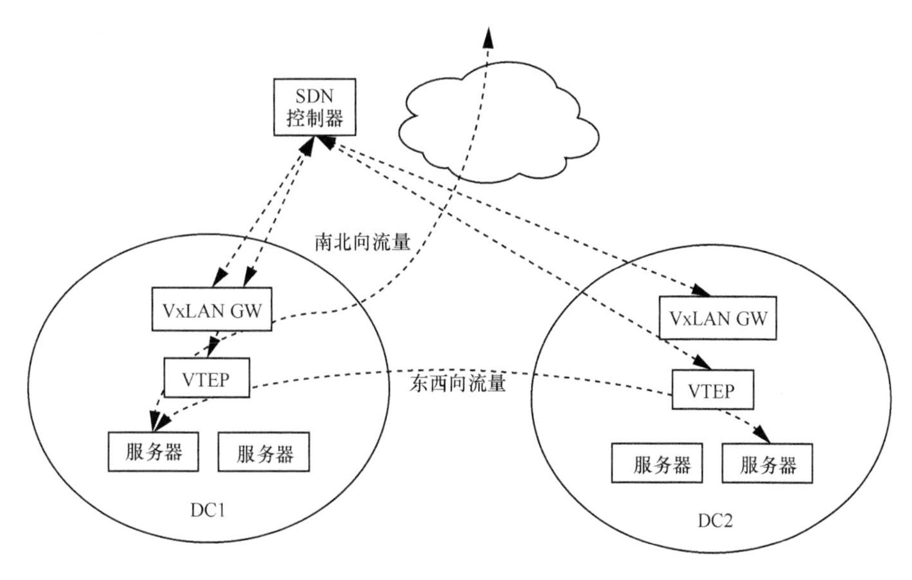

图 4-22　VxLAN 大二层组网示意

1）VTEP（VxLAN Tunneling End Point，VxLAN 隧道终端）

VTEP 用来完成 VxLAN 报文的封装和解封装，节点位置一般有以下几种形式。

① 虚拟机：纯软件的虚拟化环境场景下；

② TOR（Top of Rack，架顶）/汇聚/核心交换机：一般用于物理机环境或者虚拟化和物理机混合的环境。数据中心规模较小时，可以考虑将 VTEP 设置在汇聚/核心交换机上，规模较大时建议下沉至 TOR 交换机。如果原有交换机硬件不支持 VTEP 功能，可以用支持 VTEP 的软/硬件设备旁挂来实现。

2）VxLAN GW

VxLAN GW 用来实现 VxLAN 虚拟网络与外部非 VxLAN 之间的通信。VxLAN GW 的部署一般在 IDC 的核心交换机或 IDC 出口路由器。同样，在原有设备不支持的情况下，可以采用旁挂方式。

3）控制面

同一个 vDC 内的各 VTEP、VxLAN 网关必须接受统一的 SDN 控制器进行控制，只有这样，才能实现 DC 内各 VxLAN 的端到端通信，以及相应的管理及自动化配置。控制面接口协议一般采用 MP-BGP、OpenFlow、OVSDB 等。

4）数据面

VxLAN 数据面封装有以下 2 个。

① DC/vDC 内：VxLAN；

② vDC 间：VxLANoMPLS（Overlay）、MPLS（Underlay）。

4.14.3 利用 SDN 进行 DC 之间的流量调优

（1）Google B4 经典案例

最有影响力的基于 SDN 技术的商用网络要数 Google 的 B4 网络，一方面因为 Google 本身的名气，另一方面因为 Google 搭建网络投入多、周期长，最后的验证效果非常成功。B4 网络充分利用了 SDN 优点，特别是 OpenFlow 协议，是为数不多的大型 SDN 商用案例。

Google 的广域网由两张骨干网平面组成：外网，用于承载用户流量，被称为 I-scale 网络；内网，用于承载数据中心之间的流量，被称为 G-scale 网络。这两张网络的需求差别很大，流量特性也存在很大的差别。根据 G-scale 网络的需求和流量特性，并且为了解决广域网在规模经济下遇到的问题，Google 试图利用目前备受关注的 OpenFlow 协议，通过 SDN 解决方案来实现 Google 的目标。

项目初期，Google 发现没有合适的 OpenFlow 网络设备能够满足需求，因此 Google 决定自己开发网络交换机，他们采用了成熟的商用芯片，基于 OpenFlow 开发了开放的路由协议栈。

每个站点部署了多台交换机设备，以保证可扩展性（高达 T 比特的带宽）和高容错率。站点之间通过 OpenFlow 交换机实现通信，并通过 OpenFlow 控制器实现网络调度。多个控制器的存在就是为了确保不会发生单点故障。在这个广域网矩阵中，建立一个集中的流量工程模型，这个模型从底层网络收集实时的网络利用率和拓扑数据，以及应用实际消耗的带宽。有了这些数据，Google 计算出最佳的流量路径，然后利用 OpenFlow 协议写入程序中。如果出现需求改变或者意外的网络事件，模型会重新计算路由路径，并写入程序中。Google 的数据中心广域网以 SDN 和 OpenFlow 为基础架构。SDN 和 OpenFlow 提升了网络的可管理性、可编程性、网络利用率以及成本效益。2010 年 1 月，Google 开始采用 SDN 和 OpenFlow。2012 年年初，Google 的全部数据中心骨干连接都采用了这种架构。网络利用率从原先的 30%～35%提升到 95%左右，这一数字让人难以置信。

（2）运营商的 SDN 流量调优方案

1）IDC 出口方向灵活选择

目前的 IDC 和城域网带宽相对独立，资源利用率较低，网络资源静态化，难以根据用户或应用需求实时灵活调整。经分析，城域网的流量特点是入流量远大于出流量，而 IDC 的流量特点是出流量远大于入流量，但传统的路由技术很难做到实时根据各方向链路负载

灵活选择流量方向。

可充分利用 SDN 技术的转发与控制分离的特点，整合城域网出口和省 IDC 专网出口带宽形成全省统一的出省带宽资源池，疏通 IDC 至省外流量，消除城域网、IDC 带宽忙闲不均的现状，提升整体带宽利用率。将 IDC 服务对象分为同城、省内和省外 3 类，通过 SDN 控制业务流量合理分流，由传统、分散的路由策略优化过渡为集中 SDN 转发策略调整。

2）基于源地址的 VIP 大客户保障

传统模式下，所有客户共享 IDC 出口链路，技术层面做不到有效地保证 VIP 大客户的服务质量。通过 SDN 技术，可以实时监测各条链路的状态，从而将 VIP 客户的流量引导到高优先级的链路上，以保证更优的业务体验。

4.15　SDN、NFV 在广域网的应用

4.15.1　SD-WAN 概述

在传统企业 WAN 网络中，E-mail、文件共享、Web 应用等传统企业应用通常采用集中部署的方式部署在总部的数据中心，并通过租用运营商专线，如 SDH、OTN、Ethernet、MPLS 等，将分支机构连接到数据中心。运营商以专线业务的 SLA 保证，包括带宽、时延、抖动、丢包率等，满足企业在各分支机构部署各种应用的需求。这种传统企业 WAN 服务存在异构接入方式协同困难、流量不对称、业务订购不灵活且开通周期长、WAN 带宽利用率低、配置管理量大、价格昂贵等问题。为尽可能提升专线的利用率，各种 WAN 优化及应用加速技术应运而生，包括 QoS 流控、TCP 优化、协议代理、数据缓存技术、数据压缩技术等。随着移动办公以及云计算的引入，企业应用的部署发生了巨大的变化。现在有许多中小企业选择使用公有云服务，将总部数据放在公有云端，通过公共互联网来实现数据互通。由于公有云通常部署在少数几个数据中心，通过互联网访问，网络质量无法保障，因此，依然不能为用户提供稳定可靠的业务体验。

随着 SDN 技术在云和数据中心的成熟应用，企业 WAN 市场日益成为 SDN 技术应用发展的新领域。SD-WAN 是一种应用于 WAN 传输连接的基于软件的网络应用技术，它可以使企业将广域网连接和功能整合，并虚拟化成集中式的策略，以简化复杂 WAN 拓扑的部署和管理。SD-WAN 聚焦于 SDN 技术在企业广域网中的应用，在传统 WAN 基础上引入 SDN，形成集中管理的 WAN 链路池，可为政企客户提供定制化 WAN 服务，成为未来

企业级广域网运营的重要业务模式。SD-WAN 将软件可编程和商业化硬件结合起来，提供自动化、低成本、高效率的广域网部署和管理服务，成为企业级广域网中最热门的技术应用之一，大有取代传统广域网布局的趋势。

SD-WAN 服务的典型特征是将特定硬件组成的 WAN 网络的控制能力通过软件方式“云化”，利用集中控制器实现设备及端口的抽象及统一管理，屏蔽底层链路差异，实现企业网络异构接入有效协同，提升客户体验，基于客户提供定制化的 WAN 网络分片，实现客户网络流量的可视化与监控，提供 SLA、QoS 以及基于应用的路由策略，实现网络有效均衡，提升网络投资效益，保证网络质量。随着虚拟网络功能的引入，SD-WAN 可为客户提供灵活的增值服务，包括 DDoS 安全防护、内容加速、内容精细化分析等。

4.15.2 SD-WAN 应用场景

SD-WAN 继承了 SDN 控制与转发分离、集中控制等理念，在企业 WAN 中部署软件控制系统，提供业务快速部署、业务智能管理等功能，帮助企业应对云服务及办公移动化所带来的挑战。典型的 SD-WAN 应用场景可以分为 3 类：Hybrid-WAN 场景、公有云接入场景以及移动办公场景。

（1）Hybrid-WAN 场景

传统的企业广域网布局如图 4-23 所示。随着互联网容量的持续增长，企业在传统专线的基础上，租用互联网链路（xPON、xDSL、以太网等），实现分支机构和总部互联。基于网络的实时状态，将业务动态分发到总部和分支机构之间的多条路径上，形成最初的 Hybrid-WAN 场景。在该场景下，分支机构部署的客户端设备通常集成各种网络增值服务，包括 WAN 优化、防火墙、VPN 等，这种传统网关的配置管理复杂，需要专业人员维护。

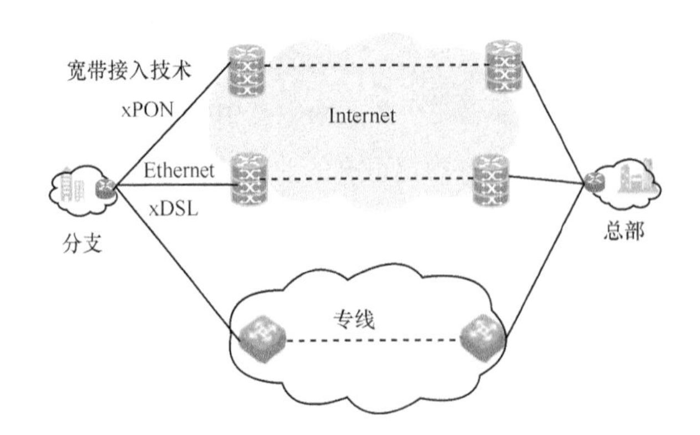

图 4-23 传统的企业广域网布局

Hybrid-WAN 场景如图 4-24 所示。在传统的 Hybrid-WAN 解决方案中引入 SD-WAN 控制器，是当前主流的 SD-WAN 应用场景。SD-WAN 控制器可灵活部署在企业侧或云端，实现对分支机构 CPE 设备的集中管理以及自动化配置，包括各种互联网接入及专线接入的配置管理等，提供企业广域网及应用的可视化和智能路由功能，能够基于网络环境的实时状态，将各种应用的数据智能调度到各自的链路上，保障分发的高效性和通信的实时性。特别是对于跨地域性的大企业而言，采用 SD-WAN 实现智能化和自适应的网络结构，一方面降低了企业构建广域网的运营成本，另一方面为网络服务的升级、搬迁和需求更改增加灵活性和机动性。

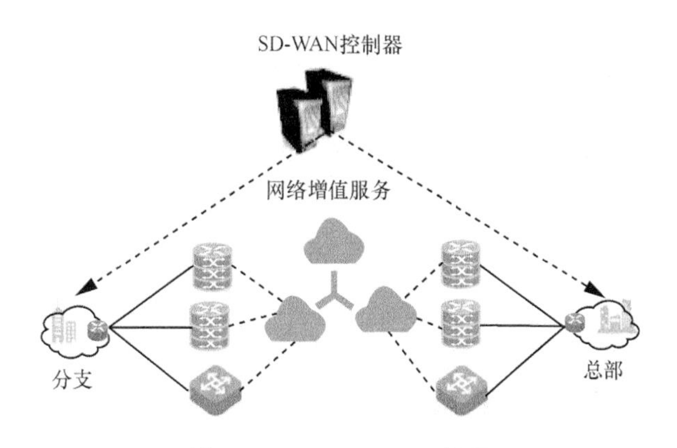

图 4-24　Hybrid-WAN 场景

（2）公有云接入场景

如图 4-25 所示，在公有云接入场景下，运营商可提供公有云的优化服务，利用云数据中心专用承载网接入公有云资源池，在企业总部或分支的客户端 CPE 设备识别公有云应用数据，将业务数据发送到运营商最近的公有云接入节点。

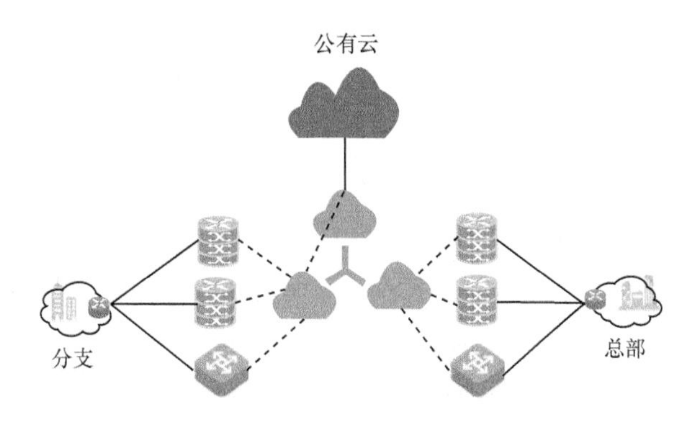

图 4-25　公有云接入场景

（3）移动办公场景

如图 4-26 所示，目前移动办公使企业网面临严重的安全威胁，运营商可通过 SD-WAN 集中控制器将安全策略推送到总部或各分支机构，并部署安全防护功能，为企业员工从企业部署的私有云以及公有云接入企业应用提供安全接入，将员工接入最近的服务点。针对用户互联网接入场景，运营商可以提供 IPSec 及 SSL 等安全接入服务。

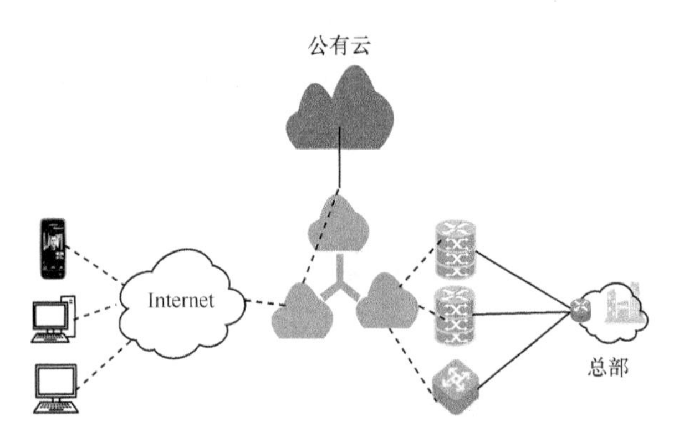

图 4-26　移动办公场景

4.15.3　SD-WAN 发展展望

据国外市场调研机构 IDC 预测，相比传统企业广域网方案，SD-WAN 可以节省至少 20%的费用。到 2022 年，SD-WAN 市场规模将超过 70 亿美元。目前，AT&T、Verizon、SingTel 和 NTT 等各大运营商以及思科、Nokia 和 Juniper 等各大通信设备供应商为积极应对挑战，正在积极布局 SD-WAN 技术应用和服务，在网络连接服务的基础上，充分利用现有的业务实力，推出基于 SD-WAN 技术的新产品，在快速增长的 SD-WAN 市场中占有一席之地。

作为一项新型的技术，SD-WAN 本身存在一定的局限性。SD-WAN 作为企业 IT 网络的一部分，需要和企业总部、分支机构、各种局域网接口、企业私有云和数据中心，以及企业 IT 网络中的其他应用部署成为一个有机的整体。但各厂商解决方案暂无统一的标准，对网络的运维和协调以及技术本身的推广都造成了一定程度的障碍，企业在部署 SD-WAN 时难以抉择，国际标准化组织 ONUG（Open Networking User Group）将推进 SD-WAN 的标准化。

随着网络接入带宽和骨干容量不断提升，企业、终端以及数据中心等实体进行移动互联的需求正在不断提高，带来了传统广域网市场的变革。SD-WAN 技术提供了一种低成

本和简单高效的广域网实现方式，正在改变企业网络的管理和交付方式，受到了业界的追捧。目前，SD-WAN 还在不断演进之中，各个厂商都正积极推出自己的解决方案。随着网络接入技术和接入需求的进一步增加，以 SD-WAN 技术为代表的广域网部署领域必将迎来更广阔的发展。

4.16　SDN、NFV 在城域网的应用

4.16.1　城域网发展面临的挑战

近年来，随着运营商业务能力的提升，城域网承载的业务功能和网络能力越来越复杂，包含了高速上网、企业专线、高清视频、VoIP、无线回传、云计算、大数据、物联网等。

传统的城域承载网可分为用户层、接入层、汇聚层、业务控制层及核心层，其典型架构如图 4-27 所示。用户层主要为用户的宽带接入设备，如机顶盒；接入层为用户设备提供接入功能，如 ONU；业务信息流通过汇聚层汇聚，如汇聚交换机/OLT；用户逻辑信息处理、用户认证、地址分配、地址转换、VPN 建立等功能由业务控制层承担，典型设备包括 BRAS、SR、BNG、MSE 等；核心层主要负责提供高速数据交换能力，主要设备为 CR。

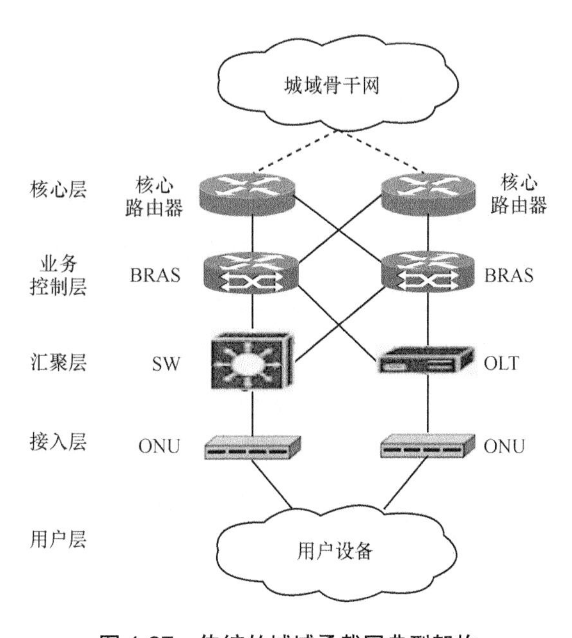

图 4-27　传统的城域承载网典型架构

在层出不穷的新业务、新流量的冲击下，传统的城域网的弊端显露出来，主要体现在以下几个方面。

① 转发与控制能力不匹配。现有设备的转发和控制能力紧密集成，以往设备的发展以提升转发性能为主，所以设备的转发性能普遍较强。但新兴的终端管理、VoIP、物联网等业务产生了海量的高并发、小流量连接，因此控制能力成为瓶颈。

② 设备利用率不均衡。传统按地域分布式部署的架构导致设备利用率严重的不均衡，不同节点的设备无法实现处理能力的负载均衡。

③ 新业务上线速度慢。现有设备软硬件紧密耦合，对任何一个新业务的功能升级或调整，都需要对分散在全网的设备进行全面升级才能支持，工程周期长、难度大，无法适应新业务快速上线的需求。

④ 建设维护成本高。采用专用硬件可扩展性差，建设维护成本高，且软硬件绑定易被厂家锁定，限制了后续扩容时的议价能力。

⑤ 缺乏灵活的流量调度能力。设备基于一体化的封闭软硬件架构，独立配置和控制，无法集中统一调度，无法及时应对流量的变化做出调整，无法对不同客户及业务提供端到端的差异化保障。

⑥ 运营维护复杂。涉及厂家和设备种类多，异厂家设备管理、维护界面不相通，网络规划建设和运营维护非常复杂。

4.16.2 vBRAS 的发展

（1）vBRAS 是城域网虚拟化的切入点

为了解决上述问题，运营商引入了网络功能虚拟化技术，通过标准的 x86 服务器取代昂贵的私有专用网络硬件。首先网络设备全部或部分功能统一到工业化标准的通用服务器上，在降低建设、运维成本的同时，进行控制与转发、软件与硬件之间的解耦，进一步提高业务部署的灵活性。再通过 SDN 技术实现部署自动化，将资源池化的同时使性能得以动态调整。最后通过编排器进行整体网络管理，协调 SDN、NFV 与传统网元，使城域网具有智能、敏捷、弹性、高效、灵活可定制等特性。

作为城域网的业务控制层核心，BRAS 是用户实现各种业务的入口，也是用户接入网络的第一跳网关。BRAS 对用户流量进行汇聚和转发，维护了大量用户相关的业务属性、配置及状态，包括用户 IP 地址、PPPoE/IPoE 会话、QoS 和 ACL 属性等，这些表项和属性直接关系到用户业务的安全性及服务质量，因此 BRAS 在城域网中的关键地位不言而喻。BRAS 是

软硬件一体化电信专用设备的典型，长久以来一直采用控制与转发紧耦合的方式。在早期运营商宽带业务较为简单和单一的时期，BRAS 尚可全力支撑，但随着近些年运营商城域网络的业务和功能不断丰富，传统一体化 BRAS 设备在一定程度上束缚了城域网的发展。

NFV 技术主要是控制计算能力，BRAS 的主要功能是接入控制，二者刚好完美契合，因此 vBRAS 成为城域网虚拟化的切入点和典型应用。NFV 技术可满足 BRAS 快速业务创新需求，新业务功能仅需要进行软件升级，而不依赖于硬件设备，结合 SDN 技术可实现负载分担及资源的充分利用。vBRAS 通过 SDN、NFV 技术实现控制和转发分离、软硬件解耦，实现了控制面云化、新业务快速灵活部署、配置运维集中控制，克服了传统 BRAS 设备的缺点，能够帮助运营商有效解决发展中面临的问题。

（2）vBRAS 的概念与定位

vBRAS（也可称为 vBAS）、vBNG 或 vMSE 等，是基于 ETSI NFV 参考架构，结合运营商网络架构，以 BRAS/MSE 的部分或全部功能为基础的网络接入控制层虚拟化解决方案。按 BBF（The Broadband Forum，宽带论坛）在 TR-101（Technical Report 101，技术报告 101）中的描述，IP 边缘节点统称为 BNG。BRAS 和 SR（Service Router，全业务路由器）都属于 BNG 的细分形式，可以理解为狭义的 BNG，在功能上并无本质不同。MSE 是运营商基于网络演进及业务融合承载而提出的接入控制融合网元，其业务功能为 BRAS 与 SR 合集。vBRAS 解决方案同样适用于 SR、MSE、BNG，因此在本书中，此类虚拟化解决方案统称为 vBRAS。

vBRAS 最初定位为对现有 BRAS/MSE 等接入控制层设备的替代，通过网络边缘 NFV 化实现网络资源池化与弹性提供，打破当前网络硬件烟囱，降低成本，同时解决当前专用设备利用率不均、功能升级困难、新业务上线速度慢等运营痛点。随着业务功能的不断丰富，vBRAS 的内涵和外延逐步扩大，已经超越了 ETSI NFV 最初设想的 vBRAS 模型，主要体现在以下几个方面。

① 面向用户接入承载功能扩展。vBRAS 不仅面向用户提供多种接入方式的用户管理功能，包括 PPPoE/IPoE/静态 IP 等多种认证、授权及计费模式，还可充当 vPE 与 vLNS 等角色。

② 业务功能的扩展。vBRAS 不仅可提供宽带业务、组播业务与 VPN 业务，还可提供 vNAT、vDPI 及 vFW 等增值业务功能，在业务链的支持下为用户提供灵活的业务组合。

（3）vBRAS 价值与产业态势

vBRAS 给运营商网络带来的价值有以下几个方面。

① 提升设备的资源利用率。vBRAS 在控制面与转发面分离后，控制面集中云化提供强大的计算能力，打破了传统 BRAS 设备上的主控板的资源限制，使硬件转发池在同等条件下支持的用户会话数得到大幅提升，并且集中池化的部署模式改变了以往设备资源利用率不均衡的问题。

② 提升业务可靠性。传统 BRAS 若要实现业务的热备份，需要同厂家设备部署复杂的协议同步、心跳检测、快速倒换等技术。vBRAS 的转发面工作在池备份模式下，依靠控制面的检测及协同处理即可完成故障切换，降低了可靠性的部署成本。vBRAS 控制面不仅实现了平面内的组件备份，还实现了多平面的跨局址备份，最大限度地保障了宽带业务的可靠性。

③ 极大缩短新业务上线时间。传统 BRAS 模式下，宽带新业务的上线涉及业务系统与 BRAS 的对接升级、BRAS 本身的软硬件升级，要完成一个城域网内所有 BRAS 设备的升级改造，往往需要数月的时间。vBRAS 只需要控制面与业务系统实现对接，通过控制面集中下发策略至转发面，因此对新业务的支持仅需要对 vBRAS 控制面进行软件升级，缩短了业务部署周期，使更多创新业务在网络上得以快速实现。

④ 有效节省 IP 地址。传统 BRAS 通常由每台设备单独给用户分配 IP 地址，需提前给每台设备预留充足的 IP 地址，造成 IP 地址有一定的浪费。vBRAS 实现了控制面集中控制 IP 地址，按需分配到转发池，提升了 IP 地址的使用率。

⑤ 极致简化运维。传统 BRAS 所有的配置及变更都需要手动逐个设备操作，vBRAS 实现了控制面的集中管控，仅需要在 vBRAS 控制面上进行宽带业务的配置，自动下发配置到各 vBRAS 转发面上，且仅需要 vBRAS 控制面与所有业务平台实现对接，对外呈现单一的逻辑结构。vBRAS 控制面支持一键式部署，可自动识别 vBRAS 转发面上线，实现了转发面的即插即用，极大地简化了配置的工作量。

⑥ 实现网络能力开放化。vBRAS 提供开放的北向接口，可以与第三方 SDN 控制器、第三方 VIM 以及第三方应用与平台对接，开放网络能力以支持运营商的业务创新。

⑦ 助力网络平滑演进。vBRAS 方案基于运营商现有城域网架构，无须改动原有业务系统，即可完全实现对运营商现网业务的平滑支持，可操作、可落地。vBRAS 硬件转发池可利用现有网元资产，充分保护运营商投资。

vBRAS 产业正处于起步阶段，各参与方热度非常高，共同寻找完美解决方案。标准/开源组织主要通过各个 SDN、NFV 项目从不同角度对 vBRAS 进行研发。运营商主要参考原有 BRAS/MSE 的功能与业务要求，对 vBRAS 的功能及部署模式进行研究，以推动

vBRAS 解决方案成熟商用。国内三大运营商已对 vBRAS 进行了一些集中测试及试商用部署，对 ITMS、VoIP 等业务承载进行了试点，但尚未形成市场规模效应。国外运营商主要在推动实验室评测及验证，鲜有现网应用案例。

面向未来演进，国内运营商提出了相应的演进思路，如中国电信以 NFVI-POP 为基础，提出融合 vBRAS 架构与整机柜解决方案；中国移动以边缘 TIC 为基础，提出转控分离架构的云化 BRAS 解决方案。

4.16.3　vBRAS 技术架构

vBRAS 利用 CT/IT 各自的优势，既具备传统 CT 网络的基础能力，又具备 IT 资源的弹性扩展及功能灵活加载能力，能提升网络架构的灵活性。vBRAS 技术架构需要满足功能解耦、转控分离、与硬件无关等设计要求。首先，vBRAS 是一类网元，需实现控制、转发与管理等功能。其次，vBRAS 的各个功能必须可拆分，以实现业务集中式管理，提升业务部署效率及灵活性。最后，基于 NFV 架构实现时，vBRAS 必须支持控制面、转发面与管理面等功能分层解耦及异厂商部署，以实现更高层次的业务能力。

综合考虑各类需求，vBRAS 技术架构包括控制面、转发面与管理面，如图 4-28 所示。控制面主要负责 vBRAS 用户/业务功能管理，转发面可采用多种转发模式，管理面除了传统网元管理外，还需考虑 MANO 要求。各个功能面相互解耦，且可独立部署。vBRAS 侧重于实现资源池化及弹性扩展，需底层 NFVI 资源池进行承载。

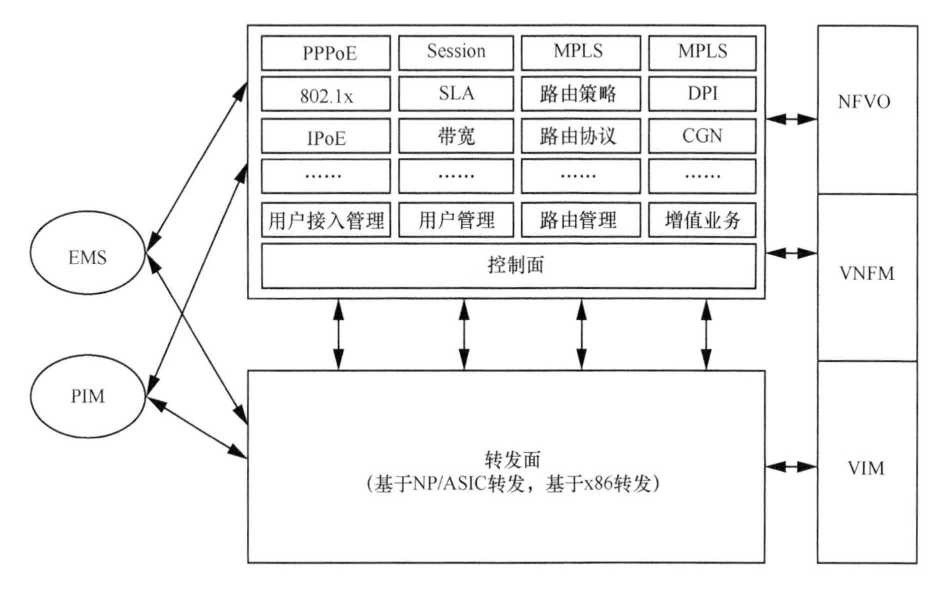

图 4-28　vBRAS 技术架构

（1）vBRAS 控制面技术

vBRAS 控制面（vBRAS-Control Plane，简称 vBRAS-C）提供业务/路由处理相关的计算能力，按功能集可划分为用户接入管理、用户管理、路由管理以及增值业务等。其中，用户接入管理主要负责用户接入协议终结，实现不同接入方式的用户保护及相关用户表项管理。用户管理主要聚焦在用户会话管理，包括用户认证、授权和计费，及用户业务策略管理。路由管理负责 IP/MPLS 路由计算、最优转发路径管理以及基于策略的网络拓扑优化等。增值业务功能主要包括 vCGN、vCache 及 vDPI 等。

（2）vBRAS 转发面技术

vBRAS 转发面（vBRAS-User Plane，简称 vBRAS-U）主要负责流量报文分类输入、路径查找、协议处理和快速输出，其处理能力依赖于底层硬件处理能力。现阶段，vBRAS 转发面技术按照硬件承载方式的不同可分为专用硬件转发模式、x86 服务器转发模式、白盒转发模式等，各有优缺点，各自技术相互渗透，未来几年内将并存。

1）专用硬件转发模式

专用硬件转发模式是指通过将专用 MSE 的用户管理功能抽离，形成用户管理集中控制的 vBRAS 实现方案，转发面由专用 MSE 充当。这种解决方案在实现用户集中式认证授权、地址分配等方面具有一定的优势，但整个系统的性能指标与底层 MSE 转发板卡强相关，无法解决当前专用 MSE 设备所存在的痛点。

这类 vBRAS 实现方案虽然在一定程度上实现了部分功能分离，但是整体来看，物理硬件无相应的改进，性能无相应的突破。此外，这类模式无法实现跨厂商控制面的互通及融合。基于专用 MSE 的转控分离应以 SDN 架构为主，通过上层 SDN 控制器的业务/功能抽象，在推动控制面性能扩展的同时实现多厂商的专用 MSE 能力开放，从而实现整体能力提升。

2）x86 服务器转发模式

基于 x86 服务器实现 vBRAS 流量处理及转发是当前的热点，已经出现一批针对 vBRAS 的开源代码和软硬件技术方案，旨在打破网络设备硬件锁定，实现网络能力池化及快速灵活部署。受限于 x86 系统结构（芯片、内存读写速率、I/O 读写速率）、虚拟机处理机制以及 Linux 系统内核报文处理机制等，直接处理 IP 业务报文性能较低（包括路由查找、ACL/QoS 处理等），业界普遍采用软件加速和硬件加速两种方式，以大幅提升 x86 环境下的 vBRAS 类应用转发性能。

软件加速包括 SR-IOV、PCI 直通、DPDK 等加速技术，通过软件调整 I/O 处理模式，

减少报文处理环节以及优化转发速率，“SR-IOV+DPDK”已经成为各厂商主流的 vBRAS 高速转发方案。现阶段的主要瓶颈在于采用 DPDK 技术终结 PPPoE/IPoE 会话时，实时性能不足，目前已经有开源实现方案，目标是 10Gbit/s 端口小包转发达到 3Gbit/s 能力。

硬件加速主要是将部分 CPU 费时事务卸载到硬件网卡处理，如流分类、PPPoE/IPoE 终结、QoS/ACL 处理、负载分担等，以提高流量转发性能，实现上可分为普通网卡、智能网卡两类卸载方式。

当前，运营商应推动软/硬件加速架构和接口方案的标准化，一方面，引导各类网卡厂商对设备的访问提供 DPDK 类开源 API 以及 P4 编程能力；另一方面，鼓励 vBRAS 厂商统一采用 DPDK 类标准 API 实现加速方案，避免形成各类软硬件私有方案和设备锁定。

3）白盒转发模式

白盒转发模式是未来网元设备演进的一个重要方向，受到学术界、产业界推崇。目前各类 SDN 白盒设备主要依赖传统 L2/L3 通信芯片实现，而主流通信芯片对 PPPoE/IPoE 协议支持不足，导致目前白盒设备普遍无法提供 PPPoE 宽带用户相关有状态业务处理能力，只有期待未来在 P4 类可编程交换芯片上增强相关功能。

基于 P4 实现底层硬件与协议无关，推动 PIF（Production Integration Facility，生产一体化设备）白盒设备的发展。P4 是协议无关处理芯片的高级语言，通过抽象编译实现良好的人机交互，实现转发协议快速定义。现阶段，P4 在实现无状态报文转发方面具有一定的优势，但在有状态报文处理方面有待提升。vBRAS 白盒设备需结合 vBRAS 业务功能进行相应的转发模式重定义。

（3）vBRAS 管理面技术

vBRAS 管理面负责 vBRAS 节点的物理设备、虚拟化基础设施资源和网络业务的集中管理和调度。从下至上，vBRAS 管理面应包括硬件管理系统、网元管理系统、虚拟化管理系统、虚拟化网元功能管理及业务管理。管理面与控制面在业务管理实现方面有一定的协同。

现阶段对专用硬件管理采用传统网管系统（EMS），而 NFVI 硬件（计算、存储及网络等）管理则属于硬件管理范畴，包括各类硬件资源及运行状态监控。

VIM 主要负责对虚拟化层和虚拟资源进行控制、管理和监控，为 VNF 提供部署、管理和执行的环境。VIM 系统大多基于 OpenStack 进行运营级增强，需更多地考虑 vBRAS 场景与各个虚拟化系统之间对接，实现多厂商的融合管理。

VNFM 负责 VNF 资源及生命周期相关的管理，现阶段可实现 vBRAS 网元多 VM 的管理，部分产品可实现基于会话数指标进行 VNF 系统的弹性扩缩容。NFVO 方面，暂无针对 vBRAS 的成熟商用业务编排系统。现阶段 NFVO 与 VNFM 紧耦合，缺乏宽带业务的编排能力，应推动结合宽带业务场景进行用户业务管理，包括 VPN、专线等网络随选业务，未来将向业务链编排方向演进。

4.16.4 vBRAS 的实现方式

从 vBRAS 实现模式来看，可分为 App 模式及 VNF 模式两类。App 模式将网络功能作为上层的应用，尽可能做到与底层硬件无关。AT&T CORD 项目采用 App 方式实现 vBNG 简单功能，实现 IPoE 用户的速率控制。VNF 模式基于标准 NFV 架构，从专用设备软硬件解耦角度出发，采用通用 x86 服务器实现网络功能承载。现阶段，VNF 模式比 App 模式更常见，主流设备提供商都以 VNF 模式提供 vBRAS 产品。现有的 vBRAS 的实现方式包括一体化模式、基于 x86 服务器的转控分离模式以及基于专用硬件的转控分离模式，如图 4-29 所示。

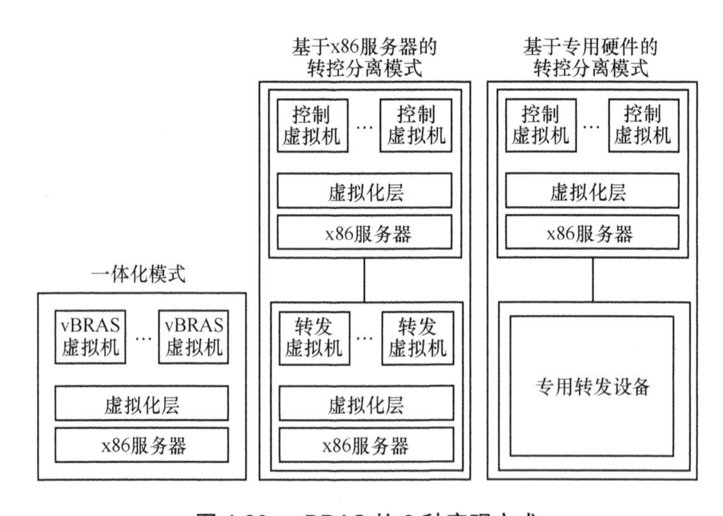

图 4-29 vBRAS 的 3 种实现方式

① 一体化模式。将传统 BRAS 的全部功能直接移植到虚拟机（VM）上，转发和控制层面一体化设计，没有分离，部署在同一虚拟机上。由于该方案会导致控制面分散，不利于与 SDN 技术融合，难以实现集约化管理，目前已经少有厂家采用。

② 基于 x86 服务器的转控分离模式。转发面与控制面分离，均采用 x86 服务器进行承载；控制面进行集中化/云化，实现集中管控；通用服务器硬件结合虚拟化软件的网络

云资源池来实现转发面，并通过统一云资源池提高业务的集约化管理能力。受通用服务器转发能力限制，该方案适合承载 VoIP、VPDN、ITMS 等小流量业务。

③ 基于专用硬件的转控分离模式。采用 x86 服务器实现 vBRAS 控制面，采用专用硬件设备实现 vBRAS 转发面。该方案适合承载流量密集型的业务，例如宽带上网、高清视频、VR 等，同时利于现网设备的利旧（需要厂家配合实现转控分离改造）。

现阶段一体化模式和基于 x86 服务器的转控分离模式相对成熟，可小规模部署。前两种模式受限于 x86 服务器转发性能，仅能满足 IP 网络重构目标部分功能。基于专用硬件的转控分离模式适合承载大流量业务，在保留 BRAS 设备高转发性能的同时，将计算密集型的 BRAS 用户管理功能云化和集中化，能够支持网络向云化网络架构演进。

4.16.5 vBRAS 典型部署场景分析

（1）宽带业务场景

在运营商宽带业务场景中，主要包括宽带上网、视频、VoIP 及 ITMS 等业务类型，按照业务特征（如流量大小及管理模式），不同类型业务应考虑采用适宜的部署方式，如图 4-30 所示。宽带上网与视频属于大流量业务，适合采用 vBRAS 分布式部署，由边缘 NFVI-POP 承载。VoIP 与 ITMS 业务属于小流量大会话业务，适合采用 vBRAS 集中式部署，并由区域 NEVI-POP 承载。VoIP 和 ITMS 集中式承载在一定程度上可缓解大量会话带来的控制面资源占用压力。

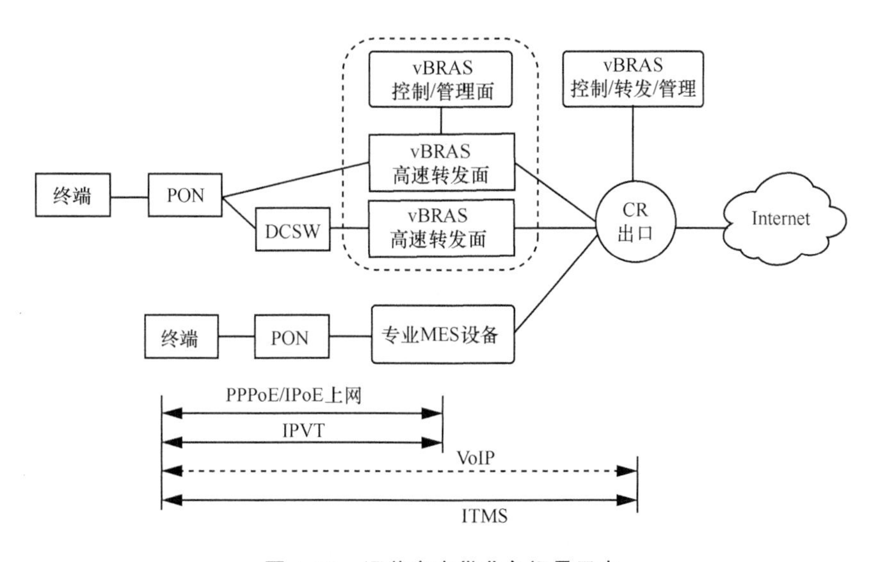

图 4-30 运营商宽带业务场景示意

现阶段，受限于 vBRAS 架构及关键技术的成熟度，建议优先采用 vBRAS 进行 VoIP 和 ITMS 业务的承载。以城域网为单位进行 NFVI-POP 的建设，全省统一采用 MANO 进行管理，实现业务弹性伸缩及集中式管理。

（2）物联网场景

随着工业技术的不断推进，广域范围的物联网业务应用越来越广泛，包括智能电网、智慧城市及智能交通等。物联网对基础承载网络提出了智慧网关需求，基于运营商广域覆盖能力，支持海量终端接入的同时实现隔离的数据集中式处理，且可随业务弹性伸缩。vBRAS 作为 vLNS 可很好地满足相应的业务需求。物联网承载场景示意如图 4-31 所示。

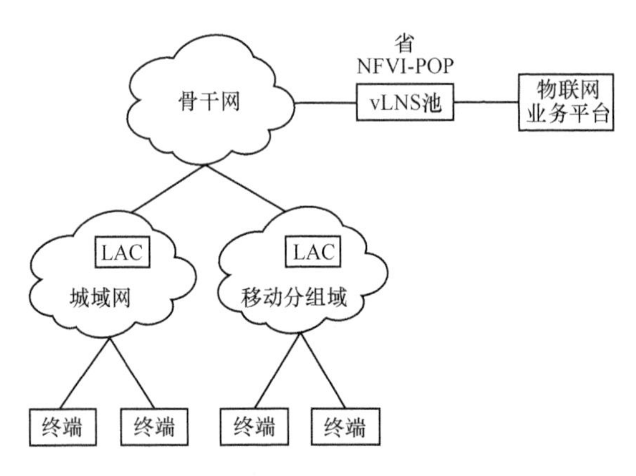

图 4-31　物联网承载场景示意

在省级 DC 集中式部署 vLNS 资源池，可按照物联网属性构建多个 NFVI-POP，针对物联网场景进行定制化开发，接入各种物联网平台。建立 LAC（L2TP Access Concentrator，L2TP 访问集中器）设备到 vLNS 的隧道，根据 vLNS 负载情况以及策略选择 vLNS 处理单元，弹性提升 vLNS 的隧道数及会话数。基于 vBRAS 的 vLNS 资源池支持潮汐效应的处理，能够平稳接入大量突发会话。

这种场景只需要结合物联网应用部署集中式 vBRAS，部署方式灵活，对现有网络影响小。随着物联网应用的发展，基于 vBRAS 的物联网承载将具有良好的应用前景。

4.16.6　vBRAS 未来发展分析

（1）vBRAS 发展趋势与建议

转控分离、虚拟化是 vBRAS 的根本特征，控制面虚拟化集中管理、转发面通用化

是业界共识的 vBRAS 发展方向。vBRAS 目标结构如图 4-32 所示。vBRAS 将打破当前设备的封闭性与技术壁垒，促进网元的通用性，从而更加容易实现软硬件升级。控制面将以功能为单元，对传统 BRAS/MSE 业务系统进行重构，形成独立的模式，可按照 vBRAS 角色进行灵活部署，以微服务方式实现 VNF 订购。转发面以通用硬件实现，除了 x86 服务器及白盒设备外，未来还可能出现服务器/路由器融合的实体，不受限于单个厂商的技术研发。管理面以全局统一为目标，可实现跨厂商的 vBRAS 管理，要求具备丰富的开放 API。

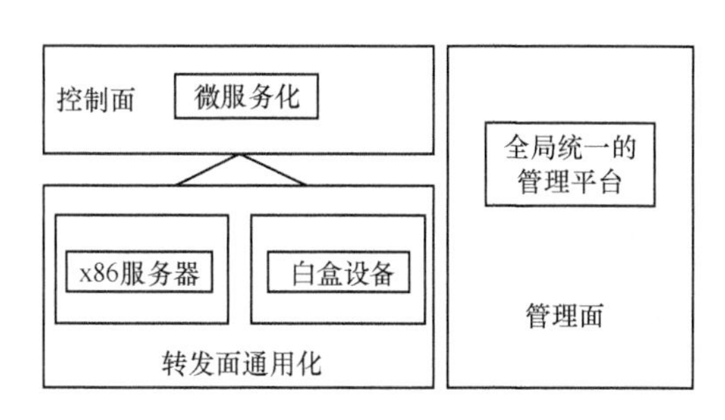

图 4-32 vBRAS 目标架构

vBRAS 技术发展建议有以下几个。

① 推进 BRAS/MSE 业务/网络功能深度解耦，以实现 vBRAS 转控分离。业务/网络功能与硬件无关抽离，业务/网络功能部署在控制面还是转发面，可视应用场景进行按需部署，可适当做减法，无须大而全的部署模式。

② 对 BRAS/MSE 各类业务转发模式进行重定义，实现高效的转发技术要求，以推动通用化硬件的发展。从实现上来看，网络智能性应向应用层靠拢，底层转发应以即插即用、灵活定义和弹性扩展为方向。

③ 加强控制面、转发面和管理面的相关数据及互联接口的规范化，以实现无缝对接。

④ 产业界应积极探索 vBRAS 技术开源，以 vBRAS 开源促进更多网元的 VNF 开源，带动上下游技术发展及整合。

（2）基于 vBRAS 城域网发展策略

vBRAS 是宽带网络重构的重要切入点，全球运营商都在积极开展研究及试点验证，虽然未能给 IP 网络演进带来质的飞跃，但为后续网络演进提供了技术参考。基于 vBRAS 城域网需统筹考虑 NFVI 建设模式、IT 系统运营模式，推进 DevOps 与智慧运营，实现业务网络可持续集成交付。网络演进不是推倒重来，而是循序渐进，逐步按需建设，不断提升网络的业务能力及智能化水平。

对于运营商而言，vBRAS 的引入应本着提升客户感知、提供更优服务、保护现有投资、提升运维效率的原则，建议考虑分阶段部署的方式，以保护现网已有设备的投资成本。在引入 vBRAS 的同时，要注意一些问题。不同典型场景下的方案的成熟度不同，结合城域网典型需求场景，应该分阶段推进、由点到面逐步引入虚拟化，避免产生新的软烟囱和系统封闭。另外，分层解耦是城域网虚拟化的必然要求，需要进行 vBRAS 三层解耦相关研究和测试验证，规范 vBRAS 产品形态及部署环境要求。基于 vBRAS 城域网的发展可以分为以下几个阶段。

① vBRAS 作为宽带网络业务发展的有效补充，应积极推进小规模应用。可考虑传统 BRAS 与 vBRAS 混合部署的方案，BRAS 与 vBRAS 互为补充：vBRAS 可基于业务量、覆盖范围灵活部署在边缘 DC 或核心 DC，IPoE 业务及小流量 PPPoE 业务（如 VoIP、公共 Wi-Fi 等）分流到 vBRAS 处理，宽带上网、高清视频等大流量业务由传统硬件 BRAS 设备处理转发。由于引入 vBRAS 释放了大量硬件 BRAS 的会话资源，因此硬件 BRAS 设备可以更加充分地发挥其转发优势。

② 中期，以城域网为单元统筹考虑 NFVI 建设模式，推进网络/业务功能与硬件解耦，实现 IaaS。新增网元以虚拟化资源为主。逐步构建城域 IT 运营系统，推进周边系统与 AAA、EMS 等系统对接，推动控制面的融合及协同，打造 DevOps 基本能力。

③ 远期，基于云网融合架构，面向用户提供独享网络切片，实现资源隔离及高体验，实现以用户为中心的业务链。基于编排器统筹整合各个系统，实现自动化端到端业务能力，以及网络建设、运营及管理的一体化。

4.17 SDN、NFV 在传送网的应用

4.17.1 传送网引入 SDN 的需求

随着云计算、移动互联网等新型业务的快速发展，特别是大型数据中心的兴起，互联网流量模式正在发生剧变。未来网络业务的动态特性将更加明显，用户希望网络能支持业务的动态特性，具有更高的灵活性。传统的 L2/L3 VPN 虽然可以提高组网的灵活性，但不能提供确定的流量流向控制和服务质量保障，而且单位带宽成本较高，因此用户希望传送网提高网络灵活性。例如，面对业务发展产生的临时性大带宽需求、峰值带宽与平均带

宽存在巨大差异等场景，要求传送网络具有按照业务需求快速地开通、修改和拆除电路连接的能力。

目前的传送网主要采用静态网管配置方式，并且与所承载的应用和客户层网络是分离的，因此无法有效地应对上述动态的业务需求。例如，目前开通一条传输专线业务往往需要几天、几周甚至几个月的时间，而专线业务的合同服务期限是几个月到几年。为了支持未来动态的网络业务应用模式，要求能够在几分钟甚至几秒的时间内开通业务，而且为了进一步提高效率、降低成本，用户申请和配置网络带宽等属性必须尽可能减少人员干预。这就是 SDN 技术在传送网中应用的由来，可以称之为软件定义传送网（Transport SDN，T-SDN）。通过网络资源的自动配置，T-SDN 可以简化传送网的运营模式，实现多厂商网络的统一控制，并通过提供新的网络能力和功能，实现快速的业务创新能力，无须等待设备厂商开发新的功能。

4.17.2　传送网引入 SDN 的优势与挑战

T-SDN 可以提高网络资源利用率和运营效率，还可以快速部署传送网业务、提高服务效率，使运营商从基础网络设施获得更多的收益，具体优势可以概括为以下几点。

① 真正的全网视野。传送网纳入使 SDN 真正具备跨层的全网视野，实现 L0/L1/L2/L3 的全网统一资源优化。集中管控便于掌握全网的拓扑和流量，通过软件实现带宽，电路资源的快速调度，不仅可以最佳地利用全网带宽资源、降低收敛速度、缩短时延、确保路由和性能的可预测，而且有利于突破多层网络管理的内部体制障碍，多厂家环境的外部壁垒所形成的信息割裂，推进传送网架构的开放，提高网络利用率。

② 降低网络建设和运营成本。简化和灵活的硬件有望降低 CAPEX，例如灵活的格栅使传送网能灵活提供适应任意距离的最佳容量；快速的网络资源配置有望增强市场竞争力；全网视野下的有效网管有望最佳地利用全网带宽资源，降低网络的 OPEX。

③ 网络和业务的灵活性和弹性。结合硬件灵活性和软件灵活性后的 SDN 可以加快带宽等业务的部署和响应速度、灵活性和弹性，满足网站等用户快速灵活调整带宽的需求。通过运营商 SDN 与互联网企业 SDN 控制器间的标准接口，最终实现带宽自动分配和实时调整。

④ 简化运维，提高效率。通过引入传送 SDN，实现传送网从“人工静态网管配置”向“实时动态智能控制”的演进，提高业务开通速度，简化网络配置和运维。

⑤ 跨层、跨域、跨厂商统一管控。通过采用层次化的控制器结构，T-SDN 支持对多

厂商设备和多层多域网络的统一控制和管理；通过多层网络 SDN 控制器协同，实现跨层网络统一智能组网。

⑥ 开放北向接口，创新业务模式。通过提供新的网络能力和开放的北向接口实现传送网业务创新能力，如智能专线、OVPN、虚拟传送网等业务，并通过为客户提供定制化的网络控制和管理能力，改善客户体验。

传送网 SDN 化的过程是漫长的，而且传输思维与 IT 思维的差异化进一步增加了演进难度，电信网的 IT 化不可能一蹴而就。传送网引入 SDN 的挑战主要体现在以下几个层面：

① 高速传送网的物理层主要是光层，对成本受限于光层的传送网来说，IT 化带来的好处相对有限；

② 为适应多种应用场景，需要系统的传输距离和容量具有很强的适应性，导致初期的设备高配置，部分抵消了 SDN 成本的节约优势；

③ 多种传送体制（SDH、OTN、WDM）的复杂性；

④ 全网集中管控导致网络生存性、安全性、可扩展性较差，管理成本较高，需维护一个庞大的中央数据库，涉及成千上万台不同厂家、不同版本设备的统一集中管控，其难度和风险难以预计。

4.17.3 软件定义传送网的典型场景

（1）多厂商、多域组网统一管理

1）层次化方式

在每个设备厂商的控制域内设置一个 SDN 控制器（单域控制器），该控制器一般由设备商开发。同时，在设备商控制器上设置一个多域控制器（或称为协同控制器），该控制器一般由运营商或第三方开发。在这种 SDN 网络架构中，SDN 控制器与传送设备之间的南向接口可以是开放的，也可以是厂商私有的，但是单域控制器与多域控制器之间的接口必须是开放的。通过采用这种层次化的控制器结构，可以实现多厂商/多域组网场景下端到端的连接控制和管理。

2）直接控制方式

通过采用统一标准的 SDN 控制器来控制不同厂商的设备。这种方式要求控制器与传送设备之间的接口必须是标准化的。为了满足大规模组网的需求，并提高控制器的安全性，可以由多个物理上分离的控制器构成一个逻辑上集中的控制器。由于这种方式需要直接开放网元的控制接口，而不同厂商的网元功能存在一定的差异性，因此实现难度较大，设备

厂商对这种方式的积极性不高。

可以在初期采用层次化的 SDN 控制器架构，在厂商控制器上开发多域控制器，实现多厂商/多域组网场景下的端到端连接控制和管理。远期可通过对南向接口的标准化，实现对网元设备的直接控制。

（2）传送网业务创新

通过开放北向接口，支持新型应用，如智能专线（BoD）和虚拟传送网（Virtual Transport Network，VTN）等。

BoD 旨在实现专线业务的快速开通和动态调整。客户通过网页或 App 实现在线业务申请和自服务，缩短业务时间，提升用户感知。客户可根据需求购买合适的带宽，满足带宽变化的需求，提升客户体验。例如，数据中心维护人员通过 BoD 应用在 DC 之间进行传送网连接的建立和修改。DC 控制器根据 DC 互联流量的变化，通过 API 动态向 T-SDN 控制器提出业务需求，实现自动的连接配置。满足 DC 之间的动态业务需求，改善客户对网络资源的控制管理能力，提高传送网控制和管理的灵活性。

VTS 允许企业用户租用运营商的端口/设备，自组虚拟网络，根据自己的业务需求快速开通、灵活调整业务，并实现自助运维。客户可通过控制器控制和管理自己的虚拟传送网，包括网络规划、连接选路、保护恢复方式、连接建立和删除等功能。通过为客户提供定制化的网络控制和管理能力，改善客户体验，并为运营商带来收入的增加。

（3）IP 网与光网的协同

在现有组网模式下，IP 网和传送网分别进行网络规划和建设。IP 层只是向传送网提出传送带宽需求，传送网负责提供静态的连接，两者缺乏有效的协同和联合优化，造成网络资源利用率低、缺乏全局优化、网络规划周期长等问题。

可以利用 SDN 集中控制的思路，分别在 IP 网和传送网中引入网络控制器，在两者之上引入一个综合的 SDN 控制器。IP+光协同组网可以实现对 IP 网和光网的统一控制和优化，快速响应突发业务需求，协调 IP 层和光层的保护机制，提高资源利用率。引入 SDN 统一控制可以充分发挥 IP 网和传送网两者各自的优势，实现网络整体的最优化，提升资源利用率。

通过改善 IP 网和光网之间的协同，动态响应业务需求的变化，减少为应对峰值流量和保护所需配置的额外带宽，降低网络建设成本。提高网络自动化，减少人工配置需求和配置错误，降低运维成本。通过 IP 网和光网的协同控制机制，提高业务可用率（如保护协同）和业务质量（如时延优化的多层配置）。

4.17.4 传送网重构实践

（1）中国电信 OTMS

中国电信现有的传送网络管理体系是“网元—EMS 网管—NMS 网管”三层架构。首先，EMS 网管系统封闭，对外接口能力不足；其次，网管系统信息模型缺乏统一定义；最后，NMS 网管与 EMS 网管功能定位不清晰。封闭、私有化的管理架构和信息模型，已成为网络集约化管理及灵活业务调度的关键难点，给未来网络能力开放、面向客户感知的业务发展造成了阻碍。为此，中国电信重新构建传送网络运营能力，打造 OTMS（Open Transmission Management System，传送网络开放运营平台）。OTMS 是一个面向客户、面向业务的统一传送网运营平台，是对综合网管系统和 EMS 网管系统能力的重构，既要符合客户体验及业务发展的需要，又要满足未来传送技术发展对网络管理操作的需求。

OTMS 基于 SDN 理念，设计自定义开放式架构，实现纵向解耦、内部模块松耦合、跨域管理及控制策略软件化，实现了网络能力的可编程，实现了业务定制的软件化，可以快速部署新业务，快速响应差异化业务需求。OTMS 通过抽象和逻辑化网络资源、标准化网元能力、网络能力开放接口和信息模型，提升了端到端运营管理能力，最终实现由人工调度向客户一点快速调度全网资源、由传统设备维护向网络预规划和动态优化的网络集约运营模式的转型。

OTMS 架构示意如图 4-33 所示，OTMS 分为 3 层：应用层、适配层、采集控制层；两个接口：北向接口（I1），南向接口（I2）。

应用层：根据需求独立开发，包括业务类应用、网络运营类应用。应用层通过 I1 接口与适配层进行能力调用、数据交互。业务类应用包括业务端到端开通、业务端到端维护、业务规划等；网络运营类应用包括网络运行监控、远程巡检、割接管理等。

适配层：屏蔽专业特性，解决专业内数据关联难题，提供丰富的原子功能和组合功能，实现传送网络专业能力开放。统一资源池提供有源数据、无源数据、空间数据的采集、标准化、关联整合；业务开通和管理维护提供网络构建、路由计算、开通配置、告警性能管理等功能。

采集控制层：由 EMS 演变而来，屏蔽厂家特性，解决底层设备能力标准化难题，提供网络管理所需的能力最小集及少量系统管理 GUI；覆盖单域单厂家，完成设备数据采集和配置下行适配；提供标准的原子粒度接口与传送专业适配层对接。

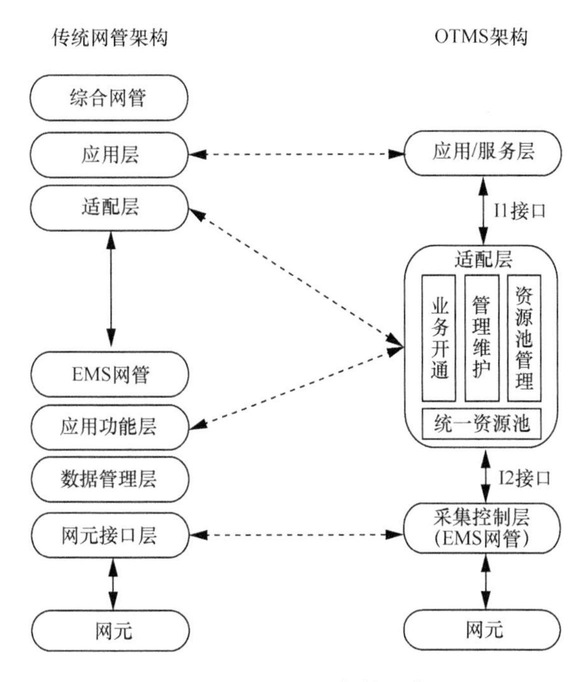

图 4-33　OTMS 架构示意

北向接口（I1）：应用层和适配层、适配层和跨域控制层的交互接口，采用 REST API 方式定义，具备业务开通、维护、运行管理等功能，实现简单，扩展灵活，能够快速满足上层应用开发和调用的需要。

南向接口（I2）：适配层和采集控制层间的交互接口，具备统一的信息模型，支持对网元进行业务配置、资源管理、状态监控、远程维护等操作。

为实现 OTMS 服务能力原子化和架构的开放，需要重新构建 OTMS 核心技术，实现资源逻辑化、网络差异化、路由自动化及接口标准化。

① 资源逻辑化：通过对有源数据、无源数据和空间资源的采集、适配，还原网络的实际拓扑情况，并将网络运行数据和网络运营数据整合成统一资源池，为后续业务开通、运行监控、网络分析等应用服务。

② 网络差异化：在统一资源池的基础上，动态评估分析业务发展和需求，设计规划面向大客户的业务能力视图，建立网络预连接，完成业务开通前的网络准备。

③ 路由自动化：基于自主研发路由调度策略，实现端到端的传送业务路由的快速搜索和综合评价，为客户提供与需求匹配的业务通道。

④ 接口标准化：规范适配层与采集控制层、应用层间的交互接口，其中南向接口（I2）提供对底层网络和设备的配置、告警性能管理等，北向接口（I1）提供上层应用所需各项

网络能力及数据，实现传送网络能力接口的标准化和开放。

（2）中国移动 SPTN

PTN 已经成为中国移动网络中最主要的网络架构，其用于 2G、3G 和 TD-LTE 基站回传以及集客专线接入等业务。除了在城域网应用外，在省际和省内干线上也引入了大容量 PTN 设备，实现多种业务全程全网的端到端承载。由于 LTE 网络正逐步承载越来越多类型的业务，越来越大的流量，造成 L3 PTN 需要频繁调整，L3 PTN 与 L2 PTN 网络融合、保护配置调整等也存在问题。

中国移动将 SDN 引入 PTN，构建了 SPTN（Software Defined Packet Transport Network，软件定义的分组传送网），可解决静态 L3 VPN 手工分配，流量、流向灵活调度，保护、恢复等方面的问题。SPTN 实现网络集中管控和资源虚拟化、流量深度感知和资源端到端动态调配，保证网络可靠性。

中国移动的 SPTN 分为省际骨干传送网、省内骨干传送网、城域骨干传送网和有线接入网，为移动回传和 SPTN 承载的集团客户专线（简称政企专线）业务提供智能化、高可靠、大管道传输能力。对于政企专线，SPTN 支持向用户开放部分网络资源，用户可自主发起业务、申请带宽调整；此外，SPTN 还可以通过灵活的 CIR（Committed Information Rate，保证信息速率）、PIR（Peak Information Rate，峰值信息速率）调度策略提供新型的专线业务，提升客户体验。对于移动回传网络，SPTN 可提供运营商 App，简化网络运维和资源优化。

SPTN 的主要特征包括以下几点。

① SPTN 是具有软件控制能力的新一代分组传送网络，是 PTN 的演进和升级，通过开放性的应用和服务，进一步增强网络资源的智能化调度能力，扁平化客户与网络资源之间的关系，提高运维管理效率。

② SPTN 具有大带宽、智能化、高可靠等特性，可提供业务智能发放和快速开通、路径智能选择和保护、带宽资源按需调度和调整、流量智能监控和统计上报、基于策略的网络控制等功能。

③ SPTN 网络架构分为传送平面、控制平面、应用平面和管理平面：传送平面采用 PTN 技术，提供跨域、跨厂家的端到端大容量传送管道能力；控制平面由层次化超级控制器（Super-Controller）和域控制器（Domain-Controller）组成，分别实现运营商的整体网络控制和设备商的区域控制；应用平面为具有不同权限的客户提供各类应用服务；管理平面基于现有 PTN 的网管系统升级改造。

④ SPTN 的控制平面通过信息模型提供层次化控制器之间以及控制器与应用平面的北向接口，并规避与传送平面设备的南向接口的差异性。

⑤ SPTN 的控制平面、应用平面、管理平面互联，交互一致化控制和管理信息，实现安全认证和鉴权。

4.18 SDN、NFV 在接入网的应用

4.18.1 接入网面临的问题

快速增长的新型网络业务和层出不穷的网络应用场景不断对现有网络架构造成冲击。高清视频、移动设备高速下载等对固定网络和移动网络都提出了更高的带宽需求，物联网、云计算、能源互联网等新型网络应用场景要求泛在、开放、灵活的网络环境。作为用户接入网络资源的“入口”，接入网所面临的网络带宽压力和管控压力巨大。同时，相较于已经探索开放化和软件定义化的传送网和数据中心网络，接入网受自身网络架构复杂、成本敏感等因素限制，逐渐成为全程全网优化中最为薄弱的一环。为应对日益增长的高带宽、多业务、新场景、易运维等需求，构建高速、高效的接入网体系，使其具有灵活性、开放性、智能性，进而实现全程全网的流量优化和业务提供，将成为未来网络发展的必然趋势和亟待探索的重要课题。总体来看，接入网在当前及未来发展中主要面临以下 3 个方面的挑战。

（1）接入带宽需求强烈，移动接入增长迅速

根据爱立信的预测，2018—2024 年期间，全球移动数据流量预计将增长 5 倍。移动接入如 Wi-Fi 热点和蜂窝网络均需与固定网络对接，移动数据流量增长必然带来固定接入带宽需求的新一轮增长。为了保证数据传输质量，未来接入网的发展应以提升网络容量为根本前提。

（2）光纤通信容量受限，网络效率亟待提升

尽管以 PON（Passive Optical Network，无源光网络）为代表的光网络接入技术已经在各种接入场景中广泛部署，以波分复用、频分复用为主要方向的 PON 扩容技术不断被提出，但由于接入网本身的成本敏感特性以及光纤传输容量的限制，单纯地使用频分复用或空分复用方法用于扩展 PON 系统的容量将难以为继。为保持接入网发展的可持续性，未来接入网的发展应以提高带宽效率为优化方向。

（3）异构接入广泛存在，网络管控相互独立

接入技术种类繁多，传统的 DSL（Digital Subscriber Line，数字用户线）、HFC（Hybrid Fiber-Coaxial，混合光纤同轴电缆）、PON、Wi-Fi、3G/4G 等有线/无线接入技术分别适用于不同的接入场景，造成了网络资源管控机制相互独立、可扩展性差等。而新近出现的 C-RAN（Cloud Radio Access Network）、OLT 上移/池化、BBU 虚拟化、云化网络等构思充分体现了未来汇聚接入侧所面临的固定移动融合、异构异质融合的潜在方向，这一方向与未来的 5G 网络设计中全网统一高速接入平台思想不谋而合。

未来接入网的发展应以网络资源灵活可控制、网络架构灵活可扩展为主要目标。因此，以高速带宽接入、高效资源利用、支持异构资源管控为目标的光接入网将是未来的演进趋势。

4.18.2 应用场景分析

为解决上述问题，运营商开始考虑能否在接入网中引入 SDN、NFV，实现接入节点的统一管理，从而减轻运维压力，方便新业务的快速部署。本节根据接入网标准化进展和当前网络应用需求，对软件定义接入网的可能应用案例进行分析。

（1）具有潮汐变化的住宅区/商业区

在集中住宅区内，正常工作日的白天由于工作等原因用户量较少，因此所需带宽资源较低；晚上以及周末，用户量急剧增长，所需带宽增加。而附近的商业区可能呈现相反的流量需求。传统的 PON 灵活性较差，虽然能够进行一定的动态带宽分配，但整体资源利用率较低。通过引入软件定义接入网，在白天用户量较少的时候，可以通过灵活的虚拟划分接入网络和 OLT-ONU 动态关系调整，将用户集中到较少的 OLT 波长资源上，提高带宽资源利用率，降低能耗；同时，节省的波长资源可以为邻近的商业区提供服务。而在晚上以及周末，为商业区服务的波长资源可以调整给住宅区，实现整体的灵活调度，满足用户需求，提高网络资源利用率。

（2）高速移动下的业务接入

伴随国家高速铁路（以下简称“高铁”）基础设施的建设，高铁已成为常见的出行方式。高铁上的乘客具有移动速度快的特点，这使得用户频繁切换基站，且切换到的基站会出现短暂的业务量高峰期，回传部分需要能够实时适应这种业务量变化。原有的 PON 接入控制机制以及带宽调度算法割裂了不同 OLT 之间的关系，无法适应这种高速切换。如果将软件定义接入网用于回传网络，通过控制器可以灵活调配池化 OLT 的资源，实现每

个基站的使用波长和连接关系的实时调度，快速提供相应的回传容量，支持突发性大流量的流动，满足大量用户集中移动场景下的带宽需求。

（3）民营宽带接入小区

开放宽带接入市场后，会有各种民营企业投资建设宽带接入网基础设施。对于一个新建小区，内部网络设施由投资商自行建设，并租用运营商线路接入宽带网络。传统的租用方式往往只提供一个接口，与一家运营商达成协议，资费固定，小区内的用户无法自主选择运营商。接入网引入 SDN 理念后，通过控制层虚拟化技术，生成虚拟拓扑，能够清楚了解到用户分布情况，由此投资商可以与多家运营商达成协议，在 SDN 控制器的控制下，智能选择 OLT 出口，按居民需求连接到不同运营商的宽带网络。投资商后期可以通过虚拟接入网的抽象拓扑和相关信息对小区内的网络进行管理与维护。此外，在软件定义接入网控制平台功能引擎技术的支持下，SDN 控制器能够统计用户的出口流量信息，实现鉴权、计费功能，投资商可依此收费。

（4）政企专线

由于政企业务对网络线路要求严格，政企专线的部署和管理运维往往比较困难，因此开通的时间较长，比如业务开通和带宽调整可能需要数天。如果部署了软件定义光接入网，采用数据层及光层资源虚拟化技术和控制平台功能引擎技术，运营商可以在控制层方便地调度资源完成业务部署、分配线路和带宽，与软件定义分组传送网等协同管理，可以实现业务在全网的“一键开通/调整”。此外，运营商还可以为用户提供定制的开放接口，支持一定程度上的用户业务自定义，提升用户满意度。

4.18.3　接入网的重构目标架构

图 4-34 所示为基于多波长系统的软件定义接入网系统整体架构，主要包括支持软件定义的 ONU（Optical Network Unit，光网络单元）、OLT（Optical Line Terminal，光线路终端）、ODN（Optical Distribution Network，光分发网络）及集中式控制器。在用户侧包括以 PON 为支撑的有线与无线两种接入方式，根据网络规模，ONU 通过灵活 ODN 与 OLT 池相连，OLT 池通过路由器连接至 BRAS 以支持基本的鉴权功能，并最终通过 BRAS 与骨干网相连。

通过引入 SDN 理念，目标架构在多波长 PON 系统上加入了 SDN 控制器，并与 OLT、路由器、BRAS 等设备直接相连，负责监听设备的状态，获得下层设备的基本信息，生成虚拟拓扑，提供网络全局视图。同时，在虚拟拓扑的基础上，收集下层设备的反馈信息，实时了解同一时间内不同用户的不同需求，以此进行多维、多域资源动态分配及灵活调度，避免网络资源浪费，提升网络效率。控制层同时可提供全网功能模块引擎功能，为上层应用开发提供控制接口。除此之外，控制器还可以通过与 BRAS 之间的通信，将用户的鉴权功能转移到 SDN 控制器端，因此 SDN 控制器通过统计用户流量使用情况进行计费，减轻 BRAS 的压力。由于 ONU 数目过多，因此 SDN 控制器不与 ONU 直接相连，而是在 OLT 与 ONU 的基本通信功能上，通过控制 OLT 来间接控制 ONU，形成虚拟连接。

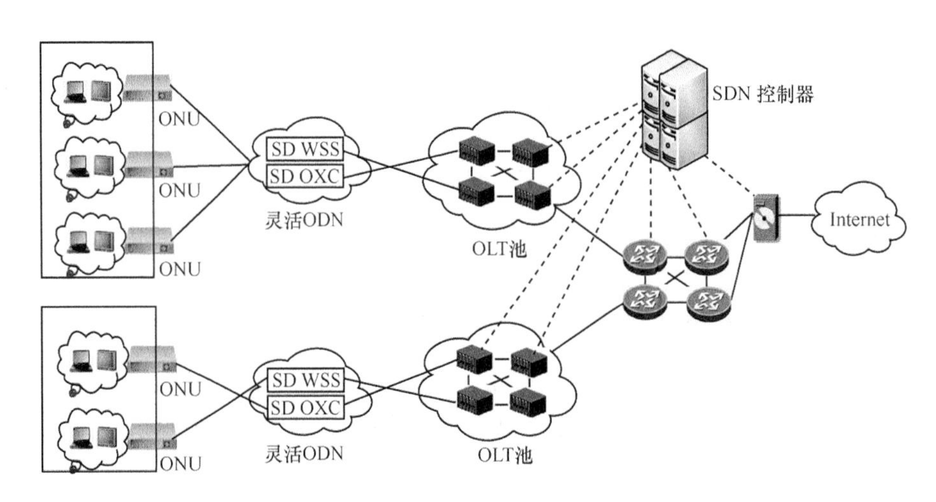

图 4-34　软件定义接入网系统整体架构

4.18.4　关键技术

（1）vOLT 技术

传统的动态带宽分配机制只局限在单个 OLT 内部，缺乏多个 OLT 之间的带宽灵活配置。这种 OLT 内部的动态带宽分配机制并不能满足整个未来光接入网 OLT 集群化带宽灵活配置的需求。OLT 虚拟化示意如图 4-35 所示。

OLT 设备的控制平面和转发平面进一步分离，强化控制平面，引入虚拟化，实现网络切片：针对用户定购和定制的差异化网络资源和业务，通过管理平面多视图技术将单一的物理设备逻辑切片为多个虚拟设备，实现网络资源的开放和高效运维。同时，通过设备虚拟化，支持 PON 的平滑升级，实现对现有零散 OLT 的整合，有利于技术升级，避免对 IT 和放装流程的变更，降低维护压力，提高维护效率。

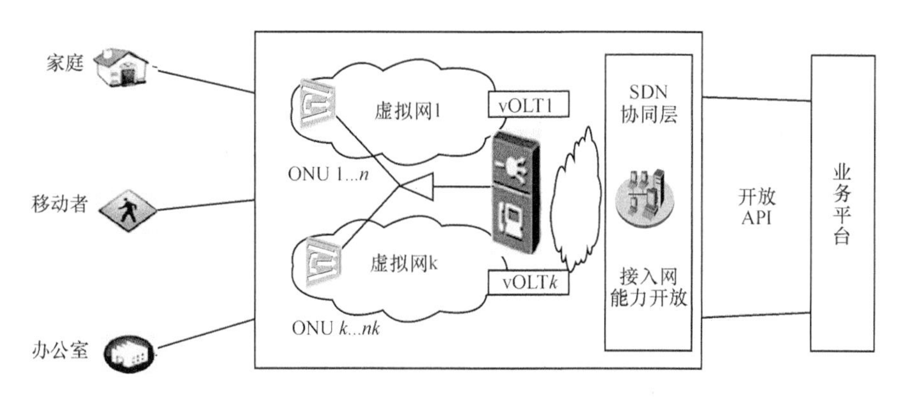

图 4-35　OLT 虚拟化示意

基于灵活分配流量、节能等需求，未来接入网需要将 OLT 池化，将多个 OLT 集中到一起，使多个 OLT 共享电源、背板等硬件资源，共同提供波长、频谱等带宽资源，便于上层控制器集中化管理；同时，控制器可以灵活调度 OLT 连接不同用户，并为用户合理分配带宽。为此，OLT 需要支持动态光功率调节、可变调制解调、可调谐收发，相应的 ONU 侧需要支持可变调制解调，应用无色技术支持无差别地接入各个设备。

（2）vBBU 技术

未来的无线网络将长期面临多种制式共存，包括 3G/4G/5G，以及 Wi-Fi 等非授权频谱的接入技术，网络越来越复杂；未来的移动网络需要支持多类型业务，各业务对速率、连接数、时延等网络性能指标的要求差异极大。针对无线异构网络面临的扩展性、灵活性、可控性以及融合问题，通过 RAN 功能虚拟化、资源云化和管理弹性化的云架构设计，解决不同业务的差异化功能需求，支持网络的快速弹性扩容和部署的能力。

虚拟化基站采用通用化高性能处理平台，通过虚拟层将硬件资源抽象为归一化的虚拟资源提供给不同的基站功能软件调用，如图 4-36 所示。虚拟化基站主要由虚拟化基础设施、虚拟网络功能和虚拟化基站编排器 3 个域构成。

① 虚拟化基础设施包括计算、存储和网络硬件资源以及与其相应的虚拟化资源及虚拟层，支持虚拟网络功能调用，比如通用的计算、交换、存储设备，也包括专用射频设备、天线等。

② 虚拟网络功能是无线协议功能的软件实现，运行于虚拟化基础设施之上，比如 LTE 协议栈功能、MEC 等的逻辑实现。虚拟网络功能利用虚拟资源设备层提供的虚拟资源，根据不同厂家的镜像，构建不同的虚拟网络功能。虚拟网络功能遵循标准的协议、信令和接口，满足互通要求。

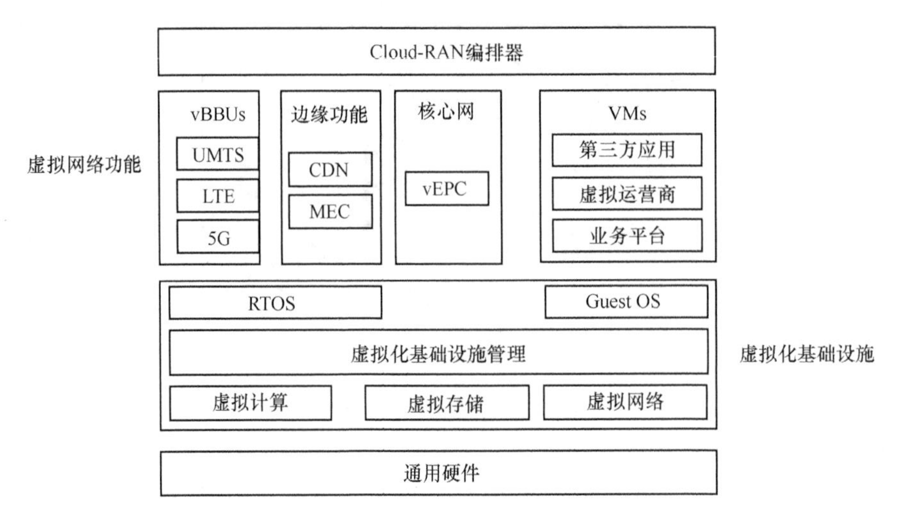

图 4-36 虚拟化基站系统架构

③ 虚拟化基站编排器实现对虚拟化基础设施和虚拟网络功能的管理，支持虚拟化的物理/软件资源和虚拟网络功能的生命周期管理。

虚拟化技术实现网络的各功能模块化，网络可以根据不同的业务需求调度不同的功能模块，实现业务的快速部署和灵活组合，同时也可以根据未来新的创新及多样性需求，进行快速开发、测试和灵活部署，实现新的功能。

4.19 SDN、NFV 在核心网的应用

运营商正在通过引入 IT 基因来重构网络，以应对互联网企业的竞争。核心网作为通信网络控制中枢，是网络重构的重要组成部分。核心网的发展历程有 4 个阶段，如图 4-37 所示。

① 程控交换机阶段：技术特点是控制与承载合一。

② 软交换阶段：技术特点是控制与承载相分离。

③ IMS 阶段：技术特点是业务、控制、承载三者相互分离。

④ NFV 阶段：技术特点是网元软硬件解耦，网络功能虚拟化。

随着当前 IT 的通用化、标准化、组件化的发展理念在实践中得到广泛应用，IT 高效和灵活的基因极大地推动了互联网业务的发展。核心网引入 IT 基因进行重构，已经成为运营商实施整网重构的重要切入点，而 NFV 是实现重构的重要手段。NFV 面向设备层面，通过虚拟化技术实现了网络功能和资源的解耦，更细颗粒度地划分物理资源，实现物理资源按需分配。

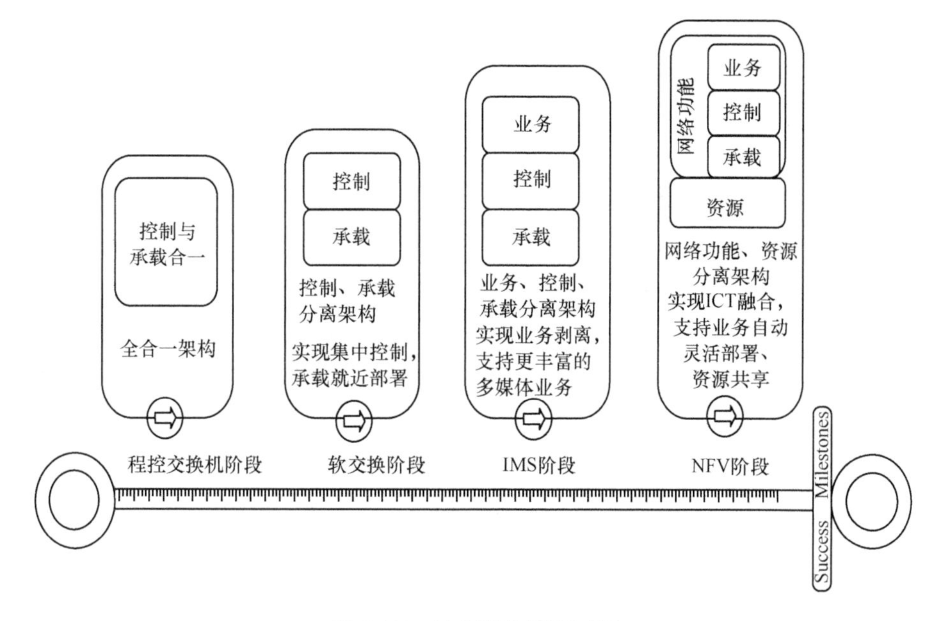

图 4-37　核心网的发展历程

4.19.1　核心网的重构目标架构

NFV 的目标是通过研究和发展 IT 的虚拟化技术，构建一种基于 x86 通用服务器的全新架构，将网络功能从专用硬件中剥离出来，网元以软件形式部署，从而实现网络能力的灵活配置，提高网络设备的通用性和适配性，加快网络部署和调整的速度，降低业务部署的复杂度。虚拟化的架构对 IMS 网络、EPC 网络等核心网的网元功能、接口的技术要求并未改变，但由于基础设施平台的改变、网元形态的变化，必然导致运营商核心网各层面发生根本性的变革。

4.19.2　核心网重构策略

（1）重构原则与切入点

基于 NFV 的核心网重构的原则是兼顾效率和技术成熟度，由简入手，逐步推进。核心网元数量少且集中化，率先基于 NFV 重构有利于业务创新，能够以较小代价积累 NFV 经验。核心网内部，业务和控制面对新功能需求强烈，具有计算敏感性，适合先行部署；而媒体转发面流量大，性能要求高，影响业务感知，待技术逐渐成熟后再部署。从业务部署角度来看，新业务领域引入 NFV，有利于提前获取 NFV 红利，并能够减少对现网成熟业务的冲击。核心网 NFV 切入点分析如图 4-38 所示。由图 4-38 可知，基于 NFV 进行 VoLTE 网络的 IMS 部署，将是核心网重构的最佳切入点。

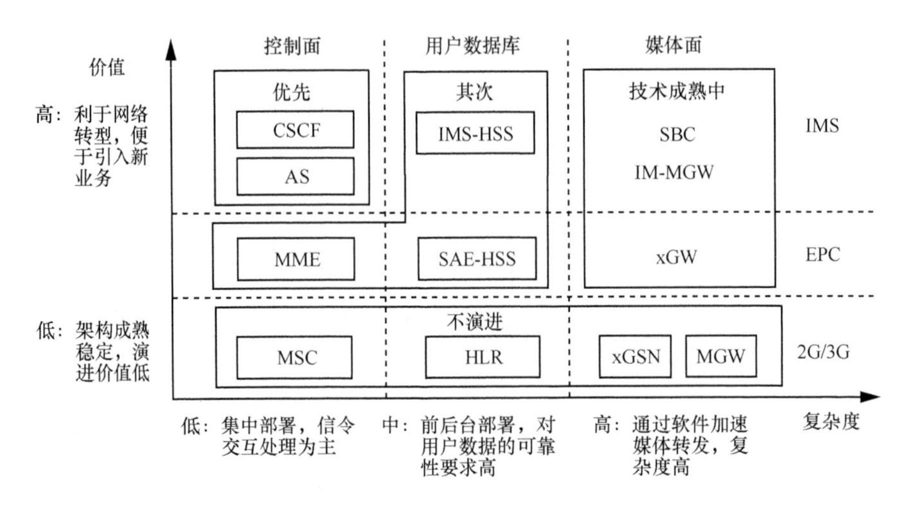

图 4-38 核心网 NFV 切入点分析

（2）部署策略

从业务层面来看，NFV 网络归属电信云范畴。基于 NFV 的电信云和 IT 云对网络的需求存在很大差别，对虚拟化层软件和云平台软件的要求更高。IT 云和基于 NFV 的电信云比较见表 4-2。因此，电信云和 IT 云独立部署是现阶段普遍认可的选择，未来随着云技术的发展，可以再考虑电信云和 IT 云是否可以融合。

表 4-2 IT 云和基于 NFV 的电信云比较

	IT 云现状	基于 NFV 的电信云需求
架构及部署形态	多种架构并存，分布式部署	以 ETSI 定义的 NFV 架构为基础，较为集中部署
可靠性	企业级要求 99.9%	电信级要求 99.999%
性能	交换只关心可达，时延和 QoS 要求不高	关注设备端到端时延和 QoS
故障检测与恢复	分钟级要求	亚秒级要求
硬件资源	以 CPU 和存储为中心，性能与 CPU 强相关	以网络功能和转发为中心，性能与接口和转发强相关
虚拟化技术	虚拟机粒度小，各虚拟机之间相关性小	虚拟机粒度大，各虚拟机之间相关性强
	虚拟化层多种技术并存，VMware 私有技术占较大比重	虚拟化层普遍基于开源 KVM/OpenStack 进行扩展，对加速技术有较高要求
业务需求	无实时高性能转发，无标准的 SLA 要求	实时高性能转发，有标准的 SLA 要求
	基本不考虑网络拓扑	与网络拓扑强相关
	IT 应用种类极大丰富	电信应用种类有限，但需要使能互联网的海量应用
	IT 业务各自独立，南北数据流量大于东西数据流量	电信业务需要业务之间有逻辑关系，东西内部流量变大，大于南北数据流量
运维管理	模块化运维，各自具备自动化能力	整网高度自动化运维

（3）网管策略

基于 NFV 的核心网重构使原来统一的网管系统演进为网元管理和基础设施资源管理两部分，一个北向管理接口演进为两个北向管理接口。虚拟化平台上的虚拟资源、硬件资源的 KPI（Key Performance Indicator，关键绩效指标）由 VIM 节点负责采集；虚拟网元相关的 KPI 由 VNF 节点负责采集。

网元传统的配置、计费、性能和安全管理，由 VNF 上报 EMS，但是对于网元故障管理，需要对 VNF 告警和 NFVI 告警进行关联和展示。在关联和展示点的选择上有 3 种方案，如图 4-39 所示。

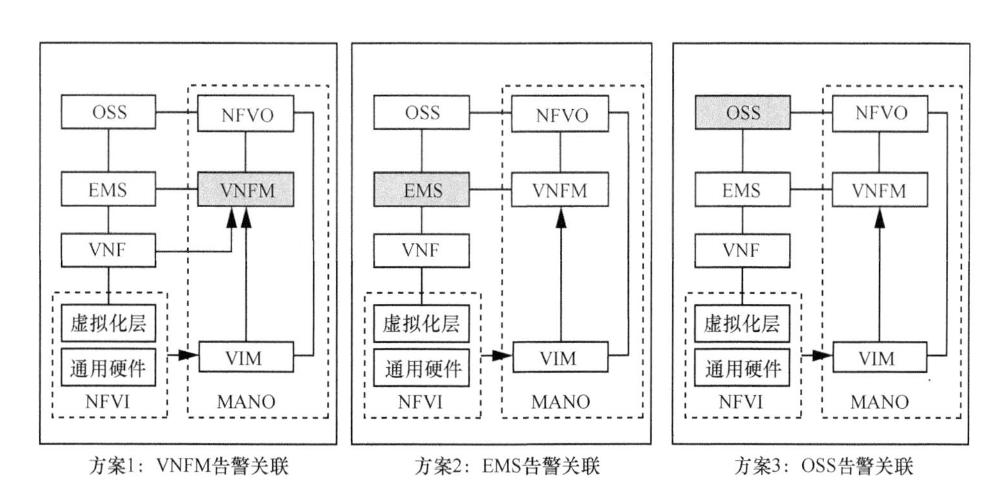

图 4-39　告警关联点方案示意

方案 1 在 VNFM 进行告警关联和展示，该方案的优点为新增功能在 VNFM 实现，对现有网管不会有任何改动；缺点是 VNF 的 KPI 值上报 EMS，VNFM 关联的告警中缺失关联的 VNF 的 KPI 值。

方案 2 在 EMS 进行告警关联，沿袭了传统的告警运维习惯，优点是在告警信息中可以看到业务告警与虚拟资源、物理资源的关联关系，便于故障快速定位；缺点是为了适配 EMS 的变化，需要对 OSS 进行升级。

方案 3 是 EMS、NFVO 直接转发告警信息，由 OSS 进行关联，优点是在 OSS 能够查阅全网多个设备厂家的告警关联关系，可以从全网角度快速定位故障并下派工单，迅速解决故障；缺点是 NFVO 和 OSS 之间的接口目前没有标准化，接口不够成熟，同时接口较为复杂，不可控因素较多。

从后续整体运营的角度来看，方案 3 是运营商的最优选择，但该方案考验运营商的网络规划能力和 OSS 的集成与运维能力。

（4）网络演进策略

1）IMS

鉴于核心网技术现状及未来发展趋势，IMS 网络可以采用两种网元形态，即传统 IMS 网元和 vIMS 网元。虚拟化的 IMS 网元根据成熟度逐步建设，首先是 vCSCF、vENUM/DNS、vMMTEL、vCCF、vMRFC/MRFP、vAGCF 等，然后是 vHSS，最后是 vIM-MGW、vSBC。vIMS 网元商用之前必须做好基础设施层、虚拟化层和 VNF 层三层解耦后的故障定位、容灾方案、端到端性能等一系列验证。vIMS 网元与传统 IMS 网元之间通过现有接口与现有协议实现互通。通过对 vIMS 扩容逐步承接传统 IMS 覆盖的用户，最终传统 IMS 退网，vIMS 覆盖所有用户。从传统 IMS 和 vIMS 共存，最终过渡到 vIMS，如图 4-40 所示。

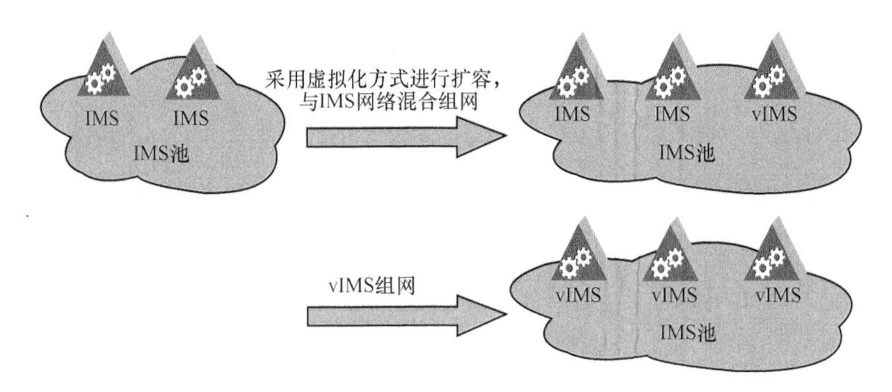

图 4-40　传统 IMS 和 vIMS 共存向 vIMS 过渡

2）EPC

在传统 EPC 向 vEPC 演进的过程中，关于 MME 与 vMME 混合组网存在两种方案：MME 与 vMME 混合组池、MME 与 vMME 各自组池，运营商可以根据网络状况选择适合自己的演进路线。MME 与 vMME 组网方案比较见表 4-3。

表 4-3　MME 与 vMME 组网方案比较

	MME 与 vMME 混合组池	MME 与 vMME 各自组池
方案简介	传统 MME 与 vMME 混合组池，共同为同一服务区的用户提供服务，池内可以实现平滑扩容，通过增加 vMME 的比重实现用户在池内的平滑迁移，最终传统 MME 退网，vMME 覆盖所有基站	新建 vMME 池，把传统 MME 池分裂为 MME 池与 vMME 池，把部分基站从传统 MME 池服务区割接到 vMME 池服务区，两个池各自覆盖不同的基站。通过对 vMME 池扩容增加 vMME 池的覆盖范围，最终传统 MME 池退网，vMME 池覆盖所有基站

（续表）

	MME 与 vMME 混合组池	MME 与 vMME 各自组池
优点	基站所归属的 MME 池不变，对网络影响较小	vMME 池可以引入新的厂商建设，与传统 MME 池可以同厂家，也可以异厂家
缺点	vMME 与传统 MME 的网管需要统一，因此 vMME 最好与传统 MME 采用同一厂商，便于池的运维管理。也就是说，不利于引入新的厂商	对网络影响较大，部分基站所归属的 MME 池发生变化，需要大范围调整现有基站与核心网的连接关系；在不同的 MME 池之间，用户移动时产生的切换会影响用户的感知体验

（5）运维管理策略

核心网虚拟化之后，传统网元与虚拟化网元共存，对网络运维提出了重大挑战。从传统核心网网元软硬件一体化到虚拟化之后的核心网网元软硬件解耦，网络运维需要从垂直分工向水平分层转型。传统网络中，应用服务器、核心网、承载网、接入网可能由不同的运维团队分别维护管理，按照垂直分工构建烟囱式运维团队；虚拟化之后，基础设施层、虚拟化层、VNF 层、应用层可能由不同的运维团队分别维护管理，还需要配置编排管理、端到端业务管理人员，按照水平分层构建全方位运维团队。

电信网络 NFV 化已经是通信业发展的趋势，NFV 不仅深刻改变了运营商的运维模式，还将深刻改变运营商的业务创新与管理模式。新业务的快速上线和迭代开发使开发与运营需要构建开发、销售、服务、维护、升级等多环节的互动机制，开发与运营越来越密不可分，开发与运营紧耦合可以大大拓展网络能力的深度和广度。运营商必须集成创新，与产业链各方合作研发，走向“开发运营一体化（DevOps）”的业务创新与管理模式。

第 5 章

云计算、边缘计算构建新型网络

云计算是 IT 时代的最优计算模式，边缘计算是 DT 时代的最佳计算模式。

虽然云计算模型在某些情况下表现不佳，但在现代网络中仍然占有一席之地。云计算服务非常适合为分散用户提供可从任何地方访问的集中服务。虽然追求最佳性能的组织开始采用边缘计算，但云计算在可预见的未来仍存在，最终将形成边缘计算与云计算相互协同、各自优势互补的发展态势。

5.1 云计算与云服务的基本概念

5.1.1 云计算背景与概念

需求方面：随着计算机和智能移动设备迎来增长高峰，网站或业务系统所需要处理的业务量快速增长，不同软硬件平台的程序需要更加频繁地交换数据，通信网络系统要承受更多的负载。在这样一个信息爆炸的时代，如何有效地利用资源保质保量地满足用户的需求是需要继续改进的问题。广大企业和个人用户都希望，自己在无须建设、部署和管理这些设施、系统和服务的前提下，仍能按照用户的需要和业务规模提供服务。

技术方面：分布式计算尤其是网格计算日益成熟，通过 Internet 可以把地理位置分散的软件、硬件、信息资源连接成一个巨大的整体，完成大规模的、复杂的计算和数据处理的任务。数据存储的快速增长产生了以 GFS（Google File System），SAN（Storage Area

Network）为代表的高性能存储技术。服务器整合需求的不断升温，推动了 XEN 等虚拟化技术的进步，还有 Web 2.0 的实现、SaaS（Software as a Service）观念的快速普及、多核技术的广泛应用等，这些技术为产生更强大的计算能力和服务提供了现实可能性。

商业模式方面：相对于传统的用户自建基础设施、购买有形产品或介质（含 licence）、一次性买断模式，这种以网络为中心、以服务为产品形态、按需使用与付费等创新模式可谓是一次颠覆性的革命。目前，整个行业已经开始快速转向了这种类似于租用的特定商业模式。

在需求推动、技术进步、商业模式转变三股力量的共同促进下，云计算应运而生。

云计算（Cloud Computing）：是分布式计算（Distributed Computing）、并行计算（Parallel Computing）、网格计算（Grid Computing）、效用计算（Utility Computing）、网络存储（Network Storage Technologies）、虚拟化（Virtualization）、负载均衡（Load Balance）等传统计算机和网络技术发展融合的产物。也可以说是这些计算机科学概念的商业实现。云计算的基本原理是基于互联网的超级计算模式，使计算分布在大量的分布式计算机、移动网络终端和其他设备上，而非本地计算机或远程服务器中，将大量资源集中在一起，协同工作。同时使客户在这样一个庞大的云资源池中，按需购买，将资源切换到需要的应用上，就像我们日常生活里计费购买自来水、电、煤气一样。

云计算是在虚拟化技术、分布式技术的基础上发展而来的新型的 IT 服务提供模式和解决方案，是对传统 IT 的“软件定义”，将带来相关部署、运维和业务发放模式的变革。云计算的引入将大大降低人工参与和手工操作的需要，提供自动化的能力，并且使统一的资源可以为更多的租户使用，从而获得更多的效益；同时，云计算提供开放的应用编程接口，非常有利于基于软件定义业务，便于能力开放。

对于网络重构而言，云计算相关技术是 SDN、NFV 的基础条件，如 NFV 中所需的 NFVI 解决方案资源池需要基于云计算的方式来部署，基于云化的资源池是 SDN 控制器、编排器以及 NFV 的管理和编排等的基础平台。

云计算应关注虚拟化新技术和开源技术。作为云计算的基石，服务器虚拟化计算包括 CPU、内存、输入/输出虚拟化等，是处于硬件和 GuestOS（Guest Operating System，客机操作系统）之间的新型软件技术，可以为各种 GuestOS 提供与实际硬件无异的模拟硬件环境，实现在同一个平台上运行多个 OS（Operating System，操作系统），可以提高安全性和效率。目前虚拟化技术在功能上基本可以满足 SDN、NFV 引入部署，特别是统一的 NFVI 部署，包括非统一内存访问、绑定、内存巨页等的支持，但是在可靠性方面，尤其是系统、网元、虚拟化/操作系统、基础设施硬件协同方面还有很多空白，将产生大量虚拟化技术新的改进空间。同时，以 OpenStack+KVM（Kernel-based Virtual Machine，内核级虚拟化技术）为代表的开源技术在 NFVI 和 MANO 中逐步开始体现价值，特别是在实现三层解耦方面作用很大，但是目前能提供电信级商用能力的系统凤毛麟角，这将成为云计算基础设施部署的一个困难。

5.1.2 云服务概念及分类

云计算中一切都是服务，云计算服务可以分为基础设施即服务（IaaS）、平台即服务（PaaS）、软件即服务（SaaS）三大类。如图 5-1 所示，这三类服务具有一定的层级关系，在数据中心的物理基础设施之上，IaaS 通过虚拟化技术整合出虚拟资源池，PaaS 可在 IaaS 虚拟资源池上进一步封装分布式开发所需的软件栈，SaaS 可在 PaaS 上开发应用并最终运行在资源池上。这 3 种服务有很多的共性，如资源无浪费且用户花费低、开放 APIs 业务应用实现迅速、即时扩展、减少底层管理职责等。但同时存在一些风险，如安全性、宕机问题、接入问题、独立性、协同互动问题等。下面，逐一介绍这 3 类云服务。

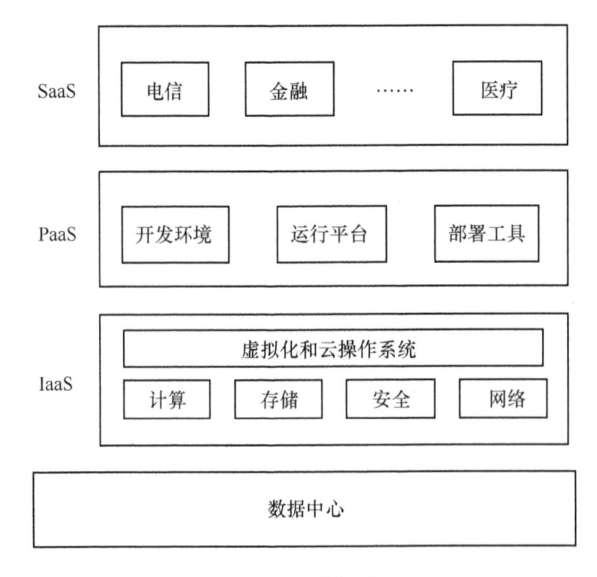

图 5-1 云计算服务

（1）IaaS

IaaS 由计算机硬件、网络、平台虚拟化环境、效用计算计费方法、服务级别协议等组成。IaaS 将各种基础硬件资源整合后的计算能力、存储能力、网络带宽及搭建应用环境所需的一些工具作为服务发布，客户能按需使用资源池中的资源，及时获取与释放，角色从资源的占有者变成使用者，设备的维护和升级都由专门的 IaaS 服务提供商来负责，以帮助用户削减数

据中心的建设成本和运维成本，客户只需要聚焦于自己的核心业务。该云服务的核心技术是虚拟化，包括服务器、存储、网络的虚拟化以及桌面虚拟化等。虚拟化技术改变了平台的构建方式和服务的提供方式。虚拟化技术能充分复用软硬件资源，将一台物理设备动态划分为多台逻辑独立的虚拟设备。同时，虚拟化技术能将所有物理设备资源整合成对用户透明的统一资源池，并能按照用户需要划分出不同配置的子资源，大大提高资源分配的弹性、效率和精确性。典型的应用有 Amazon 的 AWS、Rackspace 的托管服务等。此外 AT&T、NTT、BT 等运营商也建立了虚拟云为用户提供服务。

（2）PaaS

PaaS 是将软件基础平台（如操作系统、公共事务平台、商业逻辑架构、中间件、数据库以及分布式软件的开发、测试和部署环境等）进行足够的虚拟化后，作为服务提供给用户。它屏蔽了分布式软件开发底层复杂的操作和各种技术细节，让用户透明使用，使开发人员完全关注自己的商业逻辑，而不必考虑兼容性和逻辑适配等，可以快速地远程开发、配置、部署基于云平台的高性能、高可扩展的特定的应用软件，并最终在服务商提供的数据中心内运行。PaaS 的核心技术是分布式并行计算，可以构建在虚拟化资源池上，也可以直接构建在数据中心的物理基础设施之上。提供平台服务的有 Google 的 App Engine，Microsoft 的 Azure 等。

（3）SaaS

SaaS 是将各种各样的在线软件作为公共服务产品，按需按次提供给客户使用，而不是传统地将某个特定软件产品销售给固定客户并长期维护，客户的商业处理逻辑和数据产生、处理、分析和存储，全部在云网络中完成。SaaS 提供商为用户搭建信息化所需要的网络基础设施及软件、硬件运作平台，并负责所有前期的实施、后期的维护等一系列服务。用户无须购买软硬件、建设机房和招聘 IT 人员，只需要根据自己的实际需要，动态发起请求向 SaaS 提供商租赁软件服务，并可随时结束服务，这种服务在中小企业中最为盛行。当前已有大量的企业能提供 SaaS，Salesforce 和 Netsuit 等都是成功的 SaaS 供应商。

5.2 云计算发展现状及趋势

云服务已伴随着互联网的壮大而高速发展起来，成为了 IT 产业发展的战略重点。越来越多的公司在向云服务提供商转型，同时越来越多的企业和研究机构逐渐将高级别的计算任务交给全球运行的服务器网络，就是“一朵朵的云”。

5.2.1 国外云服务产业概况

云计算概念最早由国外厂商提出，并随互联网技术的成熟而迅速发展，美国等政府机构的介入，更是推动了国外云计算的快速发展。目前，国外云服务行业内，既有成熟的商业应用，又有成熟的企业内部云架构方案。下面介绍几个在国外云服务产业领域占据着主导位置的实例。

① Google：唯一以硬件起家的搜索公司。每年在数据中心的投入超过 20 亿美元。成为云计算领域难以超越的领跑者和极力推动者。

② Yahoo：规模和资金比 Google 稍逊一筹，开发的软件与云计算兼容不够。但是作为 Hadoop 的首要资助方，可能后来居上。

③ IBM：商业数据计算的龙头和传统超级计算机的绝对领导者。与 Google 合作后立足云计算一方，为越南政府开发了飞行员云系统试点，并在无锡成立了数据中心。

④ Microsoft：现在只能与自身开发的软件结合，这可能成为它的软肋。但是在云科学基础理论中扮演重要的角色，正在建立大型数据中心。

⑤ Amazon：第一个将云计算作为服务出售的公司，规模小于其他竞争者，但是其专业性为其从零售业转型到传媒业助一臂之力。

IDC 发布的《全球及中国公有云服务市场（2020 年）跟踪》报告显示，2020 年全球公有云服务整体市场规模（IaaS/PaaS/SaaS）达 3124.2 亿美元，全球 IaaS 市场规模达 671.9 亿美元，AWS、Microsoft、阿里巴巴、Google、IBM 位居市场前五，共同占据 77.1% 的市场份额。

5.2.2 国内云服务产业现状

中国云计算的布局相对比较晚，但发展非常迅猛，产业已经走过培育与成长阶段，现已进入成熟发展期。2020 年，我国计算整体市场规模达 1781.8 亿元，增速为 33.6%。同时，云计算的发展促进了上下游电子产品制造业、软件和信息服务业的快速发展，互联网、IT 巨头纷纷涌进云计算领域。国内共有五股势力瓜分云服务产业，分别是：以阿里云为代表的先入者，它们对培育云计算市场做出了巨大贡献，也有雄厚的人才资源、丰富的细分产品和庞大的数据中心；以腾讯和百度等为代表的跟进者；以网易为代表的黑马公司；以青云等为代表的创业公司；以浪潮信息为代表的传统 IT 企业。从行业区域分布情况来看，超过 20 个城市将云计算作为重点发展产业，中国云计算基础设施集群化分布的特征突显，已初步形成以环渤海、长三角、珠三角为核心，成渝、东北等重点区域快速发展的

基本竞争格局。但与发达国家相比，我国云计算市场的行业标杆还较少，市场规模有待提高，未来仍旧需要努力追赶。相关公司需要把握好以下云计算发展趋势，并抓住机遇发展。

① 云时代信息安全重要性日益凸显。随着云计算和移动互联网的普及，越来越多的业务在云端开展，越来越多的数据在云端存储，用户数据泄露或丢失是云计算信息安全面临的巨大的安全风险。因此，基于云服务的安全防护工作难度虽然加大，但这一领域的商业价值将越发凸显。

② 垂直领域融合加深将带动云计算市场迅猛发展。相较于美国等发达国家，我国云计算市场规模仍较小，云计算应用领域及渗透深度有很大的空间。云计算服务商不断加深与各垂直领域的融合，将开拓更大的云计算服务空间。

③ 抓住智慧城市与智慧工业发展契机。作为云计算应用的重要领域，智慧城市与智慧工业概念兴起，将使云计算大有可为，值得企业发力。

艾瑞咨询《2021 年中国基础云服务行业数据报告》显示，2020 年，中国整体云服务市场规模达 2256.1 亿元，其中 IaaS 为 1639.4 亿元，阿里云、腾讯云、华为云、天翼云和亚马逊云科技位居 IaaS 公有云市场前五位。公有云市场的主要客户集中在泛互联网行业，包括电商、游戏、音视频、短视频、游戏等。

在《国务院关于促进云计算创新发展培育信息产业新业态的意见》《关于积极推进“互联网+”行动的指导意见》《云计算综合标准化体系建设指南》等利好政策的力挺下，市场需求不断提升的大环境下，随着运营商、厂商、应用商以及科研机构对云计算研究的不断深入，技术和商业模式的不断创新和成熟，云服务产业未来仍可持续保持高速增长，形成产业链更为健全，服务创新、技术创新和管理创新协同推进的云服务发展格局。

5.2.3　云计算演进路线

根据《电信行业云原生白皮书》，电信网络的云计算演进路线一般存在 3 个阶段：虚拟化阶段、云化阶段和云原生阶段。

① 虚拟化阶段：实现通信网络设备硬件的标准化和虚拟化，但在软件架构、运营、运维模式上，仍沿袭传统方式。

② 云化阶段：基于统一的编排器实现全局资源管理能力、自动化部署和网络产品架构重构。

③ 云原生阶段：网络完全开放可编程，业务功能组件化，基于微服务架构，并可让第三方进入组件编排。

云原生是指应用在架构设计之初便以部署在云上为目标，充分考虑云的原生特性进行开发及后续运维，并非将传统应用简单迁移到云上。云原生是一系列技术的集合，包括容器、持续交付、DevOps 及微服务等，云原生架构如图 5-2 所示。通信行业云原生旨在将云原生理念与技术体系应用于通信网络功能（如 5G、4G、IMS 网络等）和运维支撑系统。通信行业云原生要求应用及系统设计开发初期就需要采用云的思维、云的架构、云的技术，将云的弹性伸缩、快速迭代及敏捷运维的原生特性带入网络，增加网络云化的灵活性和适应性，提高资源利用率，缩短部署周期，提升迭代开发效率。

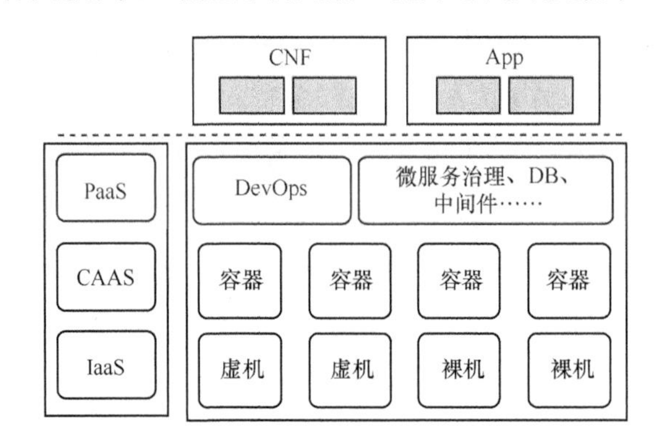

图 5-2　云原生架构

云原生阶段包含三个子阶段。

第一阶段：引入云原生的两个关键技术——容器和微服务。第二阶段：增加电信 DevOps 能力。第三阶段：引入公共中间件服务、公共数据库服务、统一的服务治理框架等基础能力，实现统一的基础 PaaS 底座平台。

5.2.4　云计算发展趋势

根据中国信息通信研究院预测，随着市场发展，云计算将呈现出新的发展趋势，主要表现为以下 6 个方面。

① 云原生技术融合化。伴随云原生技术的快速更迭，业务需求进一步得到挖掘，以云原生为基底的融合信息技术成为刚需。目前，国内三大电信运营商均开展云原生相关技术研究与实验。未来，云原生细分生态将持续完善，技术边界将从云上延展至边缘，服务形态趋于多元，云原生将成为整合人工智能、大数据、区块链等技术服务能力的调度中枢，为加速用户业务创新持续赋能。

② 云网边架构一体化。随着 5G、物联网发展，边缘侧业务场景不断丰富，对算力处

理能力、算力处理位置、算力处理时效等提出更高的要求，推动传统上相对独立的云计算资源、网络资源与边缘计算资源在部署架构上不断趋向融合。未来，随着云网边一体化的进程不断加快，资源部署将更加全局化、分布式化，为各类场景提供有针对性的算力服务。

③ 云安全信任体系化。传统安全体系通过部署各类安全产品，以应对网络安全、数据安全等问题，各安全产品功能定位明确，但彼此之间较为孤立和分散，作用局限效率低，难以应对数字化时代日益复杂的安全风险。未来，随着零信任理念和原生安全理念的融合，云安全架构中各模块高效协同，最大限度保障数字基础设施中各资源和动态行为的可信度。

④ 云管理服务工具化。当前，云管理工具标准化程度仍较低，且需要大量的定制开发，咨询设计和迁移工具功能也较为单一。未来，云管理工具将进一步完善和标准化，结合大数据、人工智能等新一代数字化技术，把智能决策融入产品中，为企业提供标准化的决策支撑，助力企业提升云管理服务效率。

⑤ 云软件工程标准化。在企业数字化转型的大潮下，快速发展的业务类型和爆发增长的业务量对应用软件的开发提出了更高的诉求。未来，围绕云计算开展的应用软件工程化体系将逐渐向标准化发展，从云原生技术构建软件产业架构、先进云测试技术保障软件质量、混沌工程及可观测性等方法提升软件系统稳定性三个维度构建云上软件工程的实施标准。

⑥ 云平台赋能业务化。随着数字化发展的不断深入，企业数字基础设施将融合云计算、大数据、人工智能等新一代数字化技术，搭建一体化云平台底座，为企业上层业务数字化转型整合有效资源，提供高效、低成本的支撑。未来，企业将在数字基础设施一体化云平台转型的基础上，推进上层业务应用的数字化转型，推进人力资源、财务管理、供应链等通用管理业务及各行业核心业务应用的数字化转型，从而实现企业整体数字化转型发展，为企业持续提供价值创造新动力。

5.3　信息通信服务模式向云服务的演进

5.3.1　新型信息通信服务模式

当代用户信息通信需求复杂多变，只有针对不同的用户群，充分发挥网络资源优势，快速上线提供有较强针对性的信息通信服务，才能抢占更多的用户，取得更高的利润。用户既希望服务机构可以降低资费，又希望能不受时间地点设备的约束，按需及时得到创新的全方位个性化服务。云计算技术支撑的信息通信服务模式能扩大信息通信的服务范围，提升服务质量，细化服务项目，降低服务成本。

在传统的互联网时代，网络、带宽和专用服务器等共同构成互联网端的软硬件基础设施。在用户终端需部署特定的软硬件，比如软件下载、安装、升级以及相应的硬件设施来保证终端的计算能力、存储空间和软件应用。这样，互联网端与用户终端才能完成信息的传递或交互。在“一切皆服务”的云时代，互联网服务提供商、电信运营商、硬件制造商、软件开发商等 IT 和 CT 相关厂商为云服务提供服务器、应用软件、CPU、带宽等计算、存储和网络资源方面的相关基础设施，构成统一的大型通信资源池。云时代的新型服务模式的亮点是按需获取，云资源衍生出不同层次的服务，有了统一云资源池后，所有的资源都可以弹性部署，因此信息通信服务完全可以按用户需求的服务类型和服务量来提供。例如为集团客户提供端到端的完整的应用解决方案、为中小城市客户提供高质量的应用产品、为普通客户提供更具人性化的娱乐服务。新型服务模式的另一亮点是从产品战略变成服务战略，许多新的以前具象的项目均可在“线上”获取抽象的服务：网络硬盘、随需租赁数据中心等属于底层的 IaaS；在线开发平台、在线测试平台、在线运营平台、数据库、中间件、企业网站平台等属于中间层的 PaaS；SaaS 处于顶端的应用层，网络邮箱、搜索、在线统一通信、在线视频、网络教育、在线杀毒等属于工具型的 SaaS，在线 CMR、在线 ERP、在线 OA、在线 HR 等属于管理型的 SaaS。新型信息通信服务模式可使最小化的终端设备享受最大化的服务性能。

5.3.2 传统互联网时代的 CS/BS 模式

C/S（Client/Service，客户端/服务器）模式，主要由客户应用程序、服务器管理程序和中间件三个部分组成，是一种将计算任务在客户端和服务器间分隔开的计算模式，如图 5-3 所示。通常客户端和服务器部署在不用的硬件上，客户端提出服务请求，服务器提供服务。服务器程序负责有效地管理系统资源，如管理一个信息数据库，其主要工作是当多个客户并发地请求服务器上的相同资源时，对这些资源进行最优化管理。中间件负责连接客户应用程序与服务器管理程序，协同完成一个作业，以满足用户查询管理数据的要求。服务器一般分为应用服务器和数据库服务器。两层 C/S 结构的实现原理是：应用程序（客户端）首先依据用户操作形成对应的 SQL 命令，然后通过网络协议（如 TCP/IP 等）向数据库服务器发送 SQL 命令。数据库服务器通过监听端口（如 Oracle 的 1521 等）实时检测有无服务请求，当检测到有 SQL 请求时，服务器对客户端进行身份验证，验证通过后执行 SQL 命令。

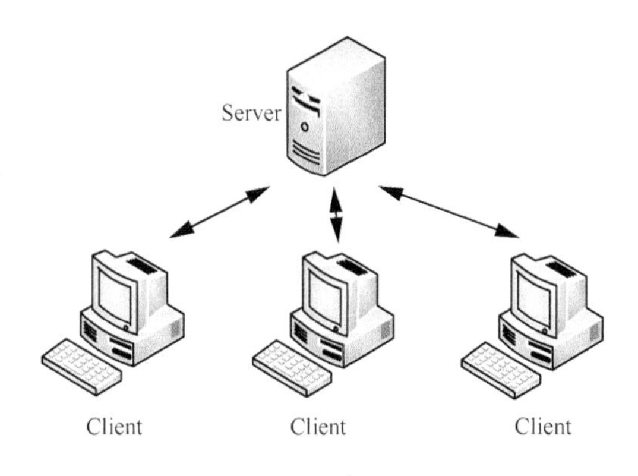

图 5-3　C/S 模式

B/S（Browser/Server，浏览器/服务器）模式，是基于 Internet 的需求，从传统的二层 C/S 模式发展起来的新的网络结构模式如图 5-4 所示，其本质是三层结构 C/S 模式，把传统 C/S 模式中的服务器部分分解为一个数据服务器与一个或多个应用服务器（Web 服务器）。B/S 模式第一层客户机是用户与整个系统的接口，客户的应用程序精简到一个通用的浏览器软件。第二层是 Web 后台服务器，用于接收并响应第一层发来的请求。如果客户机提交的请求包括数据的存取，Web 服务器要与位于第三层的数据库服务器协同完成这一处理工作。完整的工作流程为：客户端运行浏览器软件，浏览器以超文本形式向 Web 服务器提出访问数据库的要求；Web 服务器接收客户端请求后，将这个请求转化为 SQL 命令，并交给数据库服务器；数据库服务器得到请求后，验证其合法性，并进行数据处理，然后将处理后的结果返回给 Web 服务器；Web 服务器再一次将得到的所有结果进行转化，变成 HTML 文档形式，转发给客户端浏览器以友好的 Web 页面形式显示出来。

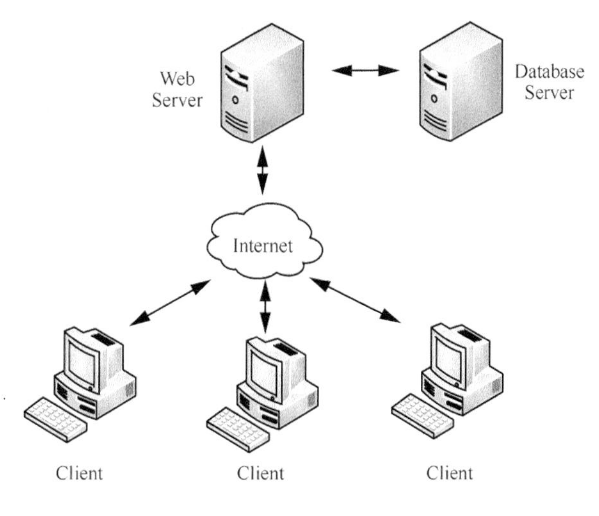

图 5-4　B/S 模式

5.3.3 互联网 P2P 模式

在上述的经典的 CS/BS 模式中，服务器一方只是被动地响应客户机的请求,从不要求客户机进行协助。在计算机软硬件技术越发成熟的今天，客户端的计算机性能已达到甚至超过了早期的大型主机，完全可以不但请求其他机器的服务，而且提供自己的服务。这就是点对点（Peer-to-Peer，P2P）模式，如图 5-5 所示。P2P 其实反映了互联网的本质特征。以往我们简单地通过点击网页中引入的相关链接来访问其他网页,但是在 Yahoo 和 Google 建立了搜索引擎和门户站点后，人们上网的方式发生了改变。获取所有信息的模式阻碍了用户之间的交流，用户希望能有一定的控制权，并能有效增进用户间的联系与交流，在此背景下，出现了与门户站点等级模式不同，每个用户都是平等的 P2P 网络。

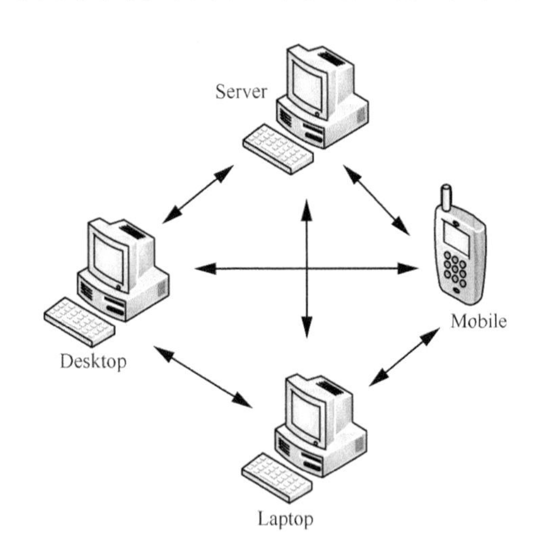

图 5-5 P2P 模式

（1）P2P 技术的应用

P2P 技术的应用主要包括以下几个方面。

1）文件共享

任意两台相连的计算机都可通过 P2P 技术直接共享多种类型的文件。Napster 和 Gnutella 就是运用 P2P 技术的经典例子：在 P2P 网络中，计算机通过查询机制定位到拥有其所需资源的其他主机后，直接与其建立连接，并下载所需文件。在 Napster 模型中，一群高性能的中央服务器保存着网络中所有活动主机的地址信息和共享资源的目录信息。当某台主机 A 需要查询某个文件时，会向一台中央服务器发起请求，中央服务器进行相应的检索和查询后，返回符合查询要求的相应主机的地址信息列表。主机 A 根据网络流量

和延迟等信息在列表选出最合适的主机直接建立连接，并进行数据传输。而在 Gnutella 模型中，取消了以中央服务器为核心的目录式结构，主要通过相邻主机之间的连接遍历整个网络体系。主机为了查找某个文件，先以广播方式向与之相邻的所有活动主机发送一个查询请求包，这些主机在接收到请求后会检查本机是否存在符合查询请求的文件内容，若有则按请求包的发送路径返回相应的数据包。并且无论本机是否有被需要的文件内容，这些主机都将通过广播方式继续在网络中转发该查询包，直至查询包中 TTL（Time to Live，生存时间）递减为零，该查询指令失效。

2）分布式计算

分布式计算（Distributed Computing）是 P2P 技术的一个重要应用。简单地说，分布式计算机先分解原本需要超级计算处理的庞大任务，然后启动位于系统控制中心的调度软件来调度和管理，指派网络中大量的普通计算机利用空闲时间来执行分配到的具体子任务，操作完成后将结果返回给控制中心。早在 1999 年，美国加利福尼亚大学伯克利分校的 SETI@home 研究计划就一直在使用 P2P 计算方法来分析星际间的无线电信号，该计划中使用的软件可以指派参与这一计划的大量用户计算机在空闲状态时运行复杂计算来执行分块任务。工作中为表明计算机正在对无线电进行计算分析，该软件提供的屏幕保护程序会在计算机上显示一些图形。如果某台用户计算机成功破译了部分隐藏在无线电波中的信息，计算机能立即将结果反馈给 SETI@home 研究计划所设的伯克利总部。到目前为止已经有好几百万人向总部无偿提供计算机未被使用的处理时间。这些计算机结合在一起完成的运算量每天有所不同，但通常会超过世界上运算速度最快且价格极其昂贵的单台超级计算机。经权威机构评测，SETI@home 研究计划使用的是一台相当于 15teraflops（trillion floating point operations）级别的机器，明显强于 IBM 生产的 12 teraflops 的超级计算机运算级别处理能力。

3）协作系统

协作系统（Collaborative System）是指网络中一起工作的一群用户共享不同的网络资源，以方便用协作的形式工作，完成一项任务。它是不同于文件共享的一种 P2P 网络，协作系统中的一个用户可以同时和其他若干个用户建立可靠的实时连接来传送消息。由美国 Lotus 公司创办的 Groove Network 就是最为著名的 P2P 协作技术应用研究组织之一。在网络中部署中继服务器来支持 P2P 多点传送，协作系统通过一组静态或动态的服务器进行路由信息优化。Groove Network 利用 P2P 技术的核心思想是，当网络中一群用户被划分到一个工作组后，可以动态地在他们中的某一台主机上创建中继服务器。这样即使这些客户的地理位置分散于世界各地，也可以保证中继服务器处于网络的中心处。由此可见，这种类型的 P2P 应用创新地将服务器与对等主机这两种传统意义上的不同实体有效地融合在一起。

4）电子商务

商品买卖中若能充分发挥 P2P 技术的直接性和易扩展性将能收获非常好的效果。当前 P2P 模式主要可以被应用于以下几个方面。①电子商务集市，Lightshare 公司推出了一种 P2P 模式的服务，卖家可以直接通过电脑销售产品，而不用经由 eBay（在线拍卖网站）的 C/S 模式。该技术支持买卖双方直接利用各自的电脑进行交换，并且任何交换内容并不需要存储在 Lightshare 公司的电脑内，该公司只起到加速信息交换的作用而已。②金融服务，由于 P2P 的沟通只涉及通信双方，不会向第三者传播双方的沟通信息，因此该技术非常适合发展在线金融服务。美国的 Billpoint 公司已将 P2P 技术应用于电子商务的付费机制，在 eBay 上已经向全球多个国家的使用者提供了这种技术，用户点对点地直接用彼此的信用卡进行交易。③广告行销，P2P 应用程序可收集到消费者的多种信息，从而建立强大的客户偏好信息挖掘系统，得到用户对音乐、电影、软件等任何可交换文件的偏好情况，有力地帮助厂家对消费者实行精准营销。

5）以 P2P 为基础的深度搜索引擎

开发强大的深度搜索工具是 P2P 技术的另一大应用。P2P 技术使用户能够不通过 Web 服务器就搜索到所有文档，而且这种搜索不受宿主设备和信息文档格式的限制，相比于传统目录式搜索引擎只能搜索到 20%～30%的网络资源，基于 P2P 的搜索引擎的深度得到了大幅度的提升。一台计算机可将自己的搜索请求同时发给网络上另外 10 台计算机，如果这 10 台计算机无法满足搜索请求，每一台计算机就会把该搜索请求转发给另外 10 台，这样搜索范围能在几秒内以几何级数增长，几分钟内就可搜遍几百万台个人计算机上的信息资源。

除了上述应用，还有许多暂未预见或无法定论归类的应用模式。充分发挥这种零成本、病毒式的传播方式一定能挖掘更多的网络潜力。

（2）P2P 技术存在的问题

伴随着 Microsoft、IBM、Intel 和 HP 等大公司的加盟，P2P 技术虽然在很短的时间内得到了快速的发展，但从目前应用现状看，仍存在着很多亟待解决的问题。

1）侵犯版权问题

P2P 技术自由开放的特点为它的发展带来了机遇，同时带来了麻烦。著名网站 Napster

就因为提供免费 MP3 文件交换而被美国唱片行业协会（RLAA）告上了法庭。在这段时间里，Napster 险些被联邦法院强令关闭。就 P2P 本质而言，它提供给用户的是一个无限制的空间。在 P2P 网络中的所有行为都属于用户的个人行为。用户可以随意交换他们认为有价值的文件资源，因而大多数 P2P 服务都不可避免地和知识产权发生冲突。以为首的一些组织正在寻找一种新的方式来保护知识产权，但到目前为止还没有一套有效的解决办法。因此，P2P 技术带来的版权问题仍然是阻碍其发展的一个重要因素。

2）缺乏管理机制

P2P 网络最大的特点在于它为每个用户提供了极大的自由。各个用户都以对等点的身份存在于 P2P 网络中，用户之间是完全平等的。与之相比，传统的 C/S 模式给服务器提供了更多的特权，因此整个网络上传播的信息通过服务器进行集中控制，客户机只是简单地在服务器上提取自己所需的资源。在 P2P 网络中情形就完全不同了，对等机具有极大的主动性，它可以提供任何形式和内容的共享资源，也可以根据自己的需要到任何一台对等机上下载其所需的文件。因为不受固定 IP 地址的限制，用户可以在不同地点和不同时间随时进入和退出网络，所以用户的行为和活动根本无法控制。可以想象，缺乏管理的 P2P 网络将会成为病毒、色情内容以及非法交易的温床。许多 P2P 公司打算通过 P2P 网络开展电子商务，但是付费问题、流量计算、商品价值的验证等都是一时很难解决的问题。到目前为止，还没有一种可以完全解决 P2P 网络中管理问题的方法。

3）吞噬网络带宽问题

P2P 技术为用户提供了丰富的共享资源，给用户带来了极大的便利，使用户可以随时随地下载自己需要的资源。但由于 P2P 网络规模的不断扩大和用户下载文件数量的增多，吞噬网络带宽问题成为了 P2P 应用难以逾越的障碍。以 Gnutella 为例，该网络通过广播式定位方法发现网络中存在的活动对等点。随着网络规模的不断扩大，广播式定位方法产生的广播消息将充斥着整个网络，这势必造成网络通信流量急剧增加，很容易造成网络拥塞。另外，在 P2P 网络中，对等机之间通过直接建立联系，交换文件资源。对等机的性能和处理能力都无法与传统 C/S 模式中的服务器相比，因此，当大量用户同时访问一台对等机时，很可能出现死机现象，同时会造成网络流量饱和。与发展国家相比，我国通信网络带宽本身比较窄，因此解决 P2P 网络中的带宽占用问题非常重要。

4）P2P 网络安全问题

安全问题是 P2P 网络中存在的另一个问题。几乎所有的 P2P 软件都存在安全隐患，迄今为止安全厂商还无法对其进行有效的防护和抵御。据调查，几乎所有免费在线即时信息系统都缺乏加密功能；而且，大多数在线即时信息系统都具备绕过传统防火墙的功能，这给管理企业内部带来了很大的困难。这些系统中的密码管理也不安全，容易受到账户哄骗的攻击，还可能受到拒绝服务攻击。另外，一些居心不良的黑客借机篡改软件代码，为将来的恶意攻击留下方便之门。同时，恶意消息重发和虚假消息应答通过制造大量垃圾信息，急剧增加 P2P 网络负担，甚至造成网络拥塞。

5）P2P 标准制定问题

各个 P2P 研究组织未制定出一致的 P2P 标准，这是 P2P 技术进一步发展的一个障碍。值得庆幸的是，继收购了 P2P 搜索引擎公司 InfraSearch 之后，Sun 公司于 2001 年 4 月 26 日正式推出了代号为 JXTA（juxtapose 的缩写，意为 P2P 网络模式在未来网络发展过程中将和传统的客户—服务器模式并列存在）的 P2P 研究计划，意在向业界推广一个开放源代码的 P2P 标准框架，为服务商开发 P2P 应用软件提供一个统一的平台。JXTA 计划是 SunONE 战略的一部分，其意义在于为目前混乱的 P2P 应用市场提供了一个最有可能被采纳的标准方案，从而为 P2P 最终进入主流企业计算市场带来希望。

5.3.4 云服务模式与 CS/BS 及 P2P 模式的比较

将云服务、CS/BS、P2P 三类模式进行对比分析，显然云服务模式最为先进，CS/BS 模式中的集中计算与存储的架构使每一个中央服务器支持的网站成为一个个的数字孤岛。Client 的浏览器很容易从一个孤岛跳到另一个孤岛，很难将它们之间的数据进行整合。网络的能力和资源（存储资源、计算资源、通信资源、信息资源和专家资源）全部集中在中央服务器。在这种体系架构下，各个中央服务器之间难以按照用户的要求进行透明的通信和能力的集成，这成为网络开放和能力扩展的瓶颈。

与 C/S 网络架构相反，P2P 的网络架构在进行媒体通信时不存在中心节点，节点之间是对等通信的，各节点同时具有媒体内容的接收、存储、发送和集成及其对媒体元数据的搜索和被搜索功能等。P2P 网络架构所带来的优点是各节点的能力和资源可以共享，理论上来说网络的能力和资源是 P2P 各节点的总和。P2P 是依赖网络中参与者的计算能力和带宽，而不是把依赖聚集在较少的几台服务器上。使用 P2P 通信方式下载的同时还得上传，人越多速度越快，但缺点是对硬盘设备损伤比较大，内存占用较多，影响整机速度，并且除了完成基本的输入输出功能外，还需要运行复杂的 P2P 逻辑。资源的分散造成了对资源本身的管理的难度增加。难以保障资源的可靠性，这已经引起了舆论的大幅攻击，认为其具有中毒攻击（提供内容与描述不同的文件）、使网络运行非常慢甚至完全崩溃、

用户或软件使用网络却没有贡献自己的资源、下载或传递的文件可能被感染了病毒、软件可能含有间谍软件、网络运营商可能会试图禁止传递来自 P2P 网络上的数据、跟踪网络上用户并且进行不断骚扰或者合法性地攻击他们以及在网络上发送未请求的信息等。同时 P2P 应用层网络具有高度动态性，导致服务质量难以保证，P2P 的应用范围受到很大限制。比如 P2P 实时流媒体技术面临延迟较大的问题，很难用在实时视频会议中。此外，使用 P2P 需要安装特定软件，提供一定的上行宽带，具有较强的运算处理能力。

而云计算只需要上网能力及浏览器等的支持。云计算是基于分布式计算，计算资源位于云中，用户可以灵活地访问，轻松实现资源共享。资源的集中优势使云计算更加可靠，数据存储中心使用户不必担心数据丢失、病毒入侵等麻烦，并且云计算中对用户端的设备要求低，使用方便。通过对存储于云中的资源的管理，对云服务提供商，通常是一些大型企业进行监督，更容易对内容的版权和纯粹性进行管理。一些大众化的公共资源可以通过云服务中的共享实现。至于一些私人性质的资源，可以通过建立私有云实现。

综上所述，主流模式将会更加偏向云服务，开发利用并保护好云服务这一重要的战略资源，是我国电信运营商必须重视并付诸心血的课题。

5.4　面向云服务的新型宽带网络架构

5.4.1　云承载网的设计原则

“网络”是支撑和服务业务应用的，需要随业务需求的变革而不断演进。百年来话音网就是适应人与人的话音通信需求而不断演进的，IP 网是顺应计算机与计算机以及计算机与服务器之间数据通信而诞生和发展的。今天信息通信主体开始转为移动智能终端与云服务之间的通信，以移动互联网和云服务为代表的通信服务模式的转型预示着新兴网络时代的到来。

为了更好地适应移动互联网与云服务的发展要求，网络不仅要为移动终端用户提供更加高速、优质的泛在宽带接入服务，还要为云服务应用提供商提供更加智能和弹性的宽带网络服务，即需要面向“用户”与“数据”两个中心来构建网络，为“用户”与“数据”间的交互以及“数据”与“数据”间的交互提供更加高效灵活的网络环境。云服务的本质是用网络资源换取计算/存储资源，云服务不但需要“数据中心”（IDC）这样的数据基础设施，还极大地依赖高可靠、高弹性、智能化、泛在化的宽带网络，离开宽带网络就没有了云服务。运营商可以在数据中心、宽带网络等云服务基础设施的提供上发挥主导作用，获得新的增长空间，通过用户与云服务的沟通提供更有价值的连接型与平台型服务来谋求更大的产业链主导权。为此，网络的体系架构和技术理念需要转型与变革。面向移动互联网与云服务，云承载网设计原则有以下几个。

（1）网络管理的自动化

网络能够自动地感知虚拟服务器，并且随着虚拟服务器迁移和调度后网络位置的改变，能够自动进行网络重配置，对统一管理提出了更高要求。云计算这类基于网络的、比较便捷的应用服务，一般会提供用户自助订购的服务，这就对网络统一管理、业务快速自动配置和部署提出了更高的要求。传统的运营商上门服务方式，既昂贵又慢，不符合云服务的需求。全网统一管理和业务自动部署将大大降低运营商的服务维护成本，对于降低云服务的价格很有帮助。

（2）网络资源的虚拟化

网络通过集中或者分布的业务控制平面，对网络进行逻辑化的抽象和封装，屏蔽复杂物理网络的协议和交互，给上层应用提供简洁的“虚拟网络”的使用接口。

（3）网络控制的集中化

传统网络是静态的，一般只需要对单个网络实体进行配置维护；在云计算时代，网络是动态的，需要对多个网络实体进行协调和调度。所以，需要集中的管理和控制平台，以整网粒度，而不是以设备粒度进行网络的管理。

（4）网络安全的一体化

对网络安全提出更高要求。网络安全一直是承载网络的关键问题，承载网有相关技术予以保障。但对于云服务这样基于网络、且对安全和保密性都有较高要求的应用，现有的IP 网络还需加强。

下面根据云承载网的设计原则，具体介绍面向云服务的新型宽带网络架构。

5.4.2　新型宽带网络架构

网络即服务（NaaS）的实现需要以泛在超宽带网络为基础，并引入云计算、SDN 和NFV 技术进行网络重构和升级，使得基础网络具备开放、弹性、敏捷等新的技术特征。

（1）协同部署架构

新型宽带网络的核心使能技术是 SDN、NFV 和 Cloud，部署的载体是超宽网络和数据中心。新型宽带网络的顶层架构包含四个部分。

① 面向用户的泛在宽带接入环境；

② 基于 IP+光的超宽网络承载环境；

③ 面向云服务的极简极智接入环境；

④ 基于云化的智能网络服务环境。

1）面向用户的泛在宽带接入环境

随着国家制定的“宽带中国”及“互联网+”战略行动计划的推进，移动互联网、云计算、大数据、物联网等与现代制造业紧密结合，宽带网络的服务对象将从 50 亿个人用户进一步扩展到 500 亿物联网终端，宽带接入服务的场景趋于泛在，从超宽带骨干、超宽带接入延伸到泛在宽带物联网。

在新型宽带网络技术架构中，实现 3G/4G/5G 移动宽带、WLAN 无线宽带和固网有线宽带的协调发展，将移动宽带的便捷性、广覆盖与有线宽带的高带宽、可靠性有机结合，实现有线、无线接入手段的优势互补和资源协同。室内以 FTTx/WLAN 为主，室外以 3G/4G/5G 为主，实现光网千兆和移网百兆，并结合智能家庭、智慧城市、工业 4.0 等商业解决方案为用户提供泛在、无缝的宽带服务体验，构建泛在宽带精品网，满足移动宽带、4K 高清视频以及云服务等高带宽业务的极致体验。

2）基于 IP+光的超宽网络承载环境

骨干 IP 网承担着全国 80%以上的互联网流量，是信息通信网络的中枢神经，是社会经济发展的主要基础设施和战略资源。在移动宽带、高清视频和各种云服务的推动下，一方面，骨干网承载能力亟待大幅提升，基于 IP 和光设备协同建设超宽互联网来满足超宽带业务的需求，另一方面，骨干网管控能力趋于智能化，实现全网资源集中管控、灵活调度和能力开放。设备容量已经进入 400G/1T 时代，不仅具备单机/集群等多种形态能力，同时还具备向更大容量演进的能力，以此来满足容量持续增长的需求。

在新型宽带网络技术架构中，IP 层和光层实现协同，优势互补，共同构建高性能、低成本的承载平面。IP 层具有业务感知能力，并可高效率地处理分组业务，而光层则有取之不尽的带宽，可透明地将海量数据业务传送到数千公里之外。IP 层和光层的网络资源统一规划，网络架构更加扁平，节点集约化，在用户接入点与 DC 接入点之间尽量实现一跳直达。通过 IP 设备与光设备信息的统一收集和集中控制，实现多层网络及全局资源的统一调度，实现 IP 与光设备之间的灵活分流，降低对核心路由器容量需求 25%以上，并发挥 IP 层和光层保护技术各自的特点，协同提高网络的可靠性，达到资源要求和可靠性要求的平衡。

3）面向云服务的极简极智接入环境

随着“云计算”的兴起，云服务理念和模式迅速渗透到信息通信以及商业服务的方方面面，正在成为信息服务的主体模式。一方面，几乎所有的公众互联网应用，无论是即时通信、网络游戏还是电子商务都已经在“云”中，另一方面，企业的信息系统也正在加快向云服务迁移的步伐，并将由私有云更多地转向公有云，可以说云服务就是信息通信的未来。

在新型宽带网络技术架构中，云服务和内容的主要依托载体是数据中心，区别于用户超宽接入点主要部署在城市人口和商业密集区域，云数据中心的选址一般选择成本较低的偏远地区。为满足云业务的体验需求，让网络更好服务于端与云以及云与云的交互，不仅提供 100G 以上的超宽带连接通道，还应为云端通信提供更多的智能服务，包括云内容分发加速服务。为支持不同类型数据中心之间的高速互联，实现用户接入点到边缘 DC 之间的就近直连，需要构建统一的扁平化、智能化的“云接入和互联”平面。以数据中心的部署为核心，综合考虑运营商自身的云服务和外部云服务，对各类云业务实现统一承载，实现承载网络与数据中心内部网络的无缝对接，为多租户提供带宽、QoS 等差异化保障服务。

4）基于云化的智能网络服务环境

IT 和 CT 的充分融合成为信息技术发展趋势，尤其随着 SDN、NFV 技术的发展，从网络管理控制、网络数据挖掘、网络功能虚拟化到网络能力开放等网络服务均需要依托于云基础设施，面向“端、管、云”一体化的服务需求，需要构建云化的网络服务平面。

（2）云化的网络服务平面的技术逻辑架构

云化的网络服务平面的技术逻辑架构如图 5-6 所示。在云化的网络服务平面内，除了云计算技术本身，其主要核心技术是 SDN 和 NFV。NFV 的引入负责对云化的虚拟网络功能进行生命周期的管理，SDN 的引入负责对物理转发和虚拟转发网络功能进行集中控制和实现自动化。提供一个端到端服务，需要 SDN 协同器、NFV 协同器和云协同器构筑一个统一的协同编排层，通过统一的协同层将服务需求按照业务逻辑分解、分配给 SDN 控制器和 NFV 管理单元，实现业务的敏捷和自动化。考虑 SDN 和 NFV 的成熟度以及节奏不同，SDN 控制器和云平台的协同存在以下两种方式。

① NFV 方式：控制器作为一个 VNF 实例部署在云上，此时控制器和云平台的资源申请和协同可通过 MANO 完成。

② SDN 方式：控制器作为一个实体设备部署在云服务器上，控制器通过云平台接口直接管理底层云服务器资源，通过人工或者自动的方式进行弹性扩容。

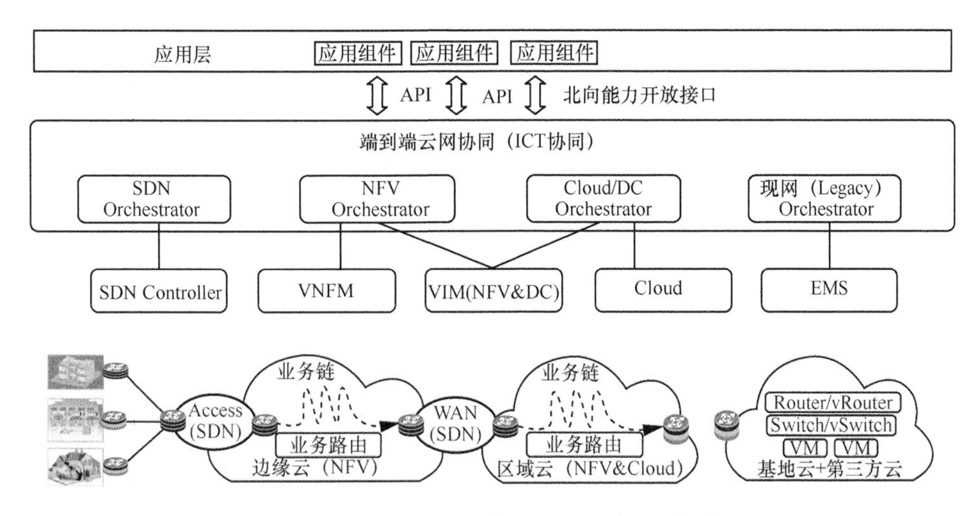

图 5-6　云化的网络服务平面的技术逻辑架构

（3）云化的网络服务平面的物理部署架构

云化的网络服务平面的逻辑架构如图 5-7 所示。云化的网络服务平面包含管理、功能、业务和控制等云化的逻辑实体，在部署上将匹配整个网络的布局，形成基地、区域和边缘三层物理架构。

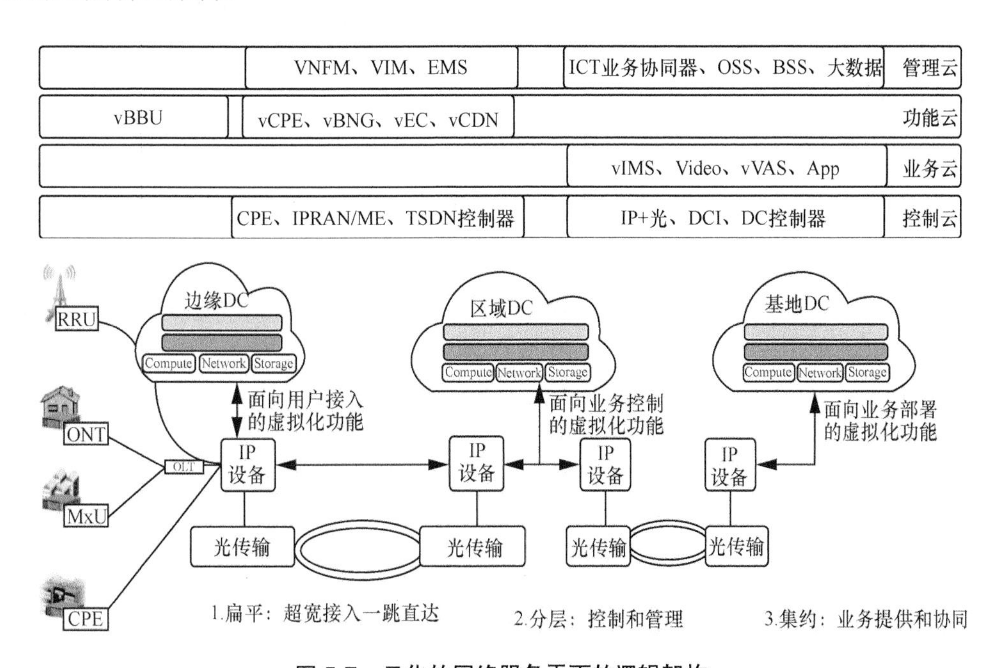

图 5-7　云化的网络服务平面的逻辑架构

云化的网络服务平面的部署要求有以下几个。

① 控制实体云化部署：面向接入网络和 CPE 的控制器部署在区域 DC，面向骨干核心的控制器部署在基地 DC。

② 业务实体云化部署：为实现“一点引入，全网提供”的商业目标，面向内容服务的网络业务系统云化后，适合集约化部署在基地 DC 或大型的区域 DC。

③ 功能实体云化部署：为实现“用户极致体验”的商业目标，面向终端和接入的网络功能云化后，适合靠近客户部署在区域或边缘 DC。

④ 管理实体云化部署：针对虚拟网元的分层部署特点，与之配套的管理功能具有分层化部署的特征。面向终端和接入的物理和虚拟网元管理功能将部署在区域 DC，面向业务和内容的物理和虚拟网元管理功能将部署在基地 DC。此外，融合 SDN、NFV 和 Cloud 的 ICT 协同器（ICT-O）、“大数据”采集和分析单元、网络能力开放单元是未来新业务创新和集约化运营的基础，需要部署在基地 DC 或者区域 DC。

（4）核心技术体系

1）重构新型网络基因

在新型宽带网络架构中，打破传统网络的封闭结构，基于网络基本要素的高度抽象，通过引入统一模型和开放架构，重构“网络基因”，使组件趋于通用化，接口趋于标准化、运营趋于集中化以及网络和业务编排趋于灵活化，既支持网络解耦化部署，又满足集约化运营转型。

在新型宽带网络架构中，新的“网络基因”涉及的技术元素既包括转发、计算、存储这些具体的网络资源，又包括利用网络资源向客户提供服务能力所需要的接口、SDK、API 等，以及为灵活调度这些资源，所部署的管理和控制系统及标准模块等。

如图 5-8 所示，在新型宽带网络架构中，“网络基因”模块的技术元素划分为资源元素、控制元素以及开放元素三大类。

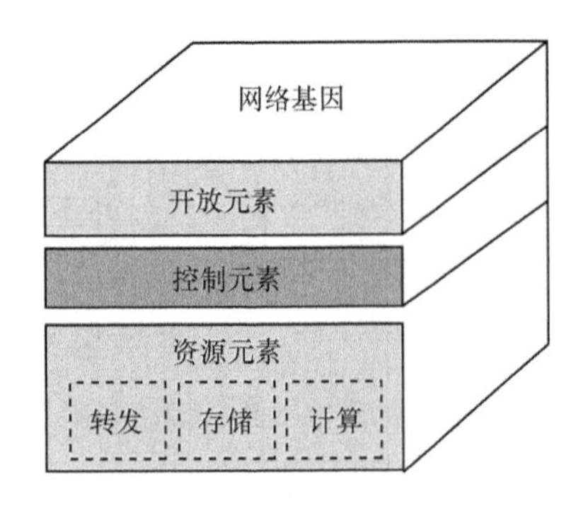

图 5-8　新型宽带网络“网络基因”模块

① 资源元素：主要承担网络基础资源和资源的生命周期管理，包括存储、计算和转发三类基础资源。

② 控制元素：主要对网络基础资源进行抽象和建模以形成网络业务资源并对其进行控制和管理。

③ 开放元素：主要提供基础资源、业务资源的开放能力管理和对外服务。

通过多个基础模块的组合、重构、堆叠以及扩展，灵活形成满足不同能力以及规模需求的网络。通过将资源元素、控制元素以及开放元素在全网进行统一逻辑映射，并在部署功能维度和服务功能维度进行延展，将构建出新型宽带网络统一逻辑架构下的三大核心技术体系。其中资源体系是基础，控制体系和开放体系是围绕资源体系的能力叠加和服务提升。控制体系是实现网络可管、可控的核心，开放体系是实现 NaaS 的关键，也是构建新网络服务生态环境的手段。

2）核心技术体系分解

① 资源体系。在新型宽带网络资源体系中，包含计算、存储和转发三类基础资源。资源可以按照属性进行细分，如计算可分为通用 CPU 和支持硬件加速的专用 GPU，存储可分为高速 Cache 和通用存储，转发可分为物理和虚拟转发，物理资源可分为 IP 和光等。

在新型宽带网络资源体系中，计算和存储资源的载体是 DC，而网络节点将从单一转发为主的网元形态向转发、存储、计算协同的 DC 形态迁移。为满足骨干、区域以及接入不同环境下的部署需求，DC 的形态将多样化，如出现适合边缘部署的小型化 DC。DC 的物理部署维度可划分为边缘 DC、区域 DC 以及基地 DC 等。

通过转发、计算、存储等基础资源按照用户域、交换域和数据域的业务需求进行组合，可在服务功能维度形成多种虚拟网络功能。

- 用户域：主要部署面向用户接入的虚拟化功能，如 vBBU、vOLT 等。
- 交换域：主要部署用户接入业务逻辑的虚拟化网关功能，如 vBNG、vEPC、vCDN、vCPE 等。
- 数据域：主要部署业务相关的虚拟化资源，如 vIMS、视频等。

对于网络虚拟功能的生命周期管理基于 NFV-MANO 实现，通过调用 VIM 实现对虚拟机的生命周期管理，通过 VNFM 实现对虚拟网络功能的生命周期管理。

新型宽带网络的网络资源从宏观的 WAN，到微观的 LAN，都可以映射为接入、汇聚和核心三个部署功能层，分别对应用户接入（终端或虚机）、交换（网络）和数据（业务）三个服务功能域。

传统网络架构中，资源和设备、业务能力之间存在强耦合关系，造成业务提供和部署极不灵活。在新型宽带网络架构下，通过虚拟化技术实现计算、存储和转发三类资源的解耦，网络资源在实现三维解耦的前提下，物理上可融合和集约化部署。

② 控制体系。在新型宽带网络控制体系中，对计算、存储类资源的管理和控制通过云资源管理平台（如 OpenStack）实现，对转发类资源的控制和管理通过 SDN 控制器实现。

从部署功能维度看，控制体系分为单域控制器、多域控制器及协同控制器三个层次。

- 单域控制器：单域控制器或云资源管理平台，可部署在域内或各级 DC。
- 多域控制器：超级控制器或级联云资源管理平台（如级联 OpenStack），可部署在区域 DC 或基地 DC。
- 协同控制器：SDN、NFV 和 IT 云的协同控制器，可部署在基地 DC。

从服务功能维度看，用户域、交换域及数据域这三个服务功能域分别有不同的控制功能要求。

- 用户域：主要面向单域、单设备的业务资源管理和控制。
- 交换域：主要面向跨域、端到端网络的业务资源管理和控制，需要通过多域超级控制器或级联云资源管理平台汇聚各域的资源，进行跨域资源的控制。
- 数据域：主要面向异构协同、面向物理和虚拟网络业务的端到端控制，需要协同器与异构的资源模型进行数据交换和协同。

控制体系相关系统支持云化和组合部署，对于小型网络三个层次可以进行组合，集中化部署，对于大型网络可按照三个层次需要分层分域部署。

③ 开放体系。在新型宽带网络开放体系中，通过在部署功能以及服务功能维度上进行扩展和映射，将网元能力作为原子能力抽象，逐渐形成网络和业务能力编排的立体化开放架构。

从部署功能维度看，开放体系分为网元开放、网络开放及业务开放三个层次。

- 网元开放：面向设备维护的开放，工程师可基于网元设备开放能力进行脚本编程，自动化配置，简化运维。
- 网络开放：面向网络运营的开放，集成商可基于网络层开放能力实现方案集成。
- 业务开放：面向业务运营的开放，第三方可基于业务层开放能力进行业务定制化调用。

从服务功能维度看，用户域、交换域以及数据域这三个服务功能域分别有不同的开放需求和部署场景。

- 用户域：支持用户宽带接入服务的差异化经营，实现用户网络的 DIY，开放能力调用 API，支持互联网业务集成。
- 交换域：支持实现网络端到端自动化开通、统一配置和智能调度，进行网络服务能力重构和编排，加快网络产品和服务创新。
- 数据域：支持数据中心内外 ICT 资源的按需定制，并整合网络增值业务链，针对不同租户提供不同服务保障，构建数字生态环境。

④ 互通接口。在新型宽带网络架构中，逻辑功能、部署功能以及服务功能分别解耦后，不同维度、层次以及域之间需要通过标准化的接口互联，从而抽象出南向、北向以及东西向接口。

在南向接口，可采用多种协议插件，实现控制平面与多种转发平面的分离；在北向接口，提供开放的应用编程接口以实现网络的可编程；控制器在南北向接口之间提供网络抽象能力，对上层应用屏蔽底层设备和协议的差异性，对底层设备屏蔽上层应用的多样性。

在东西向的接口上，采用分布式集群或 BGP/Restful 等开放接口交换信息方式实现大型网络的集中控制。东西向接口主要解决扩展性和可靠性的需求。在技术上支持控制器实例间的通信、状态管理、状态同步、领导选择等功能，实现控制平面的弹性扩容和容灾备份。新型宽带网络三维立体技术体系如图 5-9 所示。

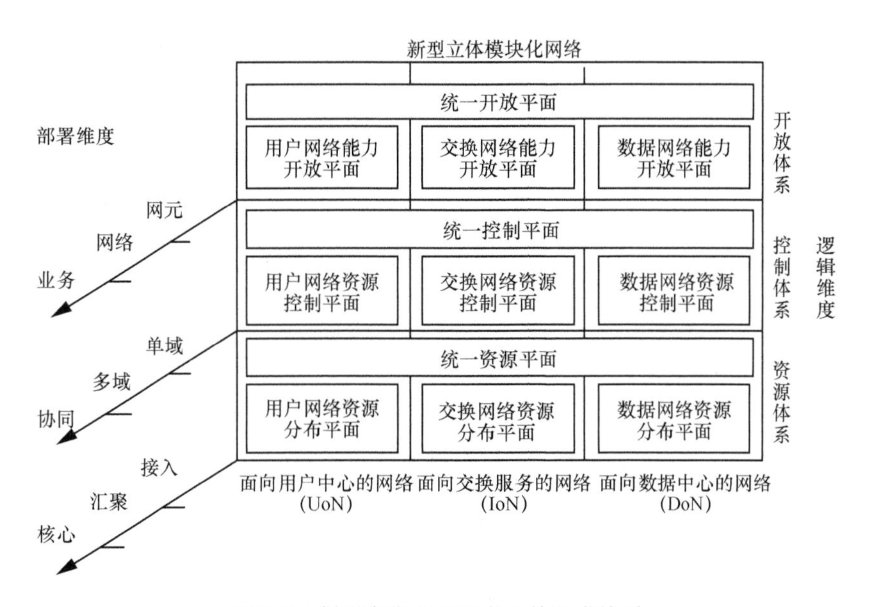

图 5-9　新型宽带网络三维立体技术体系

5.4.3 新型宽带网络技术理念

新型宽带网络主要的技术理念体现在以下 3 个方面。

（1）泛在宽带是基础

泛在宽带是网络发展演进的基础。以 3G/4G/5G 为代表的移动宽带的迅猛发展极大促进了宽带的泛在化，无处不在的宽带接入使云服务无处不在，实现更高速率、更大容量、更好覆盖是移动宽带的不断追求。同时以全光接入为特征的固定宽带弥补无线资源的不足，将移动宽带的便捷性、广覆盖与光纤宽带的高带宽、可靠性有机结合，实现 3G/4G/5G 移动宽带、WLAN 无线宽带和光纤宽带的协同与融合，达到宽带资源“无所不在、随需而取、优化利用、高效创造”的目标。

企业接入从传统 MSTP 为代表的 2Mbit/s、100Mbit/s 的接入方式将向 IP、OTN 为代表的超宽带方向发展，10Gbit/s 成为企业接入的典型接口速率。一些超大型企业和互联网服务商会自建大型数据中心，这些数据中心之间的互联需求，通常会超过 100Gbit/s。面向企业分支提供 10Gbit/s 以上的接入能力和面向企业数据中心互联提供 100Gbit/s 以上的传输能力将成为运营商构建新型企业服务网络的基础要求。

基础网络的变化首先出现在核心层，一些主流运营商已经针对企业需求开始构建专用骨干网，如 DCI 和骨干 OTN，并与存量接入网络，实现企业端到端的服务能力。未来随着企业端口的变化，大带宽技术会逐渐向接入层延伸。

以“高速”为特征的超宽带是网络发展的基本追求，也是微电子、光电子等基础技术进步的自然结果，目的是更好地适应以视频为代表的业务宽带化和大数据发展的需求，同时大幅度地降低单位带宽成本以确保网络的可持续发展。无论是接入、传送还是路由交换都在向着超宽带的方向发展，追求无线频谱的高效利用和追求网络的全光化是超宽带发展的两大主题，构建“超级管道”是整个通信业赖以持续发展的根基。

（2）弹性网络是目标

以云服务为基础的互联网业务对网络需求的突发性和可变性很强，不同应用对网络的性能要求存在很大差异，再加上 OTT 业务增长难以预测和规划，导致网络流量的不确定性加大。此外，从用户端看，用户的业务热点地区会经常变动，导致用户接入端的资源需求动态变化。建设“高弹性网络”是适应用户差异服务以及云服务发展的必然要求，也是“云管端协同”的基础条件。资源虚拟化是弹性网络的关键，基于虚拟化可以对网络资源进行切片，在软件控制下灵活地进行调配和重组。网络弹性体现在以下三个方面：一是网络的快速重构，即在软件控制下能够基于已有的物理资源快速生成或重构某一云服务所需

要的虚拟网络，并能根据需要实现物理资源的快速扩展或调配，满足云服务对网络的快速开通需求；二是资源的弹性配置，即无论是光层还是数据层资源，都能实现资源的按需配置、灵活组合、弹性伸缩，从而达到资源利用效率的最大化；三是管理的智能自动，管理自动化是网络弹性化的保障，弹性网络对网络管理的要求大大提高，面对网络的频繁与动态调整，人工配置资源不但无法做到快速响应，而且出错率高，运维成本高，而智能自动管理不仅能提高管理效率，极大降低 OPEX，还有助于提升网络的可靠性和自愈能力。

（3）云网协同是手段

云服务正在成为信息通信服务的主体，为云服务提供更好的支撑就是网络发展的新使命。“云服务”的提供主体多元化，在云服务提供商与网络提供商分离的现实下，二者的协同对于服务质量和用户体验的保障至关重要。协同的前提是要坚持“开放”，推动网络服务和云服务能力的双向“开放”，通过网络与云服务之间的协同实现服务的一体化。“云网协同”有以下 3 方面的含义。

1）布局协同

布局协同即实现云数据中心与网络节点在物理位置布局上的协同。网络布局从以用户流量为中心向以数据流量为中心迁移。云数据中心的选址更多考虑土地、能源、气候等因素，我国的西部、北部等欠发达地区会成为未来的数据中心布局点，而这些地区通常是网络基础设施薄弱的地区，因此需要调整网络基础设施的布局，使网络跟随云服务迁移。

2）管控协同

管控协同即实现网络资源与计算/存储资源的协同控制。云服务建立在网络与计算/存储资源共同作用的基础上，网络与计算/存储资源的管控协同有助于实现资源效率的最优化。“软件定义”以及“网络功能虚拟化”理念为云网在控制面的协同创造了条件，可以为网络和云二者建立统一或协同的控制体系，使云、网二者的对话和协商更加顺畅和灵活。

3）业务协同

业务协同，即实现 OTT 应用与网络服务的相互感知和开放互动。网络具备对业务、用户和自身的多维度感知能力，业务能够将其对网络服务的要求和使用状况动态传递给网络；同时网络侧进行资源优化调整，通过网络能力开放 API，允许用户及云服务随时随地按需定制“管道”，满足用户端到端的最佳业务体验，实现网络与云服务双赢。

5.4.4　新型宽带网络关键特征

为实现上述技术理念，新型宽带网络的顶层架构特征可概括为“面向云端双中心的解耦与集约型网络架构”，即一项原则+两个中心+三维解耦+四类集约。

（1）一项原则：网络服务能力领先与总体效能最优

新型宽带网络倡导“网络即服务”的网络发展理念，坚持以多资源协同下的网络服务能力领先与总体效能最优为建网原则。

网络服务能力是运营商的核心竞争力，传统网络主要服务于自身的业务应用，缺乏面向 ICT 行业的服务能力和服务体系。新型宽带网络以提升网络服务能力为出发点，利用云服务方式构建按需的网络服务体系，基于 SDN、NFV 增强网络服务的灵活性和适应性，更好地满足 ICT 行业对网络动态性、开放性和资源快速供给的要求。

成本对于网络的可持续发展至关重要，网络成本不仅与网络结构和网络设备密切相关，还包括局房、能源、运维等成本。在新的技术环境下，资源间的协同更易实现，效果更为明显，因此更需要综合考虑网络发展各相关要素，尤其要注重能源、土地等不可再生资源的价值。数据中心的合理布局、网络节点和局房的集约、网络设备的绿色节能、网络结构的简化和网络运营的轻资产化对于降低总体成本越来越重要，另外随着人工成本的上升，降低运维成本的意义越来越大。

总之，新型宽带网络一方面希望通过网络服务方式的云化、网络能力的大开放和网络管理的自动化来提升网络核心竞争力，另一方面希望通过数据中心、局房、传输线路、网络设备和计算设备的协同规划和网络运维的简化来降低总体拥有成本（TCO）。

（2）两个中心：云端双服务中心的网络格局

在传统时代，“数据”与“网络”紧跟“用户”，“用户”“数据”“网络”三者紧耦合；在云服务时代，新的云数据中心选址更多考虑土地、能源、气候等因素，用户与网络因素退居其次，实现了数据中心的布局选择从“网络最优”到“能效最优”的转化，这将导致“用户中心”（信息的产生和使用者）与“数据中心”（信息的存储和处理者）的解耦，逐步形成“用户”与“数据”双中心格局，网络将更多服务于“用户”与“数据”（应用）间的沟通以及“数据”本身的分发处理。

对于云服务，网络的灵活性、动态性、开放性和资源的快速提供尤为重要，网络建设理念需要实现由“云随网动”到“网随云动”的转型。随着移动宽带的发展和智能终端的普及，“用户中心”将更多地体现为移动智能终端和物联网终端，“数据中心”成为信息通信服务的基础依托，其地位类似电话服务时代的电话交换机。

未来网络的构建将要面向“端”和“云”两个中心，形成云、端双中心的网络格局，面向“端”，就是要为用户提供泛在的宽带接入；面向“云”，就是要让网络更深入参与端

和云之间的交互，不局限于为端、云间的通信提供简单的连接通道，应该通过增强网络对“云”和“端”的感知能力，为云、端通信提供更多的智能增值服务，包括提供云内容分发服务以降低骨干网压力和缩短通信时延，也就是将网络由纯粹的连接型哑管道转型为具备更强智能和一定计算/存储能力的“云网络”宽带基础设施。

（3）三维解耦：实现弹性灵活的网络服务

传统的垂直建网思路是针对不同业务需求建设不同的网络，而且各网络自身的结构和功能常常是固定和紧耦合，网络设备也十分封闭。因此，网络非常不灵活，功能或结构的调整往往牵一发而动全身。功能“解耦”是实现弹性网络的基本手段，新型宽带网络提出在以下 3 个维度实现网络功能解耦。

1）服务功能解耦

新型宽带网络将网络按服务功能的不同划分为用户域、交换域和数据域三个服务功能域。其中用户域负责实现用户与用户间的通信服务，涉及用户接入网内流量以及用户接入网间的流量；交换域负责用户与云服务之间的通信服务，涉及用户上传到云服务的流量和云服务下发到用户的流量；数据域负责云数据中心间的通信及云数据的分发服务（利用 CDN 将内容数据由基地云分发到边缘云），涉及数据中心间流量以及云数据的分发流量。独立的数据域有助于打造以“数据中心”为中心的网络，使云数据中心间的联网和数据迁移更为高效灵活。用户与云服务的通信流量已超越用户间的通信流量，成为了网络流量主体，实现用户域与交换域的独立发展有助于将网络发展的重心逐步转移到用户与云端的通信。

2）逻辑功能解耦

通信网络在逻辑功能上包括资源、控制和开放等部分，传统的通信网络设备都是资源和控制一体、功能专一、体系封闭。实现资源、控制和开放的解耦不但有利于激发网络技术创新和网络服务创新的活力，增强网络弹性，还有利于降低网络建设和运维成本。SDN、NFV 为构建新型宽带网络提供了重要的技术手段和架构思路，独立的控制平面和基于通用硬件的虚拟化网络功能使网络服务更具灵活性和创新性，并使网络运维管理更为便捷。应用或用户可以通过网络提供的开放能力 API 接口，如同在云计算中订购计算/存储资源一样，随时随地按需订购对通信“管道”的能力需求。总之，资源、控制和开放三大逻辑功能的解耦从架构上打破了原来依赖于专有网元能力形成的封闭、僵化的网络体系，解除了对专有网络设备的依赖，同时简化了网络运维并提高了网络服务的灵活性。

3）部署功能解耦

网络的部署通常分为接入网和核心网，核心网进一步分为骨干网和城域网。传统上，介于接入网与核心网之间的边缘汇聚层由各类边缘汇聚设备（如 BRAS、SR、GGSN 和 xGW 等）构成，是宽带城域网或移动核心网的一个有机组成部分，并未作为一个独立层面显现出来。在云服务时代，边缘汇聚层的作用和地位需要进一步加强，将其作为一个独立层面去部署和发展有助于运营商在用户与云服务的沟通中提供更好的服务和更强的管控。边缘汇聚层具有用户/业务控制、业务发放、业务监测及业务策略执行等重要功能，是连接核心网络与接入网络的第一道门户，是网络智能化的最关键环节。智能边缘控制将为终端与云服务提供信息“中介”服务，成为用户与云服务提供商的桥梁。总之，用户接入、边缘汇聚和核心转发这三层各有不同的功能和特点，在网络部署上用这三个层面的解耦可以使各层网络根据自身的功能需求和技术进步独立发展，增强网络部署的灵活性，同时各层内部还可根据需要进一步解耦。

（4）四类集约：打造高效经济的网络基础

1）“控制平面”的集约：实现对资源的全局控制和协同管理

新型宽带网络基于 SDN 理念，在转发和控制平面解耦的基础上，实现对控制平面的集约。通过集中控制可以简化网络运维，提高业务配置速度，并有利于实现网络的快速部署，达到降低网络运维成本的目的。控制的“集约”既体现在对网络设备/资源的集中控制和全局调度，又体现在对网络资源与云计算/存储资源的协同。网络控制器/编排器和开放网络能力的北向接口 API 的自主研发将是未来运营商差异化竞争力的重要体现，在软件开发上走开源之路应该成为运营商的重要选择。

通过由厂家提供的设备模型与控制器网络模型的两层建模，实现网络设备控制面与转发面解耦、控制器集中化部署，有利于全网形成统一的调度策略，提高网络的可编程性和高效性；同时满足网络自动化配置、远程维护和快速故障定位的需求，简化网络运维，降低网络运维成本。

基于模型驱动是网络自动化配置的关键。通过业务层抽象、控制层抽象、设备层抽象，将设备语言翻译成用户和业务语言。为避免传统 OSS 从设备到业务紧耦合带来的不灵活性，SDN 采取两层抽象架构，实现业务和设备的充分解耦，提高多厂商多业务场景的自动化配置效率。

实现网络的快速部署需要远程化、自动化和智能化，可以基于 NFV 实现软硬件解耦，支持业务软件和虚拟网络功能的原子化，并可云化部署。在软硬件解耦的基础上，将计算/

存储/网络资源池组化，通过引入MANO实现对虚拟网络功能和网络服务的生命周期管理，并通过与 SDN、Service Chain 的协同交互实现网络远程、自动、智能的快速部署，提高网络的灵活性与开放性。

2）"数据管理"的集约：构建网络大数据平台、挖掘数据价值

业务和网络运营中源源不断地产生海量数据，这些数据既包括网络的运行状态，也包括用户的信息消费特征，诸如网络系统产生的信令数据、用户的位置数据、呼叫的详单数据等。这些"大数据"具有体量大、质量高的特点。体量大，就是指伴随运营过程产生的海量半结构化和非结构化的数据，其突出表现在数据存储的规模大、数据的种类复杂和数据量的快速增长。同时，这些数据是高质量的，是最真实的网络运行、用户信息消费的体现，运营商获取的数据更准确、更全面、更便捷，是典型的"大数据"。

"数据"是运营商最宝贵的资产，具有极大的潜在市场价值，是待开发的金矿。从产业发展态势来看，数据资产是产业兴衰更替的关键所在。新兴的公司无不是凭借其独特的数据资产，不断实现商业版图的扩张和对传统产业领地的占领。

但是海量的半结构化和非结构化数据大大降低了数据处理的效率，庞大的数据规模和复杂的数据种类为数据的有效利用和管理带来困难。长期以来无论是用户数据还是网络数据都散布于不同的系统中，处于离散和无序状态，未能得到有效挖掘和利用。

要发挥运营商数据资产的作用，运营商首先应该将原本分散的各类数据进行整合，实现网络、存储、计算和数据的集约化运营管理。其次，大数据的核心价值在于数据关联关系的延展和深化。而运营商的数据虽然几乎涵盖了全部的通信行为，但是其多源异构的特性使数据整合和关联显得尤为重要。因此，数据管理的集约和多数据源的关联是挖掘数据价值的基础。

新型宽带网络倡导建立统一的大数据平台，实现对用户数据和网络数据的集中管理，并实现数据平台层和数据应用层的解耦，在此基础上根据需要逐步挖掘和应用数据资源。如通过数据分析挖掘，运营商可以精准地掌握用户上网行为及网络运行状况，从而更快速高效地响应用户的业务要求，提升客户服务能力，并实现网络的精细化优化和建设。进一步，在确保数据安全、不侵犯用户隐私和符合法律规定的前提下实现数据资源和数据能力的开放，将部分数据资源或经过分析整合的统计结论开放给第三方合作伙伴，开拓数据服务的新蓝海。

3）"数据中心"的集约：打造规模化/集中化的云数据中心基地

作为云服务基础依托的数据中心正在向规模化、集中化和绿色化的方向发展。传统数据中心规模小、布局分散、功能单一、能效低下。整合小型数据中心，将适合集中的数据

和服务转移到大型的云数据中心已成为全球趋势。为了满足云业务的快速发展和多种类型的适用需求，传统数据中心要逐步向云数据中心过渡，主要包括以下几个方面。

① 从靠近用户侧的零散数据中心演进到靠近资源的大型集约化、规模化云数据中心基地。靠近资源可以大幅降低土地、能源等建设成本，集中化、规模化部署有利于实现机架、空调、配电等资源的统一规划和模块化部署，运维人力成本得到相应节约。

② 建设能满足多种云业务使用需求的统一资源调度平台，实现地理分散的多数据中心资源池组化。业务部署时可按不同的用户和业务需求对资源进行统一的管理和弹性分配，大幅提高网络承载能力和资源利用率。

③ 通过软件方式针对不同的业务建设不同的标准化业务模块，并实现业务与资源的解耦。可根据用户的具体需求，灵活选择业务模块并分配相应资源，实现业务的自动化快速部署。

数据中心的集约不仅体现在数据中心的规模和体量，还体现为数据中心的模块化建设思路、业务功能的大集成和资源配置的集中管控。传统数据中心的功能单一，而大型云数据中心承担着更多的业务功能，既包括数据存储和处理服务，又包括通信服务和应用服务。数据中心汇聚了计算、存储、网络、动力环境等多类资源，只有依靠集中控制和软件定义，才能实现资源的有效管理和快速交付。

4）“网络节点”的集约：精简网络节点、实现功能融合集中

现有网络布局和局所设置由PSTN时代的技术特点所决定，受铜线通信距离的制约，每数千米范围内必须设立一个电话交换机局所，形成了今天传统运营商多局所和多网络节点的格局。另外，网络是依照业务类别独立建设，不同类网络的设备通常部署于不同局房，或者在同一局房内放置了大量功能单一的网络设备，导致局房空间利用率低、能耗大和运维成本高。

随着技术和业务的变革，逐渐有条件也有必要实现网络节点的集约化，简化网络结构，实现轻资产运营。一方面可以通过合并局所，减少局所数量；另一方面可以采用局房DC化改造以及设备功能云化，减少网络设备数量。网络节点的集约存在两个关键的驱动力。

① “光进铜退”和传输接入技术的发展。随着接入网光纤化改造的完成和PSTN的逐步消亡，在用户接入侧可以利用光纤接入手段实现长距离、大容量的综合接入，为有线和无线接入设立统一的、更为集中的综合接入局所。

② “互联网+”驱动ICT技术融合发展。随着业务向互联网迁移，云数据中心的集约化和云业务流量成为主导。从设备层面看，在引入SDN、NFV后，设备的业务和网络软件功能与设备的硬件解耦，不同的业务和软件功能可共享相同的硬件，并可以根据业务

量的发展弹性伸缩，从架构上具备了融合业务的提供能力。融合和资源共享易于实现网络功能集约化部署，实现轻资产运营。

网络节点集约化的思想在移动核心网池组化（GGSN/SGSN 池、MSC 池）、云化数据中心集中部署、分组传送网，以及 BRAS/SR 融合及池组化、BBU/OLT 拉远或与 SR 共局所放置等领域都已有尝试。网络节点的集约不但可以极大降低网络运行成本，而且可以释放出大量的存量局房资源，产生更大的价值。

5.4.5 新型寻址技术与移动性管理

（1）虚拟机的移动性管理需求

移动性作为移动互联网的基本属性，正引起互联网研究人员越来越多的关注。移动性是指移动用户或终端在网络覆盖范围内的移动过程中，网络能够持续提供其通信服务能力，使得用户的通信和对业务的访问不受移动目标位置变化的影响。移动性管理技术最初诞生于蜂窝移动通信网中，随着通信技术、计算机技术和集成电路技术的快速发展，人类对信息通信的需求也不断扩张，对移动性的要求也越来越高，最终目标要实现“5W”（Whenever、Whoever、Wherever、Whatever、Whomever）通信，即任何时间任何人在任何地点用任何设备与任何人进行通信。

（2）基于 IPv6 的移动性管理

通信终端不论在任何时候、任何网络位置，互联网上的其他主机都可以一直找到并和它建立连接通信。另外，不论移动到网络上的任何位置，移动节点当前正在进行的通信都不会中断，与它通信的节点也不用察觉到它的移动。

移动性管理通过一些确定的标识来查找到移动节点的当前位置，在其随机移动的过程中保持通信的连续性。移动性管理包括位置管理和切换管理。位置管理是指移动节点随时要向网络注册和更新自己的当前位置。当互联网中的任何一个其他主机需要向其进行数据传输时，确保网络能够发现该移动节点当前所在的网络接入点。切换管理是指对于处于通信状态下的移动节点在移动过程中发生了其网络接入点的改变，将其正在进行的数据传输从其原来的网络位置切换到当前的网络位置，保证移动节点的通信连接。

按照当前 Internet 的结构，移动性管理方案试图在 TCP/IP 体系的不同层次提供移动性支持，因此可以将移动性管理方案分为以下几类：应用层移动性管理解决方案、传输层移动性管理解决方案、网络层移动性管理解决方案、链路层移动性管理解决方案。

移动 IP 现在有两个版本，分别为 Mobile IPv4 和 Mobile IPv6。目前，最被广泛使用仍然是基于 IPv4 的网络，IPv4 向 IPv6 过渡的速度正逐渐加快，IPv6 全球普及率突破 32%，亚洲将成为 IPv6 的主战场，印度和中国将成为 IPv6 最大的用户市场。2018 年年初，国务院办公厅印发了《推进互联网协议第六版（IPv6）规模部署行动计划》，为我国 IPv6 的大改造吹响了号角；截至 2020 年底，我国 IPv6 活跃用户数达到了 4.62 亿，在互联网用户中占比接近 50%，我国 IPv6 地址资源总量位居世界第二，网络基础设施也基本完成 IPv6 改造。

由于 IPv6 地址资源丰富，每个移动节点都可以使用 IPv6 的特性来获取单独的配置转交地址和并以此作为数据包分组路由的依据，不再需要通过外地代理的地址转发。移动 IPv6 相应地取消了代理转交地址，因此在移动 IPv6 中只有配置转交地址这一种转交地址。移动节点可以使用 IPv6 的地址自动配置机制来获取转交地址。从增强系统健壮性的角度考虑，移动节点可能会同时拥有多个配置转交地址，家乡代理截取的数据包分组首先会被转发到移动节点的主转交地址，当发送失败时，则家乡代理会尽量将数据包分组发送到移动节点的其他转交地址。同时移动 IPv6 还定义了称为“第二类路由头”的新 IPv6 扩展包头选项，移动节点可以通过向通信对端注册来报告其所在的位置，CN 知道移动节点的转交地址之后，它发送给移动主机的数据包分组可以直接路由至移动节点而不用家乡代理进行转发。此时，移动节点的转交地址放在数据包分组的目的地址字段，家乡地址放在第二类路由头中。当数据包分组到达移动节点的转交地址时，移动节点从第二类路由头中提取家乡地址作为这个数据包分组的最终目的地址，使得移动性对上层协议透明。这样可以解决三角路由问题，实现路由的优化。

移动 IPv6 中面临的最大问题是切换和路由问题。在移动 IPv6 中移动节点在发生移动切换时需要执行移动性检测、配置转交地址、位置注册等一系列操作，都将引起额外的通信时延。这直接导致移动切换操作期间通信对端发送的数据包分组将无法被移动节点收取，造成数据包分组的丢失，进而影响了上层协议应用的服务质量，甚至引起通信的中断。另外更新绑定请求和确认消息的传输、处理都需要额外的网络传输和处理开销。这些开销一方面占据了带宽，消耗网络资源，从而降低了有效数据的传输，另一方面凭空消耗了宝贵的计算资源，影响了节点的处理能力。这些更新绑定请求和确认消息需要在网络链路传输，也成为潜在的安全风险。而移动网络中开放的网络介质、移动节点存储和计算资源相对较弱，使得这些安全风险可能导致更加严重的后果。

层次移动 IPv6 作为移动 IPv6 最重要的扩展，在切换时延和开销性能方面有了明显的改善，也激发了广大学者的研究兴趣，成为移动 IPv6 当前研究的最热门的方向之一。层

次移动 IPv6 利用了 MAP 作为移动节点区域性的移动性管理代理，在一定程度上减少了移动切换所产生的切换时延和注册开销。

但层次移动 IPv6 存在以下的问题：首先，相比移动 IPv6，层次移动 IPv6 虽然在发生区域内注册时注册开销和时延上性能有所提高，但对区域间切换并没有改进，对某些移动迅速的移动节点而言，频繁的区域间切换还带来沉重的注册开销负担。其次，MAP 充当其区域之内所有移动节点在外地子网的代理，负责它们的位置注册和数据包分组转发工作，所有从通信对端发送到移动节点的数据包分组都需要先被路由到移动锚点，然后 MAP 再通过隧道将数据包分组提交到移动节点的链路转交地址，这就引起了额外的处理和路由开销。加上层次移动 IPv6 是一个固定中心点的结构，因此为 MAP 选择合适的管理范围是困难的工作，范围过小，则得到的时延和开销性能改进有限，范围过大可能会引发严重的负载问题，并且存在严重的单点失效问题隐患，即 MAP 一旦发生故障失效，该区域所有的移动节点的通信将被中断。

（3）身份位置分离技术

在传统的互联网架构中，IP 地址具有“身份”和“位置”的双重语义，这导致了路由可拓展性和网络移动性较差等问题[11]。IP 协议栈的最初设计仅用于保证网络节点间的互联互通，但是，随着网络规模的逐渐扩大和应用场景的逐渐增多，网络链路利用率、吞吐量和时延等网络性能方面的要求变得愈发重要。然而，基于扩展现有 IP 协议栈来提升网络性能的传统负载均衡技术无法很好地同时满足路由可扩展性、移动性、网络控制开销以及分布式运行等方面的要求。因此，解决互联网架构中的上述缺陷势在必行。

近年来，国内外研究人员普遍认识到仅针对传统互联网的传输控制协议/互联网协议，进行“修补式”的改进无法从根本上解决互联网架构存在的诸多问题。因此，各国相继开展了下一代互联网体系结构的研究。

当前，互联网和移动互联网用户数量急剧攀升，网络规模不断扩大，互联网流量迅猛增长，导致了互联网带宽需求的快速增加。因此，世界各国均致力于对现有的互联网基础设施进行大规模扩容，以满足日益增长的带宽需求。然而，当前像 IPTV 这样的高带宽需求的业务普及率还较低，潜在的爆炸性增长压力仍然存在；同时，带宽的增长又会不断催生更新的、对带宽需求更高的业务被创造出来。由此可以看出，互联网用户的带宽需求是随着现有业务的普及和网络带宽的增加而逐步增长的。因此，单独依靠增加网络设备和线路数量、提高网络带宽来满足用户的业务需求不仅会带来巨额的费用开支，还无法从根本上缓解网络资源的稀缺。不仅如此，网络设备数量的增加和大量移动设备的接入造成了核心路由表急剧膨胀和大量的路由更新。同时，传统的流量工程技术通常会造成前缀的分裂，这些都严重限制了路由的可扩展性。由于互联网流量和拓扑成幂律分布以及现有的互联网主要采用基于最短路径的路由进行数据转发，因此互联网的资源利用率不高且很不均衡。

而身份与位置分离网络通常具有良好的路由可拓展性，如一体化标识网络、位置/身份分离协议。

研究人员提出了多种基于身份与位置分离机制的网络架构。这些架构主要分为两大类：一类是将位置标识分配给主机，如一体化网络、HIP、Shim6 等；另一类是将位置标识分配给路由器，如 LISP 等。

身份与位置分离网络最重要的特征，是将网络原有的统一地址空间分割成身份标识空间和位置标识空间，并将两个空间中相关联的标识进行映射。这种思想使得身份与位置分离网络具有了支持多路径负载均衡的原生优势，即将多个位置标识与唯一的身份标识进行绑定。因此，路由器可以为同一对身份标识间的不同数据流选择多个不同的位置标识作为数据流的“途径”位置，从而实现了多路径数据包转发，为网络负载均衡提供了可能。

身份与位置分离网络通过对地址双重属性的解耦，具有可扩展性强，移动性好和支持多家乡等方面的原生优势，是未来网络发展的主要方向之一。

按映射的实施位置可以将身份与位置分离网络划分为三种，即基于网络的标识分离、基于主机的标识分离、基于网络和主机的标识分离。这三种类型网络的主要差异为映射实施位置的不同，而网络中位置标识的作用则没有本质区别。因此，这三种网络的差异并不对本书所研究的负载均衡机制和方法产生本质影响。所以，不失一般性，本书采用了基于网络进行标识映射的身份与位置分离架构作为研究负载均衡的网络环境，具有如下共性：

① 将网络按功能划分为接入网和核心网，网关路由器负责连接这两部分网络。

② 将现有的地址空间重新定义为身份标识空间和位置标识空间。其中，身份标识代表主机的身份信息，位置标识作为主机的位置信息用于在核心网中进行路由和转发。

③ 具有维护身份与位置对应关系的映射系统。该系统提供映射存储、解析、查询等服务，并负责维护映射关系的一致性。

④ 网关路由器负责采用标识替换或封装的方式对进出核心网的数据包进行处理。

因此，本书基于上述网络环境的共性定义了网络基本模型。需要特别指出的是，此处定义的模型并不指明特定的标识格式、标识映射机制、数据包处理方式（为方便描述，假定采用标识封装方式处理数据包），而仅对其作一般性定义，以明确本书的技术背景、研

究方法及成果的适用范围。

基于网络的身份与位置分离架构基本模型定义如下：

① 接入网：负责为主机提供物理层面连接功能的网络，使主机以无线或有线方式接入互联网。

② 骨干网：负责为不同接入网中的主机传输数据的网络。

③ 自治系统：由相互连接的接入网和骨干网组成的网络系统。

④ 核心网：由互联网中所有的骨干网及其相互连接的部分构成的网络。

⑤ 身份标识：主机的身份信息，在接入网中有效，同时可作为在接入网中对数据包路由转发的依据。

⑥ 位置标识：主机的位置信息，在核心网中有效，作为在核心网中对数据包路由转发的依据。

⑦ 网关路由器：连接核心网与接入网，负责对主机的身份标识与位置标识进行映射，对数据包中的标识进行相应处理，转发数据包。

⑧ 映射服务器：网络模型中的逻辑实体，其功能可以在网关路由器或核心网其他路由器内实现。负责维护和存储主机的标识映射信息，为网关路由器提供标识映射解析服务。

5.5　多接入边缘计算

随着物联网、VR/AR、大视频、车联网等业务的发展，用户对网络边缘侧的能力需求越来越高，多接入边缘计算（Multi Multi-Acess Edge Computing，MEC）由此诞生。因为能够提高接近用户侧的网络能力，特别是满足 5G 时代某些特色业务的需求，所以边缘计算被视为 5G 的关键能力之一。随着 5G 的升温，边缘计算的热度持续提升。

5.5.1　边缘计算的概念

（1）简介

得益于 5G 技术的支持，智能家居、智慧城市、车联网、工业互联网等领域都迎来大发展，相应地产生海量的数据。据 IDC 估计，到 2025 年，互联网设备产生的数据总量将超过 40 万亿字节。海量数据及数据实时处理的特性对数据处理的技术手段提出新的要求，现行的数据处理方式，即集中模式的云计算不足以满足需求。

① 前端采集的数据量过大，如果按照传统模式全部上传的话，成本高、效率低，典

型的就是影像数据的采集和处理。

② 需要即时交互的场景，如果数据全部上传，在中央节点处理再下发，往往传输成本高、时延长，典型的就是无人驾驶场景。

③ 对业务连续性要求比较高的业务，如果遇到网络问题或者中央节点故障，即便是短时间的云服务中断都会带来严重影响。

④ 安全信任的问题。有些客户不允许数据脱离自己的控制，更不能离开自己的系统，要让这样的系统上云，集中式的云计算中心就搞不定了，边缘计算的出现为这个难题带来了解决办法。

5G 不只是通信技术的演进，更是构建万物互联社会，实现传统工业、制造业数字化转型的重要抓手。边缘计算将原本完全由中心节点处理的大型服务加以分解，切割成更小与更容易管理的部分，分散到边缘节点去处理。边缘计算将计算存储等能力从网络核心下沉到网络边缘，提供低时延、高带宽的传输条件，显著降低运营成本，并创造用户感知、设备互联的应用环境，有效整合信息资源。

通过将云计算中心的计算、存储等资源和能力平台下沉延伸到运营商网络侧边缘，尽可能靠近移动用户提供网络能力开放以及 IT 的服务、环境和云计算能力，边缘计算成为了 5G 时代新网络面向业务的最优化实践。

边缘计算之所以重要，是因为即使在 5G 真正商用之时，可以实现超大带宽的应用场景，但庞大数据量的涌现意味着需要在云和端传输过程中找到一个承接点，对数据进行预处理再选择是否上云。

（2）形象类比

边缘计算是一种分布式计算，它将数据资料的处理、应用程序的运行甚至一些功能服务的实现，由网络中心下放到网络边缘的节点上，以减少业务的多级传递，降低核心网和传输的负担。如果把云计算看作是大脑，那么边缘计算就是大脑输出的神经触角，这些触角连接到各个终端完成各种动作。边缘计算更靠近设备端，更靠近用户。

（3）边缘计算与云计算的关系

传统的集中化的云计算系统（包括计算和存储）称为云计算中心，相对而言，边缘计算节点并非一定部署在客户侧或者终端。从概念上讲，将数据的存储和计算部署在云计算中央节点之外的，都是边缘计算的范畴，因此数据采集点（如探头）、集成处理设备（如自动驾驶汽车）、属地部署的系统（如企业的内部 IT 系统）或数据中心（如根据安全要求建立的本地数据存储系统）等，都可以作为边缘计算的节点。

云计算核心在于集中，将大量数据集中式存储和处理，实现方式是建造大型数据中心，利用数据中心海量机器的算力来计算和解决问题。边缘云计算的核心是将计算任务从云计算中心迁移到产生源数据的边缘设备上。由于数据只在源数据设备和边缘设备之间交换，不再全部上传至云计算平台，因此能够大大提升数据处理速度，实现物联网设备需要的实时性和安全性。

云计算是 IT 时代的最优计算模式，边缘计算是 DT 时代的最佳计算模式。虽然云计算模型在某些情况下可能表现不佳，但在现代网络中仍然占有一席之地。云计算服务非常适合为分散用户提供可从世界任何地方访问的集中服务。虽然那些追求最佳性能的组织可能会开始采用边缘计算，但云计算在可预见的未来仍将存在，最终将会形成一种边缘计算与云计算相互协同，各自优势互补的发展态势。

（4）时延

据运营商估算，若业务由部署在接入点的 MEC 完成处理和转发，则时延有望控制在 1ms 之内；若业务在接入网的中心处理网元上完成处理和转发，则时延约在 2ms～5ms；即使是经过边缘数据中心内的 MEC 处理，时延也能控制在 10ms 之内。对于时延要求高的场景，如自动驾驶，边缘计算更靠近数据源，可快速处理数据、实时做出判断，充分保障乘客安全。

5.5.2　边缘计算的应用

（1）应用场景

根据 CB Insights 预测，到 2022 年，全球边缘计算市场规模预计将达 67.2 亿美元。目前智能制造、智慧城市、直播游戏和车联网 4 个垂直领域对边缘计算的需求最为明确。

在智能制造领域，工厂利用边缘计算智能网关进行本地数据采集，并进行数据过滤、清洗等实时处理。同时边缘计算还可以提供跨层协议转换的能力，实现碎片化工业网络的统一接入。

在智慧城市领域，应用主要集中在智慧楼宇、物流和视频监控几个场景。边缘计算可以实现对楼宇各项运行参数的现场采集分析，并提供预测性维护的能力；对冷链运输的车辆和货物进行监控和预警；利用本地部署的 GPU 服务器，实现毫秒级的人脸识别、物体识别等智能图像分析。监控视频的回传流量通常比较大，但是部分画面是静止不动或没有价值的。如图 5-10 所示，通过 MEC 平台对视频内容进行分析和处理，把监控画面有变化的事件和视频片段进行回传，并且把大量的价值不高的监控内容就地保存在 MEC 服务

器上，从而节省传输资源，可有效地应用于车牌检测、防盗监控、机场安保等场景。

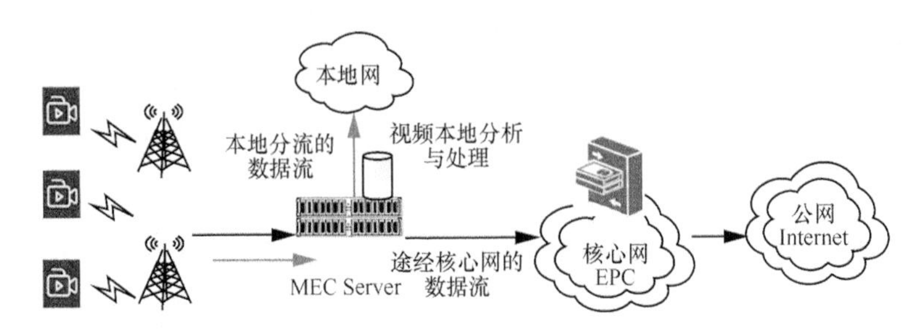

图 5-10　基于 MEC 平台实现视频监控与智能分析

在直播游戏领域，边缘计算可以为 CDN 提供丰富的存储资源，并在更加靠近用户的位置提供音视频的渲染能力，让云桌面，云游戏等新型业务模式成为可能。特别在 AR/VR 场景中，边缘计算的引入可以大幅降低 AR/VR 终端设备的复杂度，从而降低成本，促进整体产业的高速发展。

在车联网领域，业务对时延的需求非常苛刻，边缘计算可以为防碰撞、编队等自动/辅助驾驶业务提供毫秒级的时延保证，同时可以在基站本地提供算力，支撑高精度地图的相关数据处理和分析，更好地支持视线盲区的预警业务。

（2）运营商应用

边缘计算产业是由电信运营商、电信设备商、IT 厂商、第三方应用开发商、内容提供商、用户等多个利益共同体组成的生态系统。其中电信运营商在生态链中扮演产业整合者和业务提供商的角色，边缘计算已成为电信运营商产业合作的新窗口。

韩国、美国等国家的运营商开发边缘计算市场尤为积极。韩国运营商在推出 5G 商用服务的同时启动了边缘计算的部署。2019 年 3 月 6 日，KT 宣布已在韩国 8 个主要城市部署了边缘计算平台，可为用户提供本地化的服务，使用户与互联网应用的通信无须再经过 KT 的数据中心，从而有效降低数据传输时延，提升用户体验。在部署边缘计算平台之后，韩国南部济州岛的用户体验到的互联网访问时延降低了 44%。美国 AT&T 自 2017 年起就开始在无线基站上逐步部署边缘计算能力，已经向零售、制造、医疗健康等行业用户提供定制化的边缘计算服务。随着 5G 业务的展开，AT&T 将移动 5G、固定无线接入和边缘计算作为 5G 战略的三大支柱，并已在 AT&T 体育馆和拉什大学医疗中心进行 5G 边缘计算的实验性部署。

中国联通在 2018 年已开展 15 个省市的 MEC 边缘云规模试点，在北京匠心打造智慧冬奥场馆，相约 2022；在广东发力工业边缘云，进军智能制造；在浙江大力推广智慧城

市等边缘政务云建设；在重庆建立“云边协同”智能驾驶示范基地；在福建、天津开启智慧景区、智慧河长建设，并打造全球首例 5G 边缘云“智慧港口”样板工程；在上海致力于云游戏、云 VR 及 AR 智慧医疗的试商用推广。2019 年 2 月，中国联通发布了边缘业务平台 CUBE-Edge 2.0 和《中国联通 CUBE-Edge 2.0 及行业实践白皮书》，并宣布 2019 年投资数十亿元，建设数千个边缘节点、招募数百个生态合作伙伴、探索数十个行业领域。2021 年，基于自研云原生边缘计算平台（CUC-MEC），中国联通已经建设了 1000 余个标准化边缘计算节点，覆盖全国 300 多个地市。

中国移动在 2018 年成立了边缘计算开放实验室，在应用领域，中国移动边缘计算开放实验室已经和合作伙伴进行试验床建设共 15 项，涵盖了高清视频处理、人工智能、TSN 等新兴技术，涉及智慧楼宇、智慧建造、柔性制造、CDN、云游戏和车联网等多个场景。2019 年 2 月，中国移动发布了《中国移动边缘计算技术白皮书》以及边缘计算“Pioneer 300”先锋行动，目标是在 2019 年评估 100 个可部署边缘计算设备的试验节点，开放 100 个边缘计算能力 API，引入 100 个边缘计算合作伙伴，助力商业应用落地。

中国电信在 MEC 进行了探索：面向大型商场、校园、博物馆等高密度高流量高价值客户，提供缓存、推送、定位服务；面向大型园区、工厂、港口等有本地数据中心和云服务需求的大中型政企客户，提供虚拟专网、业务托管、专属应用等；面向需要跨区域、大范围内给大量最终用户提供就近服务的客户如车联网、CDN、互联网游戏等提供商，提供边缘 CDN、存储、行业服务。

第 6 章

大数据是身边的金钥匙

正所谓“得数据者得天下”，运营商在数据方面得天独厚，拥有核心的用户基础数据，如年龄、性别、账单等，以及用户通信数据，如位置、流量、语音等。正在从“网络运营者”角色向“数据运营商”角色转变。

6.1 大数据兴起的背景及趋势

近年来，随着互联网、物联网、移动互联网、云计算的飞速发展以及移动智能终端的快速普及，全世界都在迅猛地产生着大量的数据。据有关报告统计，2005 年全球数据量为 150EB（0.15ZB），2010 年增长到 1.14ZB，2015 年达 8.61ZB，2020 年高达 40ZB，到 2035 年将达 2142ZB。这种数据量呈现爆发式增长的现象解释为“大数据”时代的到来。大数据的概念应运而生，并迅速成为各领域重点关注的热门话题。大数据是一个较为抽象的新兴概念，通过综合现有参考文献，我们给出如下描述性定义：大数据是指利用目前常用的 IT 及软硬件工具，无法在可容忍时间内对其进行感知、收集、管理、分析和服务的巨量数据集合。

6.1.1 大数据

大数据不同于以往的海量数据，它具有数据总量大、数据类型繁多、价值密度低、处理速度快四大基本特点，可以用 Volume、Variety、Value 和 Velocity 来总结，即 4 V 理念，下面详细分析这四大特点。

（1）数据总量大

大数据的数据量最小单位为 TB，实际中数据总量早已从 TB 级别跃升为 PB 级别甚至 ZB 级别。如今信息网络无处不在，人人都可方便快捷地发布和获取数据，并且产生和收集数据的企业、机构以及个人的数量增多。同时，各种传感器和移动终端设备由于科技以及制作工艺的不断发展，获取数据的能力得到大幅提高，人们获取的数据越来越精细并且越来越接近原始事物本身，即现在用来描绘同一事物的数据总量暴增。上述这些因素使当前人类社会收集处理的数据总量大幅增长。

（2）数据类型繁多

早期的数据基本都是按所属常见类型事先定义好的几种结构化数据，而现在新的数据类型层出不穷，数据型态不仅仅是传统的文本形式，更多的是网络日志、音频、视频、图片、地理位置等多种类型的数据。这些种类多样、数量巨大、结构日趋复杂的半结构化、非结构化的数据总量远远超过了结构化数据，成为当前的主流数据，且非结构化数据比结构化数据的增长速度快 10～50 倍。

（3）价值密度低

以前人们获取、分析数据的水平有限，对事物的认知一直源于采用采样方法来获取的少量近似描述事物概况的数据。可现在为了获取事物的全貌细节，我们不再抽样采集数据而是直接获取全体原始数据，这会获取许多价值低或无价值的数据，而价值密度高低与数据总量成反比，所以相对而言，大数据时代的数据价值密度较低。例如，目前广泛应用的监控系统连续不间断地存储监控视频，对于获取某位犯罪嫌疑人的外表特征来说，大量的低价值或无用视频被存储下来，真正有价值的视频数据时间极短，在整体视频数据中所占比例非常小。

（4）处理速度快

在数据量呈爆发式增长的同时，数据处理的速度必须同步跟进达到一定的水平才能保障这些海量数据被充分利用，否则不断增长的数据将成为巨大的负担，并不能体现大数据技术的优势。此外，很多实际情况要求我们能实时分析处理不断产生的大量新数据，以电子商务应用为例，必须保证在线交互有很强的时效性。因此在大数据应用中，数据处理需时时遵循“1 秒原则”，以达到从种类多样的大量数据中迅速获取高价值信息的目的。

大数据应用对网络系统有几大基本需求：高性能，包括高并发读写的需求，高并发、实时动态获取和更新数据；海量存储，包括海量数据的高效率存储和访问的需求，海量用户信息的高效率实时存储和查询；高可扩展性和高可用性，包括拥有快速横向扩展能力、提供 7×24 小时不间断服务。

6.1.2 大数据的发展趋势

根据中国计算机学会大数据专家委员会的预测，大数据发展趋势如下：数据科学与人工智能的结合越来越紧密；数据科学带动多学科融合，基础理论研究受到重视，但理论突破进展缓慢；大数据的安全和隐私保护成为研究热点；机器学习继续成为大数据智能分析的核心技术；基于知识图谱的大数据应用成为热门应用场景；数据融合治理和数据质量管理工具成为应用瓶颈；基于区块链技术的大数据应用场景渐渐丰富；对基于大数据进行因果分析的研究得到越来越多的重视；数据的语义化和知识化是数据价值的基础问题；边缘计算和云计算将在大数据处理中成为互补模型。

6.2 云服务促进大数据的发展

近几年，云计算与大数据一样，成为信息时代的热点话题。云计算技术和大数据之间联系非常紧密，云服务自身具有的资源按需获取、按使用量计费及广域网互联的优势以及对一系列大数据处理技术和工具的催生作用，必将有力地推动大数据的发展，为构建大数据服务提供强大的技术支撑，使大数据在各方面发挥出更大的影响力。在云服务的大环境下，可以从以下几个方面更好地提升大数据处理技术水平及部署大数据服务。

（1）面向大数据服务的数据资源节点管理与数据资源查找技术

面向服务的体系结构（Service Oriented Architecture，SOA）作为云计算中的基础应用技术，以服务的形式对数据资源、存储资源、计算资源及平台软件应用资源等进行封装，能屏蔽资源分布异构对资源共享的影响，从而使用户可以简单地通过服务接口进行资源的调用，是云计算各类 IT 资源能够泛在接入、按需使用的技术基础。同时，SOA 作为服务计算领域内的一个可伸缩、松耦合的服务发布和消费平台，应用开发者可以通过动态的集成或组合已有的服务至新的云服务中，从而降低应用开发的难度，提高资源的利用率，降低维护成本。大数据的数据资源查找可建立在服务计算的 SOA 模型之上，以服务封装数据资源，数据的使用者可通过服务调用获取数据资源。

引入云服务后，SOA 模型包含三个主要实体：数据资源提供者、数据资源服务请求者、数据资源服务注册中心。首先，数据资源提供者通过云服务封装数据资源，云服务以

通用的接口定义其功能参数，并在数据资源服务注册中心进行登记；其次，数据资源服务使用者根据自身的应用需求，在数据资源服务注册中心进行服务匹配，选择与自己需求相匹配的服务；最后，根据服务匹配的结果，使用数据资源服务描述中的资源节点信息与数据资源提供者进行绑定，并调用相应的服务获取所需的数据资源。

（2）大数据服务的任务规划技术

通常情况下，大数据服务的构建，往往涉及超大规模且不断扩大的大数据处理任务，需要高容量可扩展的存储系统和高可靠性的计算系统的支撑，而一般中小型企业或组织的预算和资金有限，无法配备高昂的基础设施来满足高性能和高可扩展性的大数据处理需求。并且，企业自己搭建大数据处理的基础设施系统，通常意味着昂贵的后期维护投入。因此，在面对大数据蕴含的丰富价值的同时，昂贵的基础设施投入以及后期的维护成本让中小型企业望洋兴叹。

云计算按需获取、按使用量付费、接近无限扩展的资源使用方式，提供了通过网络访问的可自配置的大资源池，包括网络、虚化机、存储、应用等资源，仅需少量管理工作便能快速获得或动态释放构建大数据服务所必需的计算和存储资源。云计算应用模式的出现，以及越来越多云服务提供商提供的面向大数据服务的云服务，为构建低成本的大数据服务提供了强大的技术支撑。

6.3　大数据在运营商网络中的应用

电信运营商拥有庞大的客户群，可以获取用户高频次、高互动性的实时动态轨迹与用户通信上网数据。因此运营商获取到的大数据，具有数据的普及性、连续性和实时性等特点。运营商的数据来自于各个领域，同时运营商的大数据应用不仅限于自身，更多的是应用于各个行业，进行行业深度融合，为行业赋能。从对外应用方向上看，运营商大数据应用重点在零售、医疗、金融、政企和智慧城市等领域，主要是基于用户属性、使用行为和位置信息等数据内容，形成清晰、准确的用户个人画像，建立理想的目标人群模型，为各垂直行业的合作方提供精准营销、客流统计、商业选址、信用分析、安全预警等数据支撑服务。在具体的热点应用领域方面，由于社会经济发展条件的差异，国内外运营商的电信大数据应用热点领域既有共同点，也存在明显的差别。零售、医疗和智慧城市是国外运营商最主要的大数据应用领域。而在国内，一是由于我国金融征信产品较为单一，且个人征信覆盖率较低，为金融领域的电信大数据应用创造了条件，因此基于电信大数据的金融征信服务领域成为运营商布局热点。二是基于大数据应用安全风险的控制要求，同时在各级政府信息化发展需求仍具有较大空间的情况下，政务领域成为电信大数据应用的另一重点。

2019 年，中国联通有 3 亿多移动用户，8000 多个用户标签， 85PB 储存能力，每天处理 1000 亿个位置信息，有 21 万个互联网产品，每天处理 7200 亿上网行为记录等。以上这些数据就是中国联通身边的金钥匙。2017 年，中国联通成立了大数据公司，集中了中国联通海量数据资源，形成了体系化多层次产品能力，包括标签体系、能力开放平台、沃指数、风控平台、数字营销、智慧足迹、政务大数据和旅游大数据等产品。其中，旅游大数据通过对游客客源、游客行为、旅行轨迹、景区交通等分析，提供游前旅游趋势预测及智慧营销、游中人流量监控及预警、游后客源分析的全生命周期旅游大数据产品和服务，为旅游管理和旅游营销提供决策支持。

2020 年 2 月，中国联通、中国电信、中国移动开通了手机用户 14 天活动轨迹查询功能，在得到用户授权的情况下，基于电信大数据分析，向用户提供本人“14 天内到访地查询”服务，该服务可以帮助有关部门提高对流动人员行程查验的效率，对重点人群进行排查，实施疫情期间的精准防控，有助于疫情后的复工复产。

农业作为最为传统的行业，大数据为其优化了生产计划，极大提高了管理效率。“智能化蔬菜大棚”是山东联通打造的农业温室大棚监控系统。该系统利用物联网技术，实时监控并记录大棚内的空气温湿度、土壤温湿度、二氧化碳含量和光照强度，并根据这些数据，自动浇灌、通风、保温等，使农作物始终处于最适宜的生长环境。农户只需通过手机 App，轻轻单击几下，就可以操控棚中环境传感器、智能放风机、植保机、补光灯等各种智能化设备，蔬菜种植可实现远程操控。农业监管机构可以通过大数据，及时了解农作物的种植分布，预估产量，防治大面积病虫害，监管农药、化肥使用情况。

BAT 这类互联网巨头本身有非常多的数据资源，2020 年 2 月，阿里巴巴旗下的支付宝、腾讯旗下的微信推出了健康码方案。健康码是以居民填报的健康数据为基础，综合通信、交通、公安、卫生健康委等部门的防疫大数据和个人申报的健康数据比对，由各地政府运营的后台系统自动审核生成的个人专属二维码，可作为疫情时期的数字化健康证明。一般来说，健康码分为绿、黄、红三种颜色，绿码，市内亮码通行；黄码，实施 7 天内集中或居家隔离，连续申报健康打卡超过 7 天正常后，将转为绿码；红码，实施 14 天的集中或居家隔离，连续申报健康打卡，将转为绿码；只有获得“绿码”才能相对自由地出行。健康码是互联网基础设施助力抗疫的体现，为精准疫情防控和复工复产提供了双重支撑。

作为全球交易量最大的票务平台，12306 拥有中国近 20 年的旅客铁路出行数据，每天处理的业务数据量高达数百 TB，高峰期一天点击量高达千亿次。2020 年，为应对新型冠状病毒肺炎疫情，12306 利用实名制售票大数据优势，及时配合地方政府及各级防控机构提供确诊病人车上密切接触者信息。

第 7 章

区块链有着巨大的应用价值

《中华人民共和国国民经济和社会发展第十四个五年规划和2035年远景目标纲要》明确提出培育壮大人工智能、大数据、区块链等新兴数字产业，对智能合约、多重共识算法、非对称加密算法、分布式容错机制等区块链技术进行了重点提及。

区块链的去中心化、防篡改及多方共识机制等特点，决定了区块链在解决电信行业合作中需要多方共同决策并建立互信的问题，在优化运营商间及与上下游产业链的合作协同等方面具有重要的价值。

7.1 区块链概念

区块链（Blockchain）的数学原理来源于拜占庭将军问题（Byzantine failures），这是由美国著名计算机科学家莱斯利·兰伯特（Leslie Lamport）提出的“点对点”通信中的基本问题。

拜占庭将军问题起源：

拜占庭位于现在土耳其的伊斯坦布尔，是东罗马帝国的首都。由于当时拜占庭罗马帝国国土辽阔，为了防御敌人，每个部队都相距很远，将军与将军之间只能靠信差传消息。在战争时期，拜占庭军队内所有将军和副官必须达成一致共识，有赢的机会才决定去攻打敌人的阵营。但是，军队可能有叛徒和敌军间谍，左右将军们的决定，扰乱部队整体的秩序。在达成共识的过程中，有些信息往往并不代表大多数人的意见。这时候，在已知有成

员谋反的情况下，其余忠诚的将军在不受叛徒的影响下如何达成一致的协议，就是拜占庭将军问题。

拜占庭将军问题延伸到互联网生活中来，其内涵可概括为：在互联网大背景下，当需要与不熟悉的对手方进行价值交换活动时，人们如何才能防止不会被其中的恶意破坏者欺骗、迷惑从而做出错误的决策。

进一步将拜占庭将军问题延伸到技术领域中来，其内涵可概括为：在缺少可信任的中央节点和可信任的通道的情况下，分布在网络中的各个节点应如何达成共识。

在拜占庭将军问题中，数学家设计了一套算法，让将军们在接到上一位将军的信息之后，加上自己的签名再转给除发给自己信息之外的其他将军，这样的信息模块就形成了区块链。

随着智能产品越来越多，智能设备可以感应和通信，让真实数据自由流转，并根据设定的条件自主交易。区块链让所有交易同步、总账本透明安全，个人账户匿名，隐私受保护，可点对点，运作高效。

狭义来讲，区块链是一种按照时间顺序将数据区块以顺序相连的方式组合成的一种链式数据结构，是以密码学方式保证数据不可篡改和不可伪造的分布式账本。

广义来讲，区块链技术是利用块链式数据结构来验证与存储数据、利用分布式节点共识算法来生成和更新数据、利用密码学的方式保证数据传输和访问的安全、利用由自动化脚本代码组成的智能合约来编程和操作数据的一种全新的分布式基础架构与计算范式。

区块链像一个数据库账本，记载所有的交易记录，可以定义成去中心化的、公开透明的交易记录总账本，交易的数据库由所有网络节点共享，被所有用户更新、监督，但是没有用户能够控制、或者修改这些数据。可以理解为，区块链是网络上一个个“存储区块”所组成的一根链条，每个区块中包含一定时间内网络全部的信息交流数据。

区块链技术是分散式的，这意味着信息存储在分布于全球各地的计算机上，通过算法把这些数据库“锁”在一块，将记录汇集在一起，可不断更新来反映股票、销售和账户的变化。

传统数字支付流程如图 7-1 所示，存在一个中心机构 O，所有的节点想要参与交易必须通过中心机构 O 来完成。中心机构 O 扮演了两个身份：一个是维护者的身份，即维护交易账目且正常达成交易且是真实可靠的；另一个是特权参与者的身份，即发行货币（资产）的权利（相当于央行）。

区块链交易流程如图 7-2 所示，节点 A 直接发交易给节点 D，所有节点一起确认并且验证交易的真实性，更新了公共总账以后，所有人再同步最新的总账。这里将维护者的身份下放至每一个参与者手中，并且通过加密算法来保证交易真实可信，不需要对账，只需维护一条总账即可（相当于每个人都可以看到的公共账簿）。

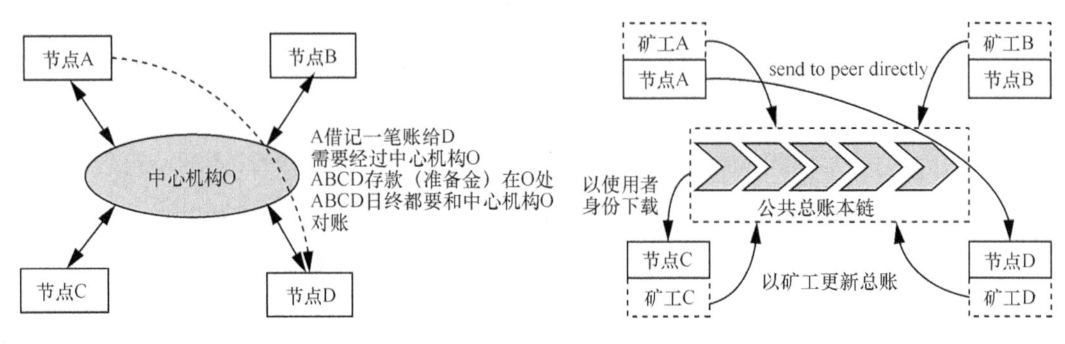

图 7-1　传统数字支付流程　　　　图 7-2　区块链交易流程

通俗点说，区块链技术是一种全民参与记账的方式。所有系统的背后都有一个数据库，可以把数据库看成一个大账本。目前，是谁的系统谁记账，微信的账由腾讯记，淘宝的账由阿里记。现在区块链系统中，每个人都可以有机会参与记账。在一定时间段内如果有数据变化，系统中每个人都可以进行记账，系统会评判这段时间内记账最快、最好的人，把这个人记录的内容写到账本，并将这段时间内账本内容发给系统内的其他人进行备份。这样系统中的每个人都有一本完整的账本。这种方式称为区块链技术，也称为分布式账本。

7.2　区块链分类

根据应用对象的权限不同，区块链目前分为 3 类，即公有链、专有链（私有链）、联盟链，如图 7-3 所示。

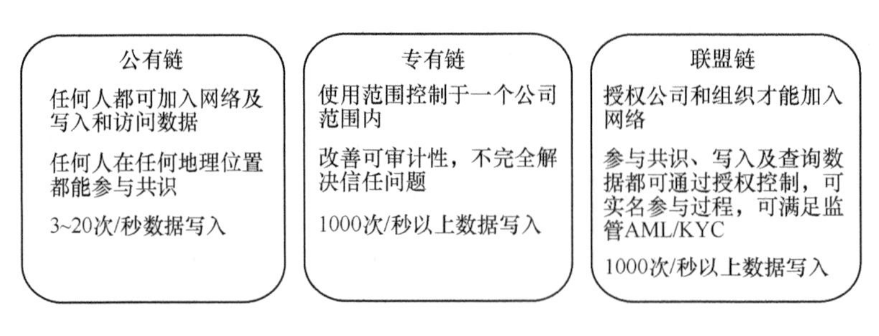

图 7-3　区块链分类

① 公有链的任何节点都是向任何人开放的，每个人可以在这个区块链中参与计算，

而且任何人都可以下载获得完整区块链数据（全部账本）。

② 有些区块链的应用场景下，并不希望任何人都可以参与，任何人可以查看所有数据，只有被许可的节点才可以参与并且查看所有数据。这种区块链结构称为专用链或私有链。

③ 联盟链是指参与每个节点的权限完全对等，大家在不需要完全互信的情况下就可以实现数据的可信交换，R3 组成的银行区块链联盟就是典型的联盟链。

随着区块链技术的快速发展，以后公有链和私有链的界限可能会变得比较模糊。每个节点都可以有较为复杂的读写权限，有部分权限的节点可能会向所有人开发，而部分记账或者核心权限的节点只能向许可的节点开放，那就不再是纯粹的公有链或者私有链了。

7.3　区块链核心技术

区块链技术大致经历了 3 个发展阶段，如图 7-4 所示，区块链主要解决的是交易的信任和安全问题，因此它提出了 4 个技术创新。

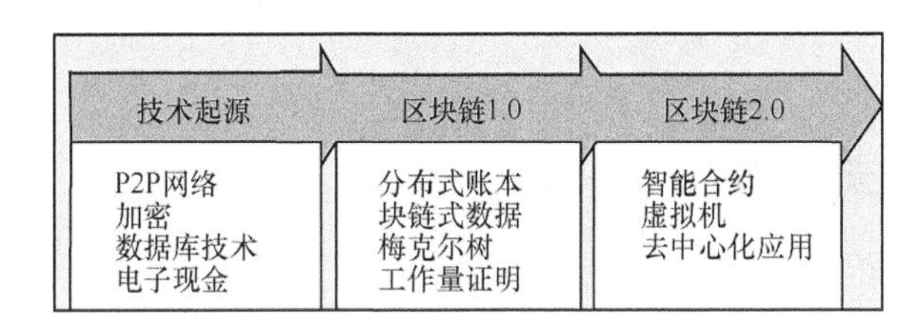

图 7-4　区块链发展阶段

① 分布式账本，交易记账由分布在不同地方的多个节点共同完成，而且每一个节点记录的是完整的账目，因此它们都可以监督交易合法性，同时也可以共同为其作证。不同于传统的中心化记账方案，分布式账本没有任何一个节点可以单独记录账目，避免了单一记账人被控制或者被贿赂而记假账的可能性。另外，由于记账节点足够多，理论上讲除非所有的节点被破坏，否则账目就不会丢失，保证了账目数据的安全性。

② 对称加密和授权技术，存储在区块链上的交易信息是公开的，但是账户身份信息是高度加密的，只有在数据拥有者授权的情况下才能访问到，从而保证了数据的安全和个人的隐私。

③ 共识机制，所有记账节点之间达成共识，认定一个记录的有效性，这既是认定的手段，也是防止篡改的手段。区块链提出了四种不同的共识机制，适用于不同的应用场景，在效率和安全性之间取得平衡。

• Pow 工作量证明，即挖矿，通过与或运算，计算出一个满足规则的随机数，即获得本次记账权，发出本轮需要记录的数据，全网其他节点验证后一起存储。

- 比特币区块链采用工作量证明机制，即节点间通过计算机运算能力的竞争，公开决定一段时间内（约 10min）记账权的归属，以此保证各节点记账的一致性；同时，赢得记账权的节点，将会获得一定量（新产生的）比特币，以及其所记录的所有交易的手续费作为奖励。这个过程就是“挖矿”。
- Pos 权益证明，即 Pow 的一种升级共识机制；根据每个节点所占代币的比例和时间，等比例地降低挖矿难度，从而加快找随机数的速度。
- DPos 股份授权证明机制，类似于董事会投票，持币者投出一定数量的节点，代理进行验证和记账。
- Pool 验证池，基于传统的分布式一致性技术，加上数据验证机制，是目前行业链大范围在使用的共识机制。

④ 智能合约，智能合约是基于这些不可篡改的数据，可以自动地执行一些预先定义好的规则和条款。以保险为例，如果说每个人的信息（包括医疗信息和风险发生的信息）都是真实可信的，那就很容易在一些标准化的保险产品中进行自动化的理赔。

7.4 区块链在运营商网络中的应用

区块链技术从 2021 年开始加速，从单一技术向多技术融合发展，通过多技术辅助实现业务端到端发展。“区块链+”整体体现为区块链+IoT、区块链+5G、区块链+云计算、区块链+大数据、区块链+人工智能等，从而形成以区块链技术为核心、多技术协同的综合技术发展思路。

区块链的去中心化、防篡改以及多方共识机制等特点，决定了区块链在解决电信行业合作中需要多方共同决策并建立互信，在优化运营商间及与上下游产业链的合作协同等方面具有重要的价值。

目前，国内外电信企业在区块链领域均积极展开布局，布局方式主要有三种，分别为直接投资、联盟合作和自研究，并已在一些电信领域服务场景中取得定的成果。美国电信巨头 AT&T 使用区块链技术创建家庭户服务器；法国电信 Orange 选择在金融服务领域尝试区块链，用于自动化和提高结算速度，从而在一定程度上减少了清算机构的成本；瑞士大型国有电信供应商 Swisscom 专注于围绕区块链技术开展的一系列服务，包括面向企业解决方案；西班牙电信巨头 Telefonica 致力于开发基于区块链交易和即时通讯的智能手机

解决方案；中国电信打造了区块链可基础溯源平台“镜链”，提供完备省网区块链溯源基础能力，此外，中国电信已经联手 ITU-T SG16 成立了首个分布式账本国际标准项目“分布式账本业务需求与能力”；中国移动积极推动 ITU-T 成立“区块链（分布式账本技术）安全问题小组”，致力于区块链安全方面的研究和标准化；中国联通在区块链标准国际化方面动作频频，牵头成立了全球首个物联网区块链国际标准项目：《ITU-T Y.IoT-BoT-fw, 基于物联网区块链的去中心化业务平台框架》；中国移动、中国电信、中国联通还联合牵头成立了可信区块链电信应用组，这使运营商与区块链之间有了可以合作的交流的平台，可以更好地挖掘区块链在电信资产、网络建设和数字资产方面的价值。

2018 年全球区块链企业专利排行榜显示，全球十强企业中有四家中国企业，其中阿里巴巴位列中国首位、全球第二，中国联通位列中国第二、全球第六；腾讯则名列中国第三、全球第七。2019 年全球区块链企业专利排行榜显示，全球十强企业中有七家中国企业，其中阿里巴巴区块链专利申请数量已经达到 1005 件，连续三年稳居全球区块链专利数量排行榜第一。

区块链对于电信运营商来说，既是挑战也是机遇。区块链在数字资产、电信资产、新一代网络建设等运营商相关领域均存在应用价值，图 7-5 所示为区块链在电信领域的 8 个应用场景。2019 年，中国联通区块链专利数世界排名第五、中国排名第二、央企排名第一。2020 年 2 月，中国联通研发出全国首个“基于区块链的企业复工复产备案申报平台”，基于区块链技术的防篡改、多节点同步等优势，解决了远程在线填报、全省跨地市跨部门快速同步以及备案数据安全可信等问题，避免现场人员聚集，提高备案效率，为政府复工复产备案解除后顾之忧。备案申报平台具有 6 个区块链服务节点，采用了 256 位加密算法，具有分布式、高冗余、高安全等优点，充分利用区块链不可篡改特性，对企业备案信息和核准信息全部上链保存，企业、防控指挥部、业务主管部门和监管部门等多节点均可同步查询链上记录，确保公平、公正、公开。

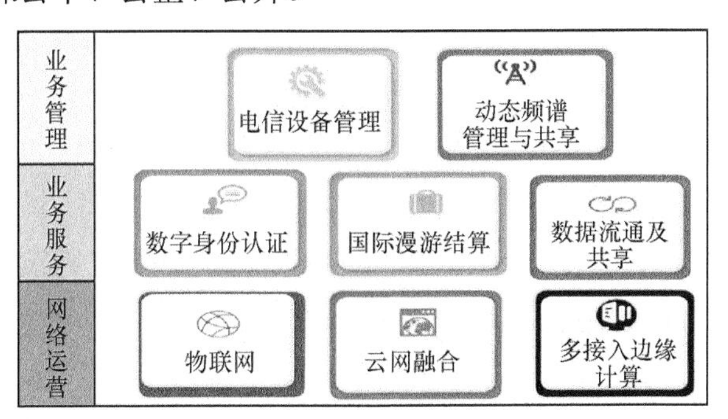

图 7-5　区块链在电信领域的 8 个应用场景

2020 年 12 月，中国联通发布了自研区块链产品——联通链，如图 7-6 所示，联通链由 1 个 BaaS 平台和 8 种通用服务组件构成，支撑 N 种区块链赋能的创新应用，即以“1+8+N”区块链能力体系服务政企客户的数字化转型。目前，以联通链为承载，中国联通已打造多个政务、旅游、金融行业标杆案例。比如，中国联通与河北省政务服务办共同打造了“三上两验一查”证照区块链体系，联通链作为底层支撑平台，逐步实现河北省证照信息的链上纳管、链上授权访问控制以及链上用证行为溯源，以接口方式，为河北省证照库、大数据中心证照信息库及相关业务系统提供上链及链上核验服务。联通链打通了各厅局的电子证照数据，实现了电子证照跨部门互认、互通，在使用证照时，将用证行为进行链上存证，证照的提供单位可以在链上对证照的使用行为进行监管。此外，联通链还与“冀时办”App 打通，群众在办理业务时，不必携带实体证照，通过身份验证后即可“一键亮证”，并实现跨部门证照互认，真正实现“最多跑一次”，让人民群众获得更好的政务服务体验。

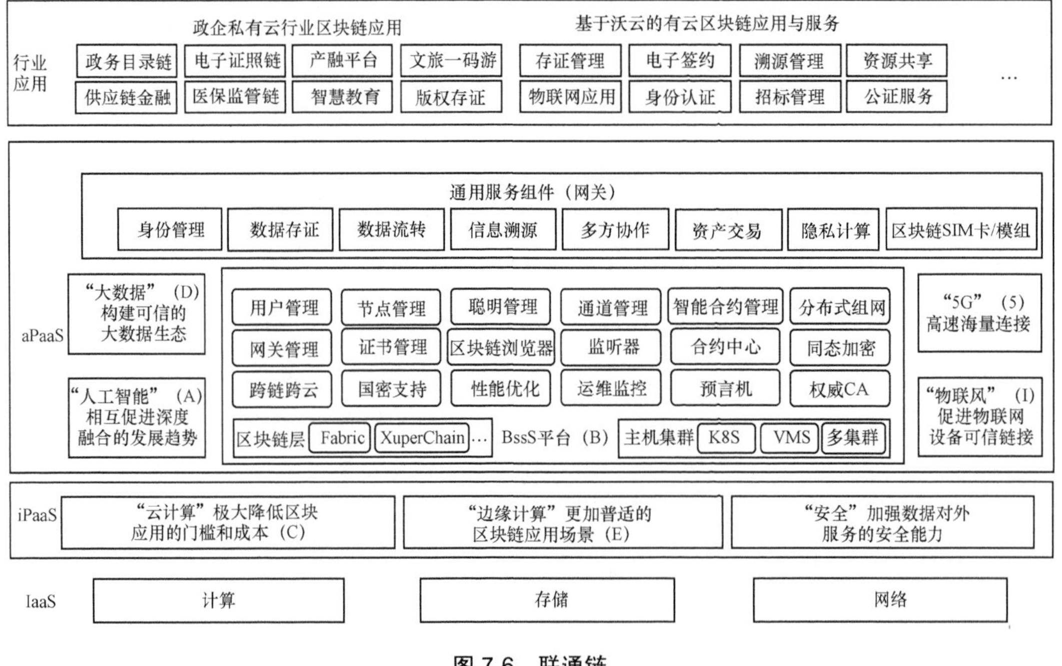

图 7-6　联通链

在未来，电信行业应用区块链技术将更加多方面，区块链技术也成为电信相关应用案例支持的依据，区块链技术自身优化和提升，也将加速电信区块链技术相融合的场景落地进程。全球市场研究机构 Research and Markets 的数据显示，到 2023 年，区块链技术在电信领域的产值将达到 9.938 亿美元。

7.5　区块链发展趋势

根据《华为区块链白皮书》，区块链有以下 5 个发展趋势。

趋势 1：自研底层区块链引擎比例增加。

随着区块链在各行业应用中的不断发展，基于开源架构的区块链平台逐渐遇到性能、规模、安全性的瓶颈，限制了其在更广泛的业务场景中落地。为了满足更高的性能要求，覆盖更多的业务场景，各大区块链供应商纷纷搭建自研区块链引擎。截至 2020 年 10 月 30 日，国家互联网信息办公室已发布 4 批境内区块链信息服务备案清单，累计 965 个区块链信息服务名称及备案编号，华为区块链 BCS 成为首批注册企业之一。

趋势 2：性能持续突破天花板。

单个联盟区块链网络通常会采用拜占庭容错的共识算法，但随着共识节点数量的增多，节点之间需要交换的信息显著增加，使得系统和网络通信量增大，造成联盟链整体性能下降，因此，通常单个联盟链网络的规模都不大。

业界在联盟链的性能提升方面进行了多个方向的研究，包括创新的交易机制、分片并行扩展、高性能的共识算法、高效的智能合约引擎，以及软硬件的协同优化。

在面对业务并发诉求越来越大的压力下，单个区块链的性能通过分片、多链等方式可以在部分场景中大幅提高交易的并发能力。在不同的业务中，需要考虑选用适合于业务的分片策略，减少跨片的交易数量，避免跨片交易带来的性能损失。

在联盟链高吞吐量的情况下，存储面临的压力也会增多。假设每笔交易实际承载的内容为 200B，加上交易的签名、数字证书等其他数据，按 20000 TPS 的交易平均吞吐量计算，每秒将产生 20MB 以上的数据量，一天就会累积达到 1.7TB 的数据量，一年将达到 630TB 的数据量。如此庞大的数据量将会给各联盟链组织带来很大的负担，因此通过账本数据的分布式存储、数据归档和老化、轻节点等方式减少数据量，将成为应对存储压力的主要方向。

趋势 3：安全和隐私保护的重要性愈加突出。

区块链应用离不开数据的支撑，在监管机构对数据权属与治理意识不断增强的背景下，安全要求会不断强化，如何确保区块链信息系统的安全性，保护用户在链上数据不被非法访问，将会越来越重要。在密码学方面，国密算法逐渐成为联盟链的标准配置，各大区块链平台厂商都适配了国密证书、国密传输协议等技术方案，结合国内品牌的硬件和操作系统，以此提升系统的安全可控能力。

对于链上数据的隐私保护，越来越多的联盟链平台通过提供同态加密、群环签名、零知识证明、安全多方计算等技术能力，实现交易参与方的身份匿名和交易内容的隐私保护。但单纯密码学的隐私保护方案面临着性能不足的问题，因此也有部分平台厂商通过软硬件结合的方式，利用可信执行环境对交易敏感信息进行保护，在可信执行环境内部对数据进行明文运算，从而大幅提升隐私交易的性能。另外，在保证链上数据隐私的情况下，如何解决可监管的问题，仍需要行业不断研究。

趋势 4：链外协同和互相操作，打通“数据孤岛”。

当前各区块链平台厂商主推的区块链产品在基础框架层及协议层各不相同，同时出于一些商业利益的考虑，也存在同一个业务由不同层级的主体分别建设，因此带来了区块链时代的“数据孤岛”。

随着区块链覆盖范围的拓展，数据交换、共享粒度的加大，同一业务不同主体的数据打通，不同业务之间的数据协同，未来不同区块链业务平台间的互操作性必不可少。支持多云部署、跨链能力、提高兼容性会是未来区块链技术逐步推广后的主要诉求。高效通用的跨链技术是实现万链互联的关键，跨链技术能够连通分散的区块链生态，成为区块链时代的 Internet。业界在跨链领域已经有大量的探索和积累，跨链技术正成为业界技术发展的热点方向。

另外，传统信息系统与区块链系统之间的数据交互诉求也会越来越突出。区块链系统需要通过链下系统扩展计算和存储能力，链下系统需要与区块链对接以解决信息可信、防篡改等问题。

趋势 5：学习成本大幅降低，用户体验更加友好。

2018 年以来，区块链即服务（BaaS）成为全球云平台厂商的标配，苹果、亚马逊、思科、华为、阿里、腾讯等都相继推出自己的 BaaS 平台。BaaS 作为一种云服务，是区块链设施的云端租用平台，提供节点租用、链租用及工具租用的能力，其多租户特性让计算资源、平台资源、软件资源得到了最大限度的共享。

随着联盟链核心技术逐步过渡到相对成熟稳定的阶段，行业着力对区块链的部署运维体验进行优化，BaaS 平台厂商基于云基础设施搭建区块链平台框架，提供统一的应用程序编程接口、多语言软件开发工具包，便捷的区块链创建、管理、资源使用监控、运维等功能，保证了区块链系统稳定可靠，服务可用。

考虑到企业、政府、金融机构客户已有的 IT 信息系统的对接和集成，提供底层关系

型数据库的支撑能力，并在编程接口层提供易用的 SQL API，使得用户可以无须感知底层技术的变化，仍然像使用数据库一样使用区块链。

为了更进一步降低用户的学习成本，也有部分厂商开始考虑提供可视化编程的能力，通过拖拽等方式，实现区块链智能合约的功能开发、验证、调试、上线等能力。

第 8 章

5G/6G 时代的机遇与挑战

5G 时代，20%的应用适于人和人之间的通信，80%的应用适于物和物之间的通信。6G 将实现卫星通信等天地融合全覆盖，完成面向全应用的安全智能通信。

8.1 5G 技术

2019 年是我国的 5G 元年，2020 年是 5G 规模发展的关键年。2020 年 3 月 4 日，中央召开会议指出，加快 5G 网络、数据中心等新型基础设施建设进度。新型基础设施建设，简称新基建，主要包括七大领域：5G、特高压、城际高速铁路和城市轨道交通、新能源汽车充电桩、大数据中心、人工智能、工业互联网。其中的 5G、大数据中心、人工智能、工业互联网等内容紧密关联，互相促进，代表了信息通信技术和产业的前进方向。新基建将驱动我国 5G 由稳步发展转为加快发展，5G 建设有望进入快模式，2020 年中国新建 5G 基站超过 60 万个，全部已开通 5G 基站超过 71.8 万个，预计到 2030 年，我国 5G 基站数量将达到 1500 万个。

8.1.1 5G 应用场景

2015 年，在瑞士日内瓦召开的 2015 无线电通信全会上，国际电联无线电通信部门（ITU-R）正式批准了三项有利于推进未来 5G 研究进程的决议，并正式确定了 5G 的法定名称是“IMT-2020”。

5G 是 4G 之后的延伸，如果将网络带宽比作高速公路，5G 则是在 4G 的基础上，将高速公路进行了拓宽。5G 的最高峰值可以达 10Gbit/s。传一个高清的视频，3G 需要 20～30 分钟，4G 可能只需要两分钟，5G 在 10 秒内就可以完成。

与前几代移动通信相比，5G 的业务提供能力将更加丰富，国际移动通信标准化组织定义了 5G 三大主要应用场景。

① eMBB（enhance Mobile Broadband），增强型移动宽带，按照计划能够在人口密集区为用户提供 1Gbit/s 用户体验速率和 10Gbit/s 峰值速率，在流量热点区域，可实现每平方公里数十 Tbit/s 的流量密度，对应的是 3D/超高清视频、虚拟现实增强等大流量移动宽带业务。

② mMTC（massive Machine Type Communication），海量物联网通信，大规模机器通信，不仅能够将医疗仪器、家用电器和手持通讯终端等全部连接在一起，还能面向智慧城市、环境监测、智能农业、森林防火等以传感和数据采集为目标的应用场景，提供具备超千亿网络连接的支持能力。

③ uRLLC（Ultra Reliable & Low Latency Communication），低时延、高可靠通信，主要面向智能无人驾驶、工业自动化等需要低时延、高可靠连接的业务，能够为用户提供毫秒级的端到端时延和接近 100%的业务可靠性保证。

以上应用场景具体包括：Gbit/s 移动宽带数据接入、智慧家庭、智能建筑、语音通话、智慧城市、三维立体视频、超高清晰度视频、云端工作、云娱乐、增强现实、工业自动化、关键任务应用、自动驾驶汽车等，如图 8-1 所示。

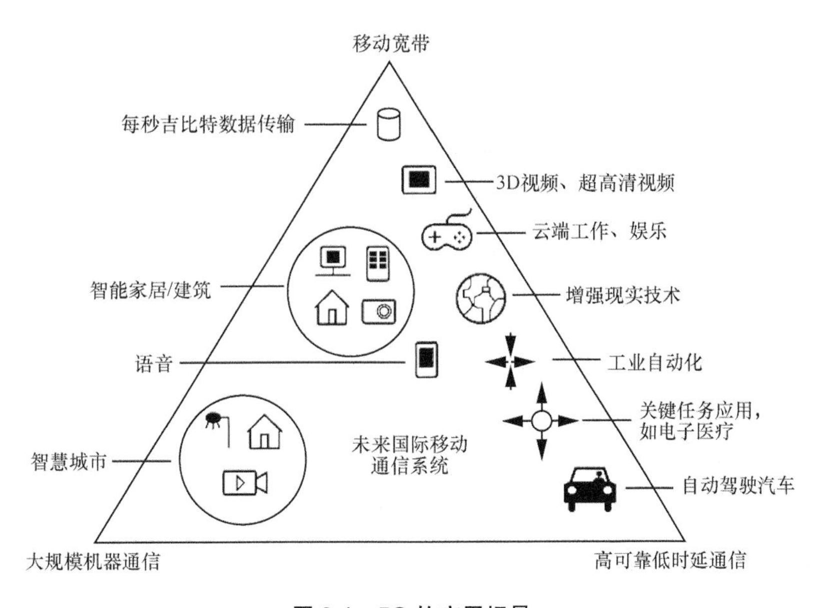

图 8-1　5G 的应用场景

8.1.2 5G 技术指标及关键技术

5G 不再单纯地强调峰值速率，而是综合考虑 6 个技术指标，主要包括用户体验速率、连接数密度、端到端时延、流量密度、移动性和用户峰值速率，如图 8-2 所示。

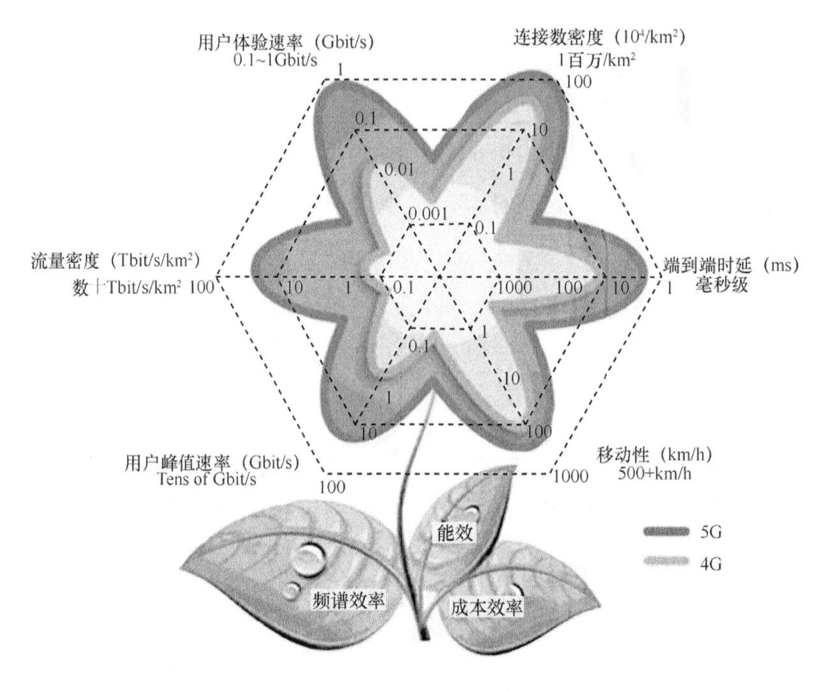

图 8-2 5G 技术指标

5G 需要具备比 4G 更高的性能，支持 0.1～1Gbit/s 的用户体验速率，每平方公里一百万的连接数密度，毫秒级的端到端时延，每平方公里数十 Tbit/s 的流量密度，每小时 500km 以上的移动性和数十 Gbit/s 的峰值速率。其中，用户体验速率、连接数密度和端到端时延为 5G 最基本的 3 个性能指标。同时，5G 需要大幅提高网络部署和运营的效率，相比 4G，频谱效率提升 5～15 倍，能效和成本效率提升百倍以上。

5G 关键技术主要来源于无线技术和网络技术两方面。在网络技术领域，基于 SDN 和 NFV 的新型网络架构已取得广泛共识。在无线技术领域，大规模天线阵列、超密集组网、新型多址、全频谱接入和新型网络架构等技术已成为业界关注的焦点。

（1）大规模 MIMO 技术

大规模 MIMO（多输入，多输出）技术，指在发射端和接收端分别使用多个发射天线和接收天线，使信号通过发射端与接收端的多个天线传送和接收，从而改善通信质量。该技术能充分利用空间资源，通过多个天线实现多发多收，在不增加频谱资源和天线发射功

率的情况下，成倍地提高系统信道容量，对满足 5G 系统容量与速率需求起到重要的支撑作用。大规模 MIMO 技术应用于 5G 信道测量与反馈、参考信号设计、天线阵列设计、低成本实现等关键问题。

（2）超密集组网

通过增加基站部署密度，可实现频率复用效率的巨大提升，但考虑到频率干扰、站址资源和部署成本，超密集组网（UHD）可在局部热点区域实现百倍量级的容量提升。干扰管理与抑制、小区虚拟化技术、接入与回传联合设计等是超密集组网的重要研究方向。

（3）全频谱接入/超宽带频谱

通过有效利用各类移动通信频谱（包含高低频段、授权与非授权频谱、对称与非对称频谱、连续与非连续频谱等）资源来提升数据传输速率和系统容量。6GHz 以下频段因其较好的信道传播特性可作为 5G 的优选频段，6GHz～100GHz 高频段具有更加丰富的空闲频谱资源，可作为 5G 的辅助频段。信道测量与建模、低频和高频统一设计、高频接入回传一体化以及高频器件是全频谱接入技术面临的主要挑战。

（4）信道编码

信道编码，也叫差错控制编码，是所有现代通信系统的基石。所谓信道编码，就是在发送端对原数据添加冗余信息，这些冗余信息是和原数据相关的，在接收端根据这种相关性来检测和纠正传输过程产生的差错，这些加入的冗余信息就是纠错码，用它来对抗传输过程的干扰。

2016 年 11 月 18 日， 3GPP 确定了 5G eMBB（增强移动宽带）场景的信道编码技术方案，中国华为推荐的 PolarCode 信道编码方案脱颖而出，成为 5G 短码控制信道的最终解决方案。而短码的数据信道编码方案采用了美国高通主推的 LDPC 码。

LDPC 码之前被广播系统、家庭有线网络、无线接入网络等通信系统所采用，此次是其第一次进入 3GPP 移动通信系统。

Polar 码于 2008 年由土耳其毕尔肯大学 Erdal Arikan 教授首次提出。中国公司对 Polar 码的潜力有共识，投入了大量研发力量对其进行深入研究、评估和优化，并在传输性能上取得突破。中国将持续加大对 5G 技术标准研发，为形成全球统一的 5G 标准、提升 5G 标准竞争力做出重要贡献。

（5）毫米波（millimetre waves，mmWaves)

无线传输提高传输速率有两种方法，一种是提高频谱利用率，另一种是增加频谱带宽。相对于提高频谱利用率，增加频谱带宽的方法显得更简单直接。在频谱利用率不变的情况下，带宽翻倍则可以实现数据传输速率翻倍。然而，现在常用的 5GHz 以下的频段已经非常拥挤，因此各大厂商不约而同地使用毫米波技术。

毫米波的频率为 30～300GHz，波长范围为 1～10 毫米。由于足够量的可用带宽，较高的天线增益，毫米波技术可以支持超高速的传输率，且波束窄，灵活可控，可以连接大量设备。

根据通信原理，无线通信的最大信号带宽大约是载波频率的 5%左右，因此载波频率越高，可实现的信号带宽越大。在毫米波频段中，28GHz 频段和 60GHz 频段最有希望使用在 5G 频段。28GHz 频段的可用频谱带宽可达 1GHz，而 60GHz 频段每个信道的可用信号带宽达 2GHz（整个 9GHz 的可用频谱分成了四个信道）。

图 8-3 所示为各个频段可用频谱带宽，相比而言，4G-LTE 频段最高频率的载波在 2GHz 上下，可用频谱带宽只有 100MHz。因此，如果使用毫米波频段，频谱带宽就翻了 10 倍，传输速率得到巨大提升。

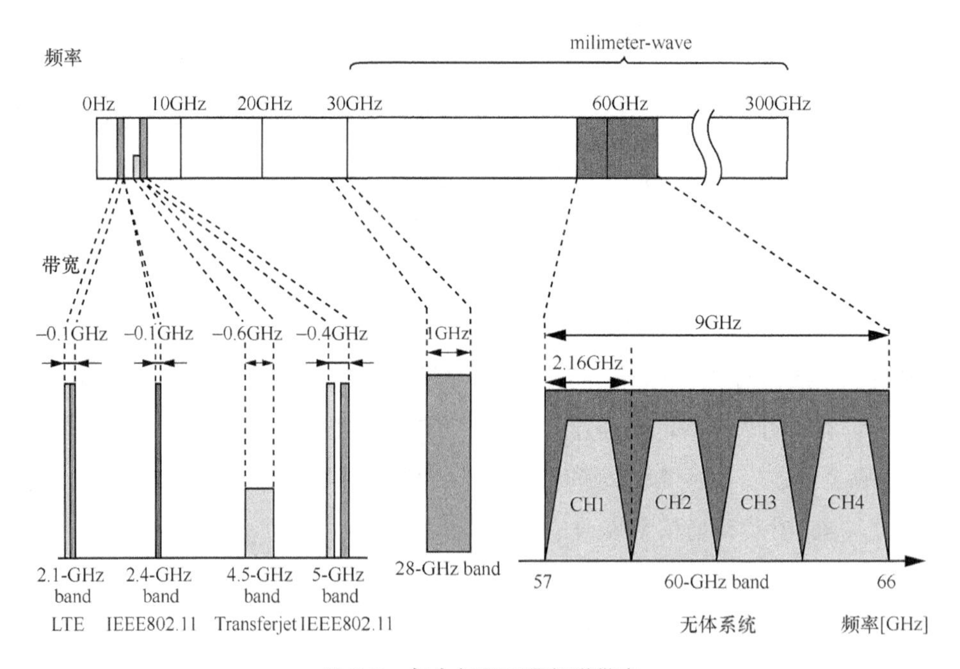

图 8-3 各个频段可用频谱带宽

（6）网络切片

5G 网络引入了两个最重要的特性，一是边缘计算，二是网络切片。

1）网络切片的概念

5G 三大主要应用场景的差异很大，各场景中会衍生多个应用实例，不同场景、不同

实例对网络功能、系统性能、安全、用户体验等的业务需求千差万别。比如自动驾驶应用要求 5G 的低时延、高可靠性能，VR 等应用需要大带宽、高速率的支持，智慧水表等大量物联网应用中需要的是海量连接，对时延和网速的要求并不高。如果按照传统思路通过构建多个专网来实现不同需求，势必造成基础设施和网络功能的巨大浪费。如果采用传统的、单一的网络为不同业务同时提供服务，将会导致业务体验差、管理效率低、网络结构异常复杂、网络运维难以支持。因此，基于一张统一的物理网络，需要引入“网络切片”技术来构建灵活的弹性网络，满足各种业务需求。网络切片已成为业界公认的最理想的 5G 网络模式。

什么是网络切片？就是将一个物理网络在逻辑上切割成多个虚拟的端到端的网络，每个虚拟网络之间，包括网络内的业务平台、核心网、承载网、传送网、接入网、终端以及相关 IT 系统，都是逻辑独立的，都是相互隔离的，任何一个虚拟网络发生故障都不会影响到其他虚拟网络。

5G 网络切片技术通过在同一网络基础设施上，按照各种不同的业务场景和业务模型，利用虚拟化技术，对资源和功能进行逻辑上的划分，进行网络功能的裁剪定制和网络资源的管理编排，形成多个独立的虚拟网络，为不同的应用场景提供相互隔离的网络环境，使不同应用场景可以按需定制网络。5G 网络切片是将业务平台资源、核心网资源、承载网资源、传送网资源、接入网资源、终端设备以及 IT 系统进行有机组合，为不同的应用场景或者业务类型提供相互隔离的、逻辑独立的完整网络。一个网络切片可以视为一个实例化的 5G 网络。

在 5G 网络切片中，网络编排是一个非常重要的功能模块，可实现对网络切片的创建、管理和撤销。运营商首先根据业务场景需求生成网络切片模板，切片模板包括该业务场景所需的网络功能模块及其特定的配置、各网络功能模块之间的接口以及这些网络功能模块所需的网络资源。然后网络编排功能模块根据该切片模板向网络申请资源后进行实例化。最后网络编排功能模块对创建的网络切片进行监督管理，根据实际业务量对网络资源进行灵活的扩容、缩容和动态调整，并在生命周期结束之后撤销网络切片。网络切片打通了应用场景、网络功能和网络资源间的适配接口，按需定制，按需提供。在每种业务看来，为其分配的资源是独享的，和其他业务之间是相互隔离的；同时，这些业务共享相同的物理基础设施，充分发挥了网络的规模效应，提高了物理资源使用率，降低了网络 CAPEX 和 OPEX，丰富了网络的运营模式。

2）网络切片的特点

多元化的业务场景对 5G 网络提出了多元化的功能要求和性能要求，网络切片针对不同的业务场景提供量身定制的网络功能和网络性能保证，实现了“按需组网”的目标。具体而言，网络切片具有如下特点。

安全性：通过网络切片可以将不同切片占用的网络资源隔离开，每个切片的过载、拥塞、配置的调整不影响其他切片，从而提高网络的安全性和可靠性，增强网络的健壮性。

动态性：针对用户临时提出的某种业务需求，网络切片可以动态分配资源，满足用户的动态需求。

弹性：针对用户数量和业务需求可能出现的动态变化，网络切片可以弹性和灵活地扩展，比如可以将多个网络切片进行融合和重构，以便更灵活地满足用户动态的业务需求。

最优化：根据不同的业务场景，对所需的网络功能进行不同的定制化裁剪和灵活组网，实现业务流程最优化，实现数据路由最优化。

3）网络切片的技术基础

网络切片不是一项单独的技术，它是在 SDN、NFV 和云计算等几大技术之上，通过上层的统一编排和协同实现一张通用的物理网络能够同时支持多个逻辑网络的功能。

网络切片利用 NFV 技术，将 5G 网络的物理资源根据业务场景需求虚拟化为多个平行的相互隔离的逻辑网络；网络切片利用 SDN 技术，定义网络功能，包括速率、覆盖率、容量、QoS、安全性、可靠性、时延等。

云计算技术刚刚诞生时，提出了 IaaS、PaaS、SaaS。随着业务能力更加多元化、更加开放，DaaS（Data as a Service，数据即服务）、CaaS（Communication as a Service，通信即服务）、STaaS（Storage as a Service，存储即服务）、MaaS（Monitoring as a Service，监测即服务）、NaaS（Network as a Service，网络即服务）等应运而生，我们已经进入“XaaS（Everything as a Service，一切皆服务）”的时代。

传统网络架构适合单一业务型网络。然而，5G 的“网络切片”基于逻辑资源而不是物理资源，可以根据需求进行资源分配和重组，满足差异化服务的 QoS 需求，保证不同业务、不同客户之间的安全隔离，使运营商有能力为客户提供“量身定制”的网络，实现“网络即服务”。

8.1.3 5G 网络架构

从 1G 到 4G，都是封闭的网络架构，而 5G 网络是基于 SDN、NFV 技术的更加智能、灵活、高效和开放的网络系统，这是根本性的变化。

SDN 技术可实现控制功能和转发功能的分离，有利于通过网络控制功能从全局视角感知和调度网络资源，实现网络可编程。NFV 技术可实现软件与硬件的分离，为 5G 网络提供灵活的基础设施平台，通用硬件资源实现动态伸缩和按需分配，达到最优的资源利用率。NFV 通过网元功能与物理实体解耦，采用通用硬件替代专用硬件，可以方便、快捷地部署网元功能，组件化的网络功能模块实现控制面功能灵活重构。SDN 和 NFV 技术推动移动网络架构的革新，借鉴控制与转发分离技术对网络功能进行重构，使网络逻辑更加聚合、更加清晰，网络功能可以按需定制、按需编排，增强了网络的可编程性、可扩展性和自适应性，提高了网络资源的利用率。

2018 年 6 月，中国电信提出了“三朵云”5G 网络架构：智能开放的控制云、灵活的接入云和高效低成本的转发云，如图 8-4 所示。

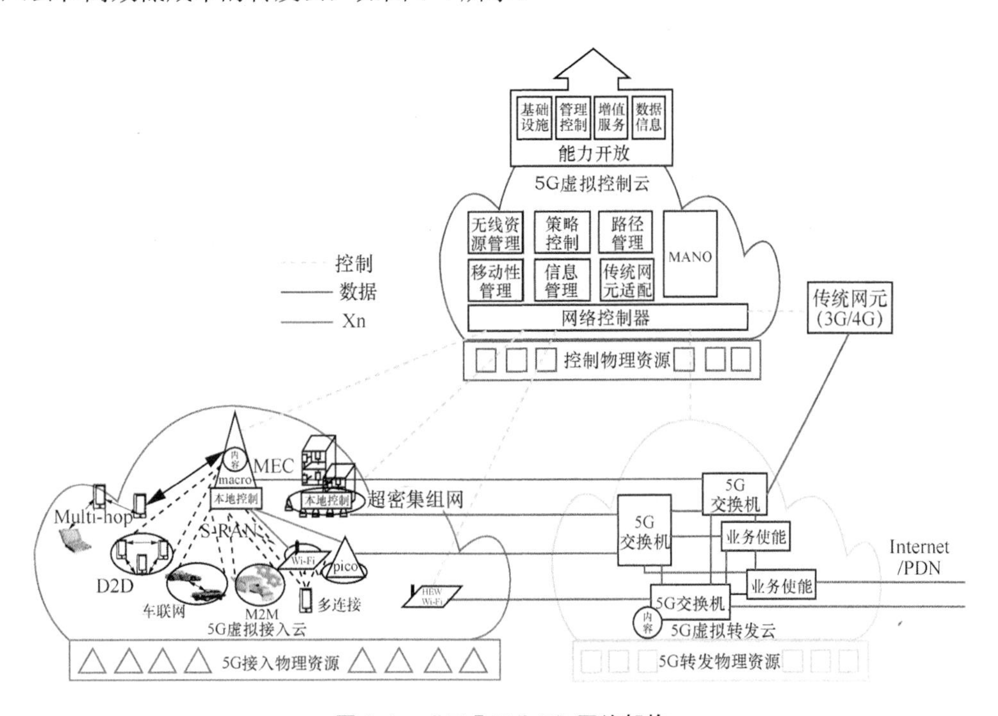

图 8-4　“三朵云”5G 网络架构

（1）控制云

5G 网络基于 SDN 理念，将控制功能和数据转发功能相解耦，分别形成集中的控制云和高效的转发云。控制云实现移动性管理、会话控制和服务质量保证，构建面向业务的网络能力开放接口，根据 5G 业务和虚拟运营商等第三方业务的需求，实现网络的差异化定制，对网络能力进行编排，进行大数据分析，封装成 API 供应用层调用，提升业务部署效率和整体运营水平。

（2）转发云

转发云使用 NFV 技术，在控制云的网络控制和资源调度下，通过通用硬件平台，实现海量数据流的低时延、高可靠、均负载的高效转发与处理，使 5G 网络可以根据用户业务需求，软件定义每个业务流的转发路径，实现转发网元与业务使能网元的灵活选择。另外，转发云还可以根据控制云下发的缓存策略实现受欢迎内容的缓存，降低核心网负荷。

（3）接入云

接入云融合了分布式和集中式不同的无线接入网架构，组网拓扑形式丰富，支持多种无线接入方式的协同控制，可提升无线资源利用率。接入云不仅通过 NFV 技术建设 BBU，基于通用硬件部署 BBU，而且借鉴了控制与转发相分离的理念，通过覆盖与容量的分离，实现 5G 网络的单独优化设计，提供极致的用户体验。

8.1.4 5G 确定性服务质量保障体系

2021 年，中国联通提出了全面推动网络从提供“尽力而为”的连接向提供内生确定性服务转变的理念。5G 确定性服务质量保障体系包含：具备确定性能力的网络，具备端到端测量感知及决策部署能力的业务感知系统，具备自动化业务订购建模和能力开放等能力的应用服务支撑系统，以及确定性的服务保障，如图 8-5 所示。

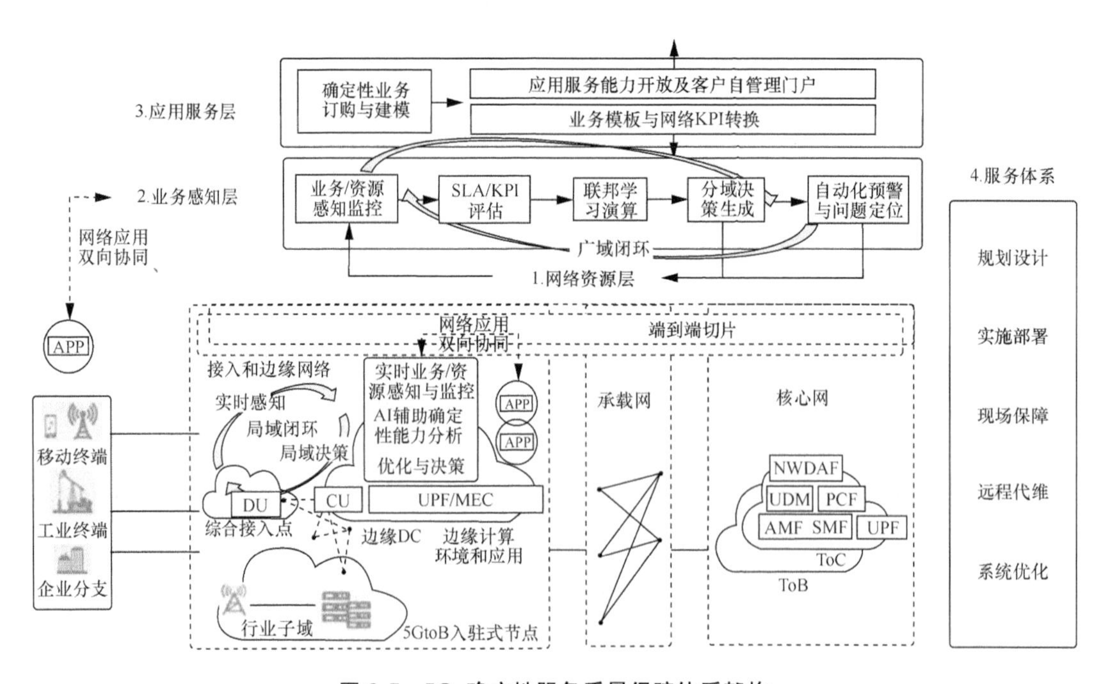

图 8-5 5G 确定性服务质量保障体系架构

① 网络资源层通过引入 URLLC（Ultra-reliable and Low Latency Communications，高可靠和低延迟通信）、高精度定位、双链路、网络切片、TSN 等确定性技术，并利用 NSMF（Network Slice Management Function，网络切片管理功能）、PCF（Policy Control Function，策略控制功能）、NWDAF（Network Data Analytics Function，网络数据分析功能）等，实现对网络资源的端到端管理、调度、策略实施，提供确定、稳定的网络能力。

② 业务感知层进行业务感知监控、SLA/KPI 评估反馈，引入 AI 等智能化手段实现资源自动调度、分域决策、生成下发配置参数以及故障定位，与网络资源层形成闭环机制，为用户提供确定性的业务体验。

③ 应用服务层基于运营商提供的数字化运营平台，通过确定性业务订购与建模、业务 KQI 模板与网络 KPI 转换、网络能力开放等手段，向行业用户开放应用服务支撑系统部分能力，实现用户的自服务和自管理能力。

④ 服务保障能力随着服务对象逐步由消费类用户向行业用户转变，运营商探索面向行业用户的创新合作和服务模式，设计配套分级的确定性服务保障方案，打造一体化的确定性服务质量保障体系。

8.1.5　5G 为产业赋能

5G 拥有广阔的应用前景，无人驾驶、虚拟现实、智慧城市等新产业将借助 5G 得到更大的发展。在 5G 时代，AR/VR 技术让人们足不出户就可以感受大自然的风采，无人驾驶技术为工业、物流、运输等行业带来新的机遇，视频信号的实时高清传播在医疗、教育、娱乐等领域有广泛应用，5G 将融入社会生活的方方面面。

（1）5G 赋能娱乐

随着信息技术的改革以及移动终端处理器能力的提升，娱乐产业逐渐趋向于移动化、轻量化以及智能化。与此同时，娱乐产业对于数据传输速度、传输稳定性提出了更高的要求。相比于传统的网络连接方式，5G 不仅是信号传输质量上的提升，还引领了一个全新的沉浸式娱乐观感，比如高清视频直播，AR 换装，VR 虚拟会议，云游戏等。

案例 1：春晚 5G 直播

传统直播依托光纤传输信号，为了保证画面的稳定性，清晰度和流畅度，直播前需要提前部署场景，成本高，耗时长。2020 年央视春晚实现了 5G+8K/4K/VR 高清网络直播，在保障画面流畅稳定的前提下，为用户带来全新观看体验。

案例 2：云监工

云监工指通过直播“监督”。2020 年 1 月 27 日，为了让更多网友能第一时间了解武汉火神山医院及雷神山医院建设工地的情况，央视、人民网等媒体借助 5G 信号，提供了实时的全景和近景直播高清画面，四天在线观看总人次突破 1 亿次。

2020 年 3 月 4—6 日，一汽奔腾开启了为期三天的“透明工厂”线上参观，让广大消费者体验了一把汽车生产的“云监工”。通过“云监工”，可以清晰地看到一汽奔腾“透明工厂”的所有情况，比如冲压，机器人焊接，机器人自动喷涂，总装，等等。3 月 7 日，在广大网友“云监工”下，一汽奔腾 T77 PRO 通过网络直播的形式正式上市。

（2）5G 赋能工业

工业互联网作为推动数字经济与实体经济深度融合的关键路径，现已成为全球主要经济体促进经济高质量发展的共同选择。美国、德国、日本分别成立工业互联网联盟、工业 4.0 委员会、工业价值链促进会，并分别提出先进制造业领导战略、工业 4.0 战略、互联工业战略。麦肯锡调研报告显示，工业互联网在 2025 年之前每年将产生高达 11.1 万亿美元的收入；据埃森哲预测，到 2030 年，工业互联网能够为全球带来 14.2 万亿美元的经济增长。另据预测，2030 年，5G、工业互联网和人工智能将共创造 30 万亿美元以上的经济增长。

步入工业 4.0 时代，工业面临着向全面智能化，自动化，个性化，高端化转型的严峻挑战。相较于 Wi-Fi，蓝牙，4G，局域网等物联网通信技术，5G 拥有高传输速率，低网络延迟，高可靠性等优点，而这些优点都能保证其与新一代智能工业生产紧密融合，并完成现阶段一些难以实现的工业生产任务。比如实时传输超清视频流，通过图像实时远程操作工业机器人等。

随着 5G 与工业互联网的深入结合，未来的工业生产将达到自学习、自感知、自设计、自发展等新的工业智能化高度。

① 5G+AGV

高端制造行业的零部件和产品种类多，数量大，制造流程各异，对柔性物流需求高，传统 Wi-Fi 承载的 AGV 移动跨越 Wi-Fi AP 覆盖区域后，其通信终端重新连接，造成 AGV 经常停顿，影响工作效率。

案例：5G+AGV

江苏仅一集团“一号园”智慧园区是集科技、节能、生态、人文一体的绿色智能化园区。仅一集团为设计制造型企业，在设计、装配、服务时需要调用大量的 CAD 图纸，网

速要求较高，6000 平方米园区主体建筑为钢结构建筑并且有许多蓝牙、无线投屏等设备，Wi-Fi 不够稳定，易出现掉线、卡顿等情况。仅一集团与中国电信共同推进智慧园区的建设。中国电信将仅一集团的智能一号园进行 5G 网络覆盖，仅一集团将数据中心托管于最近的电信机房，这样通过 5G UPF 将 5G 流量中需要访问企业内网的直接卸载到仅一集团的数据中心。仅一集团将分布式智能物流仓储系统、云化移动办公系统、AR 智能装配运维系统部署在数据中心，保证终端高效响应。迁移到 5G 上以后，AGV 运行稳定、更智能更快捷。原 AGV 在运行过程中会停滞，使用 5G 网络后，网络延时降低到 20ms 以下，抖动 2ms，丢包率降低到 0.01%，AGV 运行流畅，途中无停顿，提高了效率。原云桌面调入复杂 CAD 图时，有明显的延时，使用 5G 网络后，高带宽使得载入文件就像本地磁盘一样迅速，真正实现云化移动办公。

② 5G+远程控制

目前，工业领域的远程控制已发展到集计算机技术、传感技术、自动控制技术、网络技术、通信技术于一体，实现与本地操作类似的控制效果。相比于现有的 3G/4G、Wi-Fi 等网络，5G 在稳定性、传输速度、时延等方面具有非常明显的优势，可以满足远程操作机械设备完成高精度作业的基本需求。而且，通过利用 5G 网络高带宽的优势，操作者可以通过高清视频流还原真实工作场景，从而更准确地完成每一个任务。

案例：5G 遥控驾驶

2019 年，世界移动通信大会在上海召开，三一重工推出 5G 远程挖掘机遥控平台，在上海通过移动 5G 网络操作，向远在千里之外的栾川钼矿挖掘机下达指令，挖掘机接收指令后迅速在露天矿区精准快速地完成挖掘、回转、装车等动作，大大降低生产安全事故隐患。

2020 年 3 月，山东联通与山东黄金合作，打造 5G 智慧无人矿车，“5G+人工智能”远程操控无人驾驶采矿机车顺利通过测试，实现对井下大型特种工程车辆的远程操控、无人驾驶，有效消除矿区井下人员安全风险，真正做到“有人安全巡视、无人跟机作业”。

③ 5G+远程维护

随着物联网技术的发展，工业生产流水线的少人化，无人化程度越来越高，运维阶段产品运行状态监控度不断提升，机器产生的数据出现指数级增长。大量的设备需要进行集中监控并协同工作以提高整体生产流程的工作效率。在设备大规模部署后，集中管理及远程维护的难题随之而生，将现场设备进行大规模的远程联网势在必行。5G 网络的高带宽，低时延及万物互联的特征，可以将大量生产数据实时地传至后台系统进行分析。实现远程实施维护和预测性维护，提升工作效率。

案例：5G 智能车库

目前，医院、大型商场和会展场馆等车位有限，急需改善停车空间，对开发商而言车位价格正在不断走高，希望获取最大收益，在大中城市立体车库增势迅猛。但售后服务不足，2 年质保期后频繁出现事故，维保市场混乱，维保成本高，巡检人力消耗巨大，关键部件状态不清楚，隐患频繁。

上海理想信息产业（集团）有限公司定制了 5G 智能立体车库系统解决方案，联手中建钢结构集团，利用图像处理、物联网及 5G 网络等技术，实现 5G 智慧车库的远程智能维护及远程智能安全巡检，如图 8-6 所示。

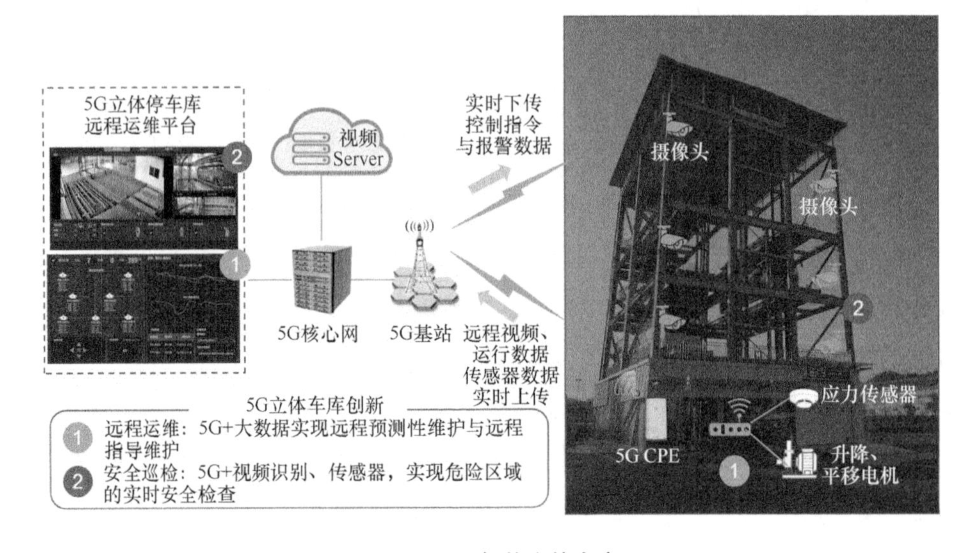

图 8-6　5G 智能立体车库

5G 智能立体车库内部署传感器采集车库重要节点数据，通过 5G 网络将数据传输到安全运维平台，根据运行数据、结构性数据及关键设备性能数据，实时了解车库关键设备的运行状况，对关键部件的性能损耗及可能发生的故障有预测性判断，预防重要故障的发生及关键设备的异常宕机等，在遇到设备故障的情况下，可以远程排查故障原因，尽量减少人力投入，充分提高车库运维的效率。

5G 智能立体车库内部署高清摄像头采集现场视频数据，通过 5G 网络将数据传输到安全运维平台，结合立体车库中关键安全场景需求，比如“人员误入”“临边防护”“车位监测”“充电枪状态监测”等，利用人工智能算法对场景视频中的异常进行实时监测并及时提供报警信息，以及存储日常运维异常数据以供事后追溯等业务使用。

④ 5G+边缘计算

案例：海尔 5G MEC

在家电制造行业中，质量检测是整个制造环节的关键步骤。传统工业视觉检测系统通过在生产线上部署大量视觉检测工控机，以有线电缆方式将摄像头与工控机进行一对一连接。该方式存在安装维护成本高、系统升级更新不灵活、扩展性差等弊端。海尔智能工厂通过部署 5G MEC，采用 5G 高可靠网络代替有线电缆及工控机，大大减少了厂区现场有线电缆布线、调测等工作。MEC 集成机器视觉、图形对比处理，利用 MEC 平台提供的强大算力，将原先分散式的工控机计算过程汇聚到 MEC 平台，大幅优化了资源利用率，降低了维护成本，提升了企业集约化运营效率。同时 MEC 还可集成 5G 智能设备管控等应用，实现设备云化维护管理，运维人员可实时监控产品质量状态，升级新应用功能，不需要长期在现场操作。

⑤ 5G+专网

案例 1：5G+矿山专网

2020 年 6 月，中国联通在山西吕梁庞庞塔煤矿井下 800 米处，成功建成首张覆盖 100 多千米巷道的 5G 井下商用网络，从根本上解决了传统网络技术难以满足井下高危环境、设备及传感器数量庞大、用人多等生产特点需要，为构建煤矿本质安全提供可靠的网络支撑。目前，庞庞塔煤矿依托 5G 网络大带宽、广连接、低时延三大特性，已构建了集 4G、5G、NB-IoT 于一体的超融合高质量网络，实现了一张网管理，所有系统数据通过一张网传输，经实测网络带宽达到 50G 以上，传输时延最低为 10 毫秒。基于该网络，庞庞塔煤矿已成功搭建了视频采集、智能分析、全面感知、三维展示、设备健康管理和 VR 高清直播等智慧应用。

案例 2：5G+钢铁专网

湛江钢铁通过构建一张 5G 工业无线专网，赋能数据采集、监控管理和生产控制三大类工业应用场景，实现工厂生产、设备、物流、能环、安全五大核心要素的效能提升，支撑智慧钢厂建设。湛江钢铁已建设并开通了 47 个 5G 基站，实现了门岗人脸识别、无人机巡逻、厚板移动办公、堆取料机无人化、通勤车人脸识别考勤、智能广告宣传等试应用。

2020 年 6 月，中国联通与湛江钢铁深度合作，创新打造全球钢铁行业首家 5G 独立核心网组网的工业内网体系，突破了以往电信网络统一封闭的建设运营模式，攻克了 5G 技术在高温高危等复杂场景下的技术难关，研发了一批 5G 在工业应用上的关键瓶颈技术，为企业业务需求和应用系统提供定制化网络服务。专网开通后，平均网络时延低于 15 毫秒，下行速率为 650Mbit/s，上行速率为 150Mbit/s，助力实现设备运行监测、生产工艺革新，安全预警监管等技术升级。

（3）5G 赋能政务

进入 21 世纪，全球各地的城市化进程明显加快，全世界约有 50%的人口生活在城市中。然而，随着城镇化建设逐渐加快，城市人口逐渐密集，资源匮乏，生活质量、幸福感偏低，交通拥堵，环境恶化等问题相继出现。传统的城市管理模式并不能改善这种状况。因此，“智慧城市”这一概念出现在全球各国近几年的城市发展计划中，旨在利用人工智能、大数据、云服务、物联网、互联等技术为城市的可持续发展提供科技动力。

智慧城市所包含的各种应用场景的实现离不开互联网技术的支持。随着 5G 网络的研发和应用，一些为智慧城市打造的智能解决方案逐渐从理论研究提升至社会实践。5G 无线通信技术利用其高速率、高稳定性、低时延、多连接等特性，实现智慧城市的万物智联，从而使城市的信息化、数据化、智能化管理得以真正实现。在维持城市发展速度的条件下解决发展中遇到的各种问题，实现城市人性化管理。

案例 1：5G+城市安全

2021 年 5 月，广东联通协助政府开通 5G 鹰眼系统，首批网络覆盖广州、深圳、珠海等地的地标建筑，协助政府全景掌控核心区域人群密集、车流拥堵实况，快速定位、高效处理异常事件，实现大场景态势感知。未来广东联通还将把 5G、AR 技术与治安管理相结合，分批次覆盖全省核心地标、三防关键场所和重点石化园区，助力政府实现“快速地发现治安异常、简单高效地指挥调度、精准全局地指挥调度”。

案例 2：5G+数字乡村

2021 年中国联通推出数字乡村云平台，涵盖乡村党建、智慧村务、乡村治理、乡村服务、通信服务、物联网终端等多种应用场景，并通过乡村数据大屏实现一图感知一屏管理的新模式，预计 2025 年，服务将超过 30 万个行政村。

在河南，中国联通为农村地区提供数字安防服务，解决村民亲情守护、看家护院的需求，同时完成村委乡村治理和与雪亮工程、数字乡村平台对接，实现村级联防联控。

在福建，中国联通与福建农垦集团合作建成了全国首个 5G 智慧茶园，在全面覆盖联通 5G 信号的基础上，集合多个智能化系统，运用云计算、物联网、大数据等新技术，提高茶园管理及生产效率，实现茶园信息数字化、茶园生产自动化、茶园管理自动化。

在山东，中国联通联合阿里钉钉打造日照车家村数字乡村建设，“乡村大脑”基层治理大屏实时展现车家村人口、村务活动、平安、基层服务等乡村治理相关内容，管理者可实时获取乡村基层治理所需的一手信息，为乡村智能化、智慧化治理带来帮助；村民手机

App 整合了社区便民服务、党建服务、政务服务、公益服务、电商服务、劳务服务、乡村教育服务等内容模块，为村民的日常生活带来了便利，提升了村民的幸福感。

（4）5G 赋能教育

随着 5G 的到来，教育行业迎来新的模式。一方面，5G 大幅提升视频清晰度，保证了线上授课的质量。同时，通过广泛铺设 5G 基站，远程教育将实现偏远山村孩子们的求学梦想。由此来看，5G 教育具有非常重要的社会价值，而广泛铺展 5G 网络一定程度上可以提升全社会的教育水平。另一方面，5G 提供了全新的教学理念。在正常运行时，5G 延迟低于 10ms，最快速度可以达到 10GBit/s，这将支持 VR/AR 等交互式应用融入现代化教育课堂中。在 5G 赋能的教学场景中，老师可以将虚拟模型放置在教室内，通过肢体动作和语言命令控制虚拟模型放大、缩小、旋转、甚至是拆分和组合，从而让授课内容可视化、形象化。与此同时，学生可以和虚拟模型交互，更直观地了解学习内容。这种沉浸式的学习体验能提高学生的学习积极性，并能深刻理解所学内容。

案例 1：5G + AR 教育场景

2019 年 5 月 10 日，上海市愚园路第一小学、上海电信、诺基亚贝尔、百度 VR、视博云正式达成战略合作，将百度 VR 教室与 Cloud VR、5G 硬件基础设施等相结合，共同打造国内第一个 5G+AR 教育场景。

在教学内容上，“百度 VR 教室”提供了自然科学、艺术创造、天文宇宙三大类别。VR 引擎高度还原了真实世界的外貌和其物理特性，兼顾操作的真实性，让教师可以开展一节生动逼真的 VR 课程。Cloud VR 利用边缘云将 VR 内的高复杂度计算从本地迁移到云端，再将计算后的结果回传到 VR 设备。这种计算方式极大地降低了 VR 设备的硬件要求，大幅提升了画面质量和交互体验，扩展了 VR 在各个领域的应用前景。

由于 VR 内容对网络延迟和带宽的要求非常高，在校园网部分，上海电信通过智能组网打造千兆带宽的校园网络。在移动终端部分，诺基亚贝尔提供了在 5G 网络环境下应用的 VR 硬件设备，通过其拥有人工智能功能的边缘云平台，5G 各种创新需求可转化为运行在边缘云平台上的兼容服务。

5G+VR 打造的沉浸式教育令日常教学内容生动能够有效地调动学生学习积极性，并培养其动手能力。在未来，5G 与 AR 等信息化教育模式将会成为我国教育产业的常态。

案例 2：5G +全息投影教育场景

中国联通积极引领 5G+智慧教育应用创新，建设了新一代远程互动教学、虚拟现实教育、人工智能教育教学评测、校园智能管理四大重点智慧教育场景，助力学校更好地革新教管教学方式方法，带给广大师生众多耳目一新的科技感、沉浸式课堂体验。

2021 年 3 月，上海市卢湾高级中学及遵义市第五中学举办的“上海·遵义两地中学生 5G 全息学党史思政专题课观摩活动”，在两所学校的 5G 全息智慧教室和录播教室举行。在这堂融合了 5G 和全息技术的学党史思政专题课上，两地师生通过联通 5G 网络连线，观看全息投影呈现的立体、生动、鲜活的一大会址、遵义会址等场景，并借助采集设备录制和播放学生课前的探究分享成果，体验了一堂形式新颖、立体生动，跨越空间、仿佛身临实境的现代化课程。整个课堂教学形式新颖生动，学生对课堂内容兴趣盎然。

（5）5G 赋能交通

借助 5G 新一代信息网络技术，车路协同的智能车联网越来越可行。它将车与车、车与人、车与环境、车与云智能平台等全面连接，从而实现道路交通的智能化管理和行驶车辆的自动化控制。随着人工智能和大数据技术的发展，智能车联网发展迅速。华为、百度、谷歌、特斯拉等人工智能巨头都将车辆自动驾驶与管理作为企业重点培养项目。发展智能车联网已经提升至国家未来创新战略，在未来 5～10 年间，智能车联网将与 5G 移动互联网紧密结合，而道路交通和物流产业随着 5G 网络的全方位覆盖进入全新的自动化智能时代。

案例 1：智能交通

2017 年，国务院印发《新一代人工智能发展规划》，其中对于智能交通的规划是，研究建设营运车辆自动驾驶与车路协同的技术体系，研发交通信息综合大数据应用平台，检车智能交通监控、管理和服务系统。智慧交通的时代拐点已经出现，机遇就在眼前。5G 将牵引新一轮技术融合创新，全面赋能自动驾驶和智慧交通，实现自动驾驶的低时延、高可靠、高速率和人、车、路、云等协同互联。

根据汽车工业协会统计，智能驾驶汽车到 2025 年将会是 2000 亿美元至 1.9 万亿美元的巨大市场。根据 IHS 数据，至 2035 年，全球无人驾驶汽车销量将达到 1180 万辆，2025—2035 年间年复合增长率为 48.35%，届时中国将占据全球市场 24%的份额。

目前，成都的 5G 智慧公交调度管理系统已实现 5G+AI 公交客流量实时统计、行为识别预警两大功能。通过 5G+AI 实现站台乘客流量智能统计，根据设定时间间隔，实时记录站台乘客数量，并通过 5G 网络上传平台。系统通过设定上下车边界和判定规则，统计一定时间段在站台划定区域的乘客数，及时分析上下车人流逆差，有效支撑后台调度人员快速决策进出站的公交调度，实现智能调度。同时，该系统还可实时展示站台区域候车乘客，并第一时间识别在站台、公交车道上行走、翻越栏杆等危险行为，快速发出告警，便于执勤人员及时提醒乘客，保证广大乘客的出行安全。

湖南的智慧公交车辆会通过传感器（如激光雷达、超声波雷达、毫米波雷达、视觉感应器等）识别前方障碍，同时在测试区及开放道路上 5G 信号的帮助下，智慧公交车能在 5 毫秒之内做出精确判断，可以达到在 100 米外稳定检测到障碍物、离障碍物 3 米处平稳停下的水平。

上海自贸区金桥管委会已在金桥地区推出 5G 智能网联汽车城市开放测试道路。测试场景复杂，包含街道、商业区域等丰富的城市场景。测试汽车通过 5G 网络与智能平台连接，实现一套完整的车辆物联网。未来，金桥将以智能车辆实测为契机，在保证交通安全的基础上积极推动自动化、智能化、智慧化汽车产业链，加速实现无人驾驶汽车等智能产品。

案例 2：智慧港口

货船进港停泊靠岸后，自动岸桥吊移动到船上空，绳索慢慢下降，抓住集装箱的四个边角，升起塔吊，再把上百吨重的集装箱运送到旁边等候的 AGV，随后，AGV 将集装箱运送到港内存放集装箱的货栈，轨道吊把集装箱吊起，运送到堆场区或者前来接单的集卡车上。以上极其复杂的操作过程，在青岛港实现了一气呵成。

青岛港是全球最繁忙的十大港口之一，是亚洲首个全自动化码头。借助中国联通 5G 网络和自研设备，青岛港成功实现了通过无线网络抓取和运输集装箱，满足了毫秒级时延的工业控制要求以及超过三十路 1080P 高清摄像头的视频传输。

（6）5G 赋能医疗

在医疗健康领域，传统的医院采用“问询、检查、治疗”的方式，重病后治疗、轻病前预防，不但与健康理念不符，而且会造成看病难、看病贵的问题，浪费医疗资源。在移动互联网时代，随着传感器、可穿戴设备、移动网络、大数据等技术的介入，用户可以实时地跟踪并记录自己的心跳、血压、睡眠、运动等数据，并通过移动互联网及时地上传到云端进行大数据分析，实时地了解自己的身体状况，及时获得准确的治疗方案。

在中国，各级政府和相关企业非常重视传统医疗与移动互联网的深度融合。2020 年 3 月 2 日，国家医保局联合国家卫健委下发《关于推进新冠肺炎疫情防控期间开展“互联网+”医保服务的指导意见》，涉及将符合条件的“互联网+”医疗服务费用纳入医保支付范围；鼓励定点医药机构提供“不见面”购药服务；完善经办服务等六条指导意见。此次六条指导意见的出台，有望推动互联网医疗在全国范围内纳入医保。

案例：5G 远程外科手术

中国联通福建分公司联合华为、福建医科大学孟超肝胆医院、北京 301 医院、苏州康多机器人有限公司等成功实施了 5G 远程外科手术动物实验，“世界首例 5G 远程外科手术”由此诞生。主刀医生坐在机器旁，通过实时传送的高清视频画面，利用几个小指环轻松操纵远在 50 千米外的手术钳和电刀。在不到 10 分钟的时间里，就将一片肝小叶顺利切除，手术创面整齐，全程不见一丝血迹。半小时后，50 千米外的福建孟超肝胆医院手术帐篷内，“患者”（小猪）渐渐从麻醉中醒来，哼唧几声，本次远程手术圆满成功。“实时互联互通”是远程手术的关键，实验中远程操控机器人的两端控制链路、两路视频链路全都承载在 5G 网络上。

山东联通通过 5G 技术帮助青岛大学附属医院完成了世界首例原研机器人超远程腹腔镜手术。基于山东联通 5G 网络，手术过程中不仅实现了机器远程操控，还实现了患者体征数据实时展示、远程音视频双向高清通话、现场直播及手术现场 360° 全景画面展示。手术期间 5G 网络运行稳定，机器人控制及 3D 术野视频流畅，时延控制在 30ms 左右。远程系列手术不仅可以缓解异地就医难题，还可以让今后超远程 5G 手术在医联体之间常规开展成为可能。

（7）5G 赋能农业

我国是一个农业大国，农业在中国经济发展中发挥着重要作用。近几年，我国一直在加大农业发展力度，总产值在近十年不断攀升，于 2019 年达 70467 亿元。然而，传统农业生产存在着众多问题，比如生产信息不对称，基础设施不完善，技术水平不过关等，这些问题无一不在深刻影响着农业发展和农业经济。随着 5G 时代到来，5G 与无人机、人工智能、农业机械等技术融合，将会为解决这些问题带来一个可行的智能化解决方案。

案例：5G 无人驾驶收割机

中联重科于 2018 年在江苏兴化市国家粮食生产功能示范区展示了中国首台 5G 无人驾驶收割机，引领未来科技化农村新方向。在这个示范项目中，5G 无人驾驶收割机展示了自动农业收割的过程，具有智能化程度高、高度自动化、模式多样、路径偏离程度低等特点，能够满足农业收割要求。该机械装载多个传感器，在作业时可以根据现场状况自动调整运行速度、收割器高度、收割速度等参数，并且具备基本的避障和路径规划等功能。

另外，中联重科联手中国电信和多家高校，积极推动传感器开发、自动化控制、人工智能、工业互联网等技术在农机装备生产和使用上的相关应用开发，在耕地、播种、收获和烘干等多个农业生产环节设计针对性的自动化器械。5G+无人机可以对整个地区定时进行环境数据采集，并根据采集数据判断当前的环境污染指数，5G+AI 可以提供可视化诊断、虫害预警、智能杀虫等智慧化农业生产管理。而 5G+AR/VR 可以提供给生产人员完整的网络课程辅导，普及相关先进文化知识，5G+农业机械将可以代替人工，从而提高生产效

率，保证农作物质量，实现智能种植。5G 可以帮助农业生产者与物流公司、零售商等直接沟通，做到信息的共享化、透明化，零售商也可随时查看农作物种植过程，并根据种植情况提出相关要求，提出合理报价，也可以与消费者直接沟通，根据消费者的需要种植相关农作物。未来可能会进入“一订单，一播种”模式，从而保证农业生产者的基础收益。

（8）5G 赋能文旅

在文化旅游领域，中国联通与合作伙伴通力协作，共同探索 5G 智慧文旅的业务场景、应用创新与商业模式，并陆续在一些具有代表性的旅游目的地实现应用落地。比如，5G+AR 应用让游览红旗渠景区的游客沉浸式地感受红旗渠的壮美，学习红色文化、传承红色精神；5G+AI 移动执法，可实现泰山景区指挥中心与一线执法人员的实时联动，管理者以一线人员的视角开展应急指挥；在中国（海南）南海博物馆落地的 5G 文物修复助手，可实现文物修复专家远程指导文物修复，成为 5G 在文物保护领域的应用亮点；在海南呀诺达落地的 5G 景区无人车，可为游客带来更多的科技感与体验感，成为景区获客新亮点。在贵州，中国联通打造的“一码游贵州”全域智慧旅游平台，以大数据、5G 直播、新零售、区块链等多项前沿科技为支撑，通过一个二维码广纳贵州文化和旅游信息资源，此平台上线一年以来总访问量达 1.7 亿人次，累计用户突破 1700 万，平台累计交易额达 2800 万元。

8.2　6G 技术

全球来看，2019 年是各国纷纷正式启动 6G 研究的一年，2020 年是全球纷纷加大政策支持和资金投入力度用以加快推动 6G 研究的一年。6G 研究处于起步阶段，整体技术路线目前尚不明确。目前业界对于未来 6G 的底层候选技术、网络特征和目标愿景都处于热烈的自由探讨中，未来三年 6G 研究的讨论聚焦在 6G 业务需求、应用愿景与底层无线技术等方向。此外，高应用潜力和高价值关键使能技术的核心专利预先布局，研发生态构建是目前 6G 研究的工作重点。可以预见，未来五到十年，6G 技术话语权的竞争势将激烈。

6G，即第六代移动通信技术，下载速度可以达到每秒 1TB，时延指标预计为 0.1ms，将涉及全息影像传播、全息视频通话、沉浸式购物、远程全息手术等场景。

6G 研究有 4 个技术难题：①高频段传输特性、覆盖特性不太好的问题需要解决；②大规模的网络导致算法的复杂度进一步增加，天线数量的增加导致成本增加；③要实现“空天地海一体化”全覆盖，信号的传输距离可能达到上万千米，导致时延急剧增加，因此网络架构的设计很重要；④卫星网络是高度动态化的，在移动的网络中保证信号高质量的传输非常有挑战性。

太赫兹是 6G 的关键技术之一，美国把它列为改变人类的前四大技术之一，日本把它列为改变日本十大战略之首，我国也把它列为关键性技术，数年前已有通信企业开始布局深耕这一领域。太赫兹，实际上是一个频率单位，1THz=1000GHz，泛指频率在 0.1～10THz 波段内的电磁波，该范围两侧的微波与红外线均已广泛地应用，因此这一频段叫做“太赫兹鸿沟”。在长波段与毫米波（亚毫米波）相重合，短波段与红外线相重合下，太赫兹波在电磁波频谱中占有很特殊的位置。值得一提的是，国际电联将 0.3～3THz 的频段定义为太赫兹辐射，较上面的范围要小，目前的太赫兹应用均在该频段范围内。太赫兹频谱频段如图 8-7 所示。太赫兹技术主要应用在光谱，成像，高速通信，雷达，安检，探测，天文等领域。

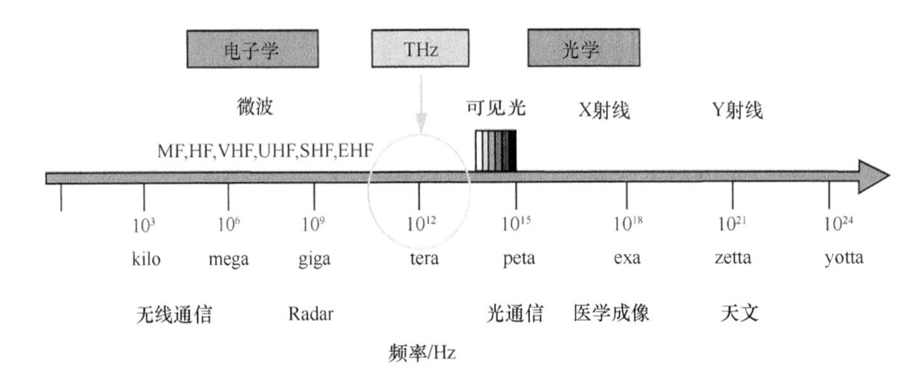

图 8-7　太赫兹频谱频段

《中国联通 6G 白皮书》将 6G 网络典型应用场景分为 5 种。

（1）感知互联网

追求更接近真实的虚拟世界体验是人们一直追求的目标，6G 时代的感知互联网有望实现味觉、嗅觉、触觉等更丰富的人类生理感知体验，甚至有望实现人类情感情绪和意念有关的交互感知。通过感知互联网尽可能多地获取感官刺激将成为普遍的现实，这些前所未有的交互方式将给用户提供极丰富极新颖的用户体验和新的应用机遇。比如在医学上，通过远程控制机器人，医生能接收到触觉反馈，有助于进行更精确的工作，例如外科医生感觉到远程操作的手术刀施加的压力，或者骨科医生能够操纵关节以帮助患者从受伤中恢复。

（2）智慧车联网

未来的车联网技术将搭载先进的车载传感器和芯片，融合 6G 通信技术，具备复杂环境感知、智能化决策与自动化控制功能。车联网技术的应用可以有效降低目前全球交通和

物流网络造成的伤亡率，目标愿景是实现交通零伤亡、零拥堵，达到安全、高效、节能的发展要求。

（3）工业互联网

未来工业互联网场景将支持精细化的远程自动控制，不同厂房之间可利用无线网络进行机床等设备的高可靠、确定性时延的操作，完成生产工艺。通过精准的环境感知，定位、实时的控制及画面传输，多类机器人协作完成重物搬运、仓储物流及产线固定操作。数字孪生技术将汇集工厂传感器、生产线、资源管理等系统的海量数据，构建完整的数字工厂，同时结合 AI、新型安全技术，打造基于数字孪生的智能工业平台，完成数据自动传输，智能化决策，智能化故障处理等流程，打通异地厂区的资源，实现工业互联网业务的全面创新。

数字孪生也被称为数字映射、数字镜像、数字克隆，即物理实体在数字世界中的存在形式，物理产品的数字化表达，是对物理实体的动态仿真。数字孪生可分为 3 个部分：实体产品、虚拟产品、实体产品和虚拟空间之间的数据信息交互。数字孪生技术应用场景非常广阔，适用于智慧城市、航空、工业、基建、医疗、物流、环保等很多场景。在智慧城市建设中，数字孪生技术通过传感器、摄像头、数字化子系统，将水、电、气、暖、交通等基础设施的运行状态及警力、医疗、消防等市政资源的调配情况采集出来，通过物联网技术传递到云端，城市管理者通过这些数据构建数字孪生体，从而可以更高效地管理城市。在医疗行业，数字孪生技术通过智能传感器对人体的重要器官、神经系统、呼吸系统、泌尿系统、肌肉骨骼、情绪状态等进行数字克隆，结合核磁、CT、彩超、血常规、尿生化影像和生化检查结果，可以给医生提供健康评估，有利于进一步精准诊断。未来，数字孪生技术将进一步与数据技术、运营技术、信息技术和通信技术深度集成和融合，促进相关领域发展。

（4）空天智联网

6G 网络是一种海陆空天一体化的移动通信网络，卫星通信在其中扮演着重要角色，卫星通信可和地面通信网络形成有效补充，可通过卫星提供互联网接入服务。按照轨道高度，卫星主要分为低轨卫星、中轨卫星、高轨卫星三大类，其中，低轨卫星传输时延小、链路损耗低、发射灵活，是卫星互联网业主要实现方式。根据麦肯锡预测，2025 年前，卫星互联网产值可达 5600 亿至 8500 亿美元。面对广阔的市场前景，英国 OneWeb、美国亚马逊等公司提出了各自的低轨卫星计划，美国太空探索技术公司的星链计划在 2024 年完成 1.2 万颗低轨卫星发射，在更长远的计划中，有望发射 4.2 万颗低轨卫星，从太空向地球提供高速互联网接入服务。2020 年 4 月 20 日，我国发改委首次将卫星互联网列入“新基建”范畴，这意味着“卫星互联网”已上升到国家战略层面。

6G 网络将能够实现跨越大空间尺度的低时延业务。对于 2B 业务，企业可以有效地管理海外业务，对全球业务实现电信级专网管理，提升企业生产资料的安全性；对于 2C 业务，无论位于海洋、飞机上或在地面任意地方，用户都可以接入网络，随心所欲进行通信。企业和公众体验到优质的泛在网络服务，促进社会消费、商业和娱乐等行业的全面数字化升级。

6G 网络将提供无差别的服务，对于偏远地区可以实现低成本的广覆盖业务，促进生产、生活与社会的数字化进程，改善城乡教育、医疗等公共服务资源的不平衡现象，促进社会资源的共享与协作。6G 网络可以提供自然环境和城市环境的数字化管理，实现极端气候、灾难和社会事件的预警，为灾难防范预留时间；灾后提供机动快速的通信恢复、制订救灾逃生方案，为抢险救灾工作和人民群众的生命财产安全提供通信和计算基础保障。

（5）全息通信

媒介对人类社会的影响越来越大，它随着不断变化的人类社会而不断地进化。在 5G 阶段，AR/VR 作为媒介更多的是应用于娱乐休闲，它带来的体验不可替代性较低。6G 时代下，全息应用正朝着成为现实的方向发展。全息通信可用于远程培训和教育应用程序，为学生提供参与和交互能力，还可以用于复杂和危险环境下的远程故障排除和修复。未来全息通信的广泛应用将会使人与人之间的互相交流和会议呈现多种丰富的形态，并具备更多增强功能。

第 9 章

运营商网络重构与演进

网络是通信运营商业务发展和创新的核心资源，在通信网络演进和ICT融合技术发展的趋势下，国内外主要运营商均提出了网络架构重构转型的计划。运营商网络重构的核心驱动力来自互联网企业的竞争压力、降低投资及运营成本以及创造新的业务模式和商业价值。

9.1 运营商网络重构

9.1.1 中国电信 CTNet2025

（1）中国电信网络重构战略

中国电信于2016年7月正式发布了《CTNet2025网络架构白皮书》，全面启动网络智能化重构；2020年11月发布了《中国电信云网融合2030技术白皮书》。中国电信致力于“做领先的综合智能信息服务运营商”战略目标，实施网络、业务、运营、管理四大重构，提供综合智能信息服务。中国电信的转型新战略是践行“创新、协调、绿色、开放、共享”五大发展理念，贯彻落实网络强国、网信立国、供给侧改革等国家战略的具体实践，以智能为牵引，智能连接、智能平台和智能应用为核心，推进网络智能化、业务生态化、运营智慧化，构建新的业务生态圈。

1）网络智能化

网络架构作为网络的灵魂所在，决定了网络的竞争力和发展潜力，因此，CTNet2025

网络架构重构是中国电信的根本性和战略性创新。中国电信紧跟“网络随选、弹性部署、快速配置”等行业技术发展趋势，深化开源技术应用，积极引入 SDN、NFV、云计算等新兴技术，构建软件化、集约化、云化、开放的 CTNet2025 目标网络架构，打造以“简洁、敏捷、开放、集约”为特征的随选网络，主动、快速、灵活地适应互联网应用。

2）业务生态化

中国电信将构建“2+5”业务生态圈，以“天翼 4G”和“天翼光宽”两大业务为基础，依托天翼高清、翼支付、云和大数据、物联网等业务优势以及流量、安全等核心能力，打造“智慧家庭”“互联网金融”“新型 ICT 应用”“物联网”“智能连接业务”五大生态圈，实现开放合作、融合创新以及共生、共创、共赢的目标。

3）运营智慧化

中国电信将强化大数据应用，构建市场和客户导向的企业智慧运营体系，提升企业核心竞争力，为企业转型升级提供强有力的支撑保障。通过构建一体化智慧运营体系，推进数据驱动企业智慧运营的内部生态系统建设，促进数据和业务的深度融合，实现对营销服务、网络运营和企业管理“注智”，驱动生产执行系统间高效协同，深化精确管理，快速响应市场，有效提升客户感知和企业运营效能。

（2）中国电信目标网络架构

中国电信 CTNet2025 目标网络将具备以下新特征。

① 简洁：网络的层级、种类、类型、数量和接口应尽量减少，以降低运营和维护的复杂性和成本。

② 敏捷：网络提供软件编程能力，资源具备弹性的可伸缩的能力，便于网络和业务的快速部署和保障。

③ 开放：网络能够形成丰富、便捷的开放能力，主动适应互联网应用所需。

④ 集约：网络资源应能够统一规划、部署和端到端运营，改变分散、分域情况下高成本、低效率的状况。

为实现上述目标，中国电信 CTNet2025 目标网络架构从功能层划分，由基础设施层、网络功能层和协同编排层 3 个层面构成，其目标网络功能架构如图 9-1 所示。

1）基础设施层

由虚拟资源和硬件资源组成，包括统一云化的虚拟资源池、可抽象的物理资源和专用高性能硬件资源，以通用化和标准化为主要目标提供基础设施的承载平台。其中，虚拟资源池主要基于云计算和虚拟化技术实现，由网络功能层中的云管理平台、VNFM 及控制

器等进行管理，而难以虚拟化的专用硬件资源主要依赖现有的 EMS/NMS 进行管理，某些物理资源还可以通过引入抽象层的方式由控制器或编排器等进行管理。

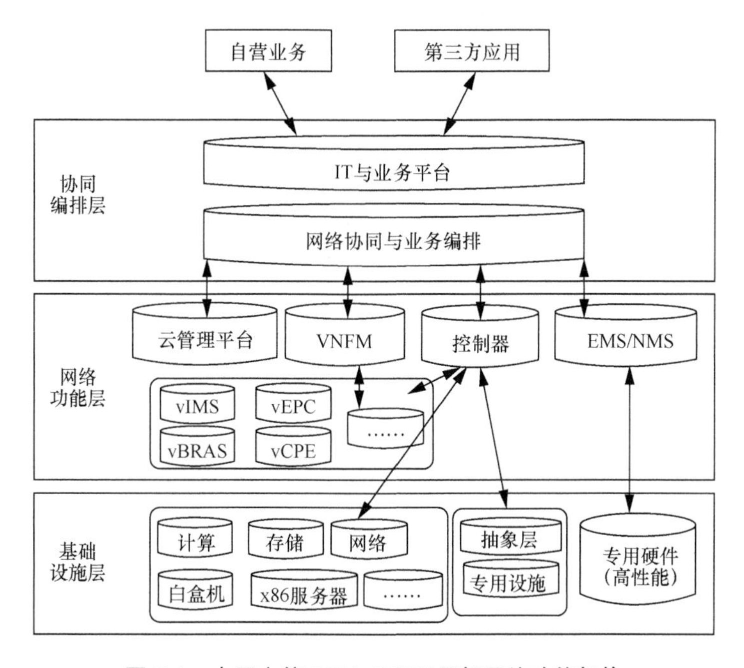

图 9-1 中国电信 CTNet2025 目标网络功能架构

2）网络功能层

面向软件化的网络功能，结合对虚拟资源、物理资源等的管理系统/平台，实现逻辑功能和网元实体的分离，便于资源的集约化管控和调度。其中，云管理平台主要负责对虚拟化基础设施的管理和协同，特别是对计算、存储和网络资源的统一管控；VNFM 主要负责对基于 NFV 实现的虚拟网络功能的管理和调度；控制器主要负责基于 SDN 实现的基础设施的集中管控。为便于快速部署实施，简化接口和协议要求，规避不同管控系统间信息模型不同造成的互通难度，这些系统与现有的 EMS/NMS 间不建议直接进行互通，可通过网络协同和业务编排器进行梳通和协调，完成端到端的网络和业务的管理。

3）协同编排层

该层提供对网络功能的协同和面向业务的编排，结合 IT 系统和业务平台的能力化加快网络能力的开放，快速响应上层业务和应用的变化。其中，网络协同和业务编排器主要负责向上对业务需求的网络语言翻译及能力的封装适配，向下对网络功能层中的不同管理系统和网元进行协同，从而保证网络层面的端到端打通；IT 系统和业务平台的主要作用是将网络资源进行能力化和开放化封装，便于业务和应用的标准化调用。

为了使网络具备快速并有效支撑互联网应用和“互联网+”应用的能力，同时为了能在网络性能和功能上具备差异化的竞争优势，中国电信面向 2025 年的目标网络能力将达到如下指标。

① 简洁：以传送网一、二干融合为抓手促进网络层级的减少；全国 90%的地区提供不大于 30ms 的传送网时延；网络种类、网元数和网络节点数明显减少。

② 敏捷：全面规模提供“随选网络”业务，具备分钟级的配置开通和调整能力。

③ 开放：提供用户自定义的服务，具备 4 个维度（网络、业务、资源、服务）的能力开放。

④ 集约：80%网络功能软件化，全部业务平台实现云化，业务可全网统一调度。

该网络架构带来的新变化主要有以下几个方面。

① 设施的标准化和归一化：目标网络架构中的基础设施，除少数必须采用专用硬件的设备或系统外，将大量采用标准化的、可云化部署的硬件设备，统一基础资源平台，并结合抽象层技术对于非云化部署的设备实现跨网、跨域、跨专业的端到端资源管控和统一管理。

② 功能的虚拟化和软件化：目标网络架构中的网络功能将大量采取软件的形式与硬件解耦，便于实现网络能力和服务的按需加载和扩缩容。同时，网络资源与服务将具备可编程能力，实现资源的灵活调配与业务的敏捷提供。

③ IT 能力的业务化和平台化：目标网络架构中，对于 IT 系统不再仅仅定位于网络的支撑服务，更多考虑将 IT 打造成能力平台，提供对外开放的服务；同时，IT 技术不仅运用于传统的业务平台和软件系统，将更多地体现在网络功能层和基础设施层的各个方面。

（3）中国电信 CTNet2025 V2.0

2019 年，中国电信推出 CTNet2025 V2.0，之前的 CTNet2025 V1.0 主要是基于 SDN、NFV、云构建的一个随选网络。CTNet2025 V2.0 主要是结合人工智能，让云和网更好地融合，将 5G 和传统网络结合，提高它的智能性。CTNet2025 V1.0 是随选网络，CTNet2025 V2.0 演进到随愿网络。随愿网络能够更好地支撑网络智能化升级。

中国电信打造智能化随愿网络演进路线共分为以下三个阶段。

① 2021 年，实现 5G 网络部署与运维的 AI 化；实现网络资源的自动化调度和配置；同时，构建 AI 赋能平台，打造重点行业的智能化解决方案。

② 2025 年，实现多协议融合、无缝的网络接入；实现网络基础设施和运营商支撑的

智能化；通过能力开放、资源共享，打造面向全行业的 AI 应用以及运营体系。

③ 2025 年之后，实现万物互联、即插即用、随需接入；实现网络随愿服务、智能自治；推动 AI 行业规模应用，助力国家 AI 产业发展。

9.1.2　中国移动 NovoNet 2020

（1）中国移动网络重构战略

2015 年 7 月，中国移动发布了 NovoNet 2020 愿景，推出下一代革新网络 NovoNet，2016—2020 年成为中国移动 SDN、NFV 技术的关键部署期。中国移动希望利用 SDN、NFV 等新技术，构建一张资源可全局调度、能力可全面开放、容量可弹性伸缩、架构可灵活调整的新一代网络，满足“互联网+”、物联网等创新型业务对通信网络的需求。中国移动 NovoNet 的核心发展理念是实现网络的“三化”和“三可”，即网络功能部署的软件化、虚拟资源的共享化、硬件基础设施的通用化，同时达到网络开放可编程、控制转发可解耦、功能编排可调度的能力，以便在移动网络、IP 承载网络、传送网络、数据中心等领域实现网络和业务的虚拟化、软件化。

通过 SDN 和 NFV 两大基础技术，中国移动 NovoNet 在网络架构、网络运营管理和网络服务等层面持续优化。

1）网络架构

① 网络功能软件化。将软件和硬件解耦，网元功能以软件部署在通用硬件平台上，实现业务的快速部署和升级，有利于运营商快速满足客户的业务需求。

② 资源共享化。借助 NFV 技术，实现硬件资源通用化和虚拟资源共享化，可以降低硬件成本，实现资源的灵活配置和调度，有利于运营商开发创新业务并灵活部署。

③ 网络可编程。应用 SDN 技术，将网络控制与物理网络拓扑分离，实现网络可编程，有利于快速响应和满足用户的业务需求，最大化利用运营商的网络资源。

2）网络运营管理

① 集中控制。网络功能的控制和调度通过软件完成，提升网络的调度优化能力，可以逐步实现面向全局最优的网络管理和简化网络运维。

② 灵活调度。实现业务部署、业务资源的动态调度，可快速、灵活调度网络资源，应对网络故障、突发事件等。

③ 绿色节能。根据业务量需求动态调度网络资源，并可实现高效率集中控制，大幅提升网络资源的利用效率，构建绿色节能的通信网络。

3）网络服务

① 全面开放的服务。提供全面的开放能力，构建与第三方业务开发者合作共赢的生态环境，全面服务“互联网+”。

② 高效敏捷的服务。具备完善的业务部署和调度能力，能够有效疏导网络流量，对业务提供完善的生命周期管理能力，支持业务的快速迭代、灵活部署、高效使用。

③ 按需调度的服务。计算、存储、网络资源可全局调度，网络可动态编程，可根据用户、业务的需求动态调配资源。

（2）中国移动网络重构目标

中国移动将 SDN、NFV 作为网络重构的技术基础，实现基础设施云化、网元功能软件化以及运营管理智能化。未来网络的核心是通过 SDN、NFV 的引入，实现网络的软件化、资源池化、集中控制、灵活的编排与调度，构建云化的部署形态、智能化的网络调度、全局化的网络编排管理。

① 引入 NFV 技术，采用 IT 通用服务器构建资源池，电信设备软硬解耦，以软件形成电信云，并支撑内容分发、边缘计算等。

② 引入 SDN 技术，采用控制转发分离和路由集中计算，实现网络灵活、智能调度和网络能力的开放。

③ 引入协同编排技术，实现跨领域、端到端的全网资源、网元和流量流向的管理编排与调度。

中国移动网络重构主要包括节点重构、架构重构、网元功能重构以及网络管理与业务运营重构 4 个方面。

1）节点重构

构建云化数据中心，替代传统的核心网机房。云化数据中心采用标准化和微模块方式构建，易于快速复制部署，是电信云的基本组件和满足电信网络要求的关键基础设施，可以承载各类虚拟化的电信类软件应用。

① 标准化的组网：以电信标准为基准的更为严格的网段隔离和网络平面划分原则，业务、管理、基础设施平面独立。

② 标准化的基础设施：硬件采用通用的 x86 硬件架构，增强性能要求和电信级管理要求；以统一的云操作系统支持统一的虚拟层指标要求；以电信级增强的 OpenStack/VIM 实现云资源的管理和分配。

③ 统一的管理编排体系：以整合的 NFVO 和 SDN 编排器和控制器作为统一的管理

编排体系。

2）架构重构

① 构建基础设施资源池：分布式部署云化数据中心，形成基础设施资源池，承载不同的网络功能。

② 控制功能集中化：网络控制功能集中在核心云数据中心。

③ 媒体面下沉：靠近接入点设置边缘云数据中心，将大流量的媒体内容调度到网络边缘，实现快速疏导，提升用户体验。

3）网元功能重构

通过基于服务的网络架构、切片、控制转发分离等，结合云化技术，实现网络的定制化、开放化、服务化，支持大流量、大连接和低时延的万物互联需求。

① 用户面功能可实现灵活部署和独立扩缩容，采用集中式部署支持广域移动性和业务连续性，采用网络边缘部署，实现流量本地卸载，支持端到端毫秒级时延，降低回传网络和集中式用户面的处理压力。

② 网络切片提供端到端资源隔离的逻辑专网，基于行业用户的需求，实现专网专用，基于业务场景灵活组合网络功能，灵活扩缩容，功能扩展敏捷。

③ 固网宽带业务控制设备通过转发控制分离，应对固网发展中面临的运维复杂、资源利用率低及业务开通慢等挑战。

4）网络管理与业务运营重构

构建下一代网络编排器，实施对网络资源池的管理，完成网络和网元部署以及生命周期管理，协调 SDN 控制器完成网络的统一调度，实现业务的统一编排和对外开放。

9.1.3　中国联通 CUBE-Net 3.0

（1）中国联通网络重构战略

为应对 ICT 向一体化服务模式发展趋势下用户环境和业务环境的变化，实现“网络运营”对“业务应用”的支撑和服务，重构网络基础架构以加快推动服务转型，中国联通在 2015 年 9 月发布了新一代网络架构 CUBE-Net 2.0 白皮书，并邀请了 20 多家合作伙伴共同启动“新一代网络”合作研发计划。

为提升端到端的用户体验、实现 CT 与 IT 深度融合以及端管云协同发展，新一代网络架构 CUBE-Net 2.0 引入了面向云服务（Cloud）、面向客户（Customer）、面向内容（Content）等服务元素，坚持以多资源协同下的网络服务能力领先与总体效能最优为建网原则，服务于“用户”和“数据”两个中心，通过服务功能、逻辑功能以及部署功能的多维解耦，控制平面、数据管理、数据中心以及网络节点的集约，实现网络基因重构。全新的网络架构将带来全新的业务运营模式，网络服务平台分为管理、业务、控制和网络功能等几大逻辑实体，在地域上形成基地、区域和边缘三层物理架构，通用化、标准化和集中化成为新网络的基因。

中国联通网络重构的核心技术包括云计算、SDN、NFV 等，SDN、NFV 为网络转型提供了重要手段。SDN 采用转发与控制分离，为全新的网络架构提供了有效途径；NFV 带来的全新设备形态，让封闭的电信网络实现开放。新一代网络架构以超宽网络和数据中心为载体，通过云化的服务平面，实现网络集约化运营，提供多种新的应用服务场景，充分体现了云网协同、按需随变以及弹性灵活的立体化网络优势，体现了中国联通以泛在超宽带、弹性软网络、云管端协同、能力大开放为主要特征的“网络即服务”理念，将“网络即服务”从狭义的网络连接和转发服务向广义的信息转发、存储和计算一体化服务范畴扩展。2018 年 3 月，中国联通发布了针对行业需求定制的“云网一体”新产品：云联网、云组网、云专线、云宽带、联通云盾、视频智能精品网、金融精品网。

2018 年 6 月，中国联通推出 CUBE-Net2.0+网络架构，引入 AI 等新技术，在五方面继续深耕：面向云网一体化，构建基于 SDN 的智能网络基础；面向 5G，实现移动核心网的全面虚拟化与云化；面向垂直行业，打造边缘云技术和应用生态；面向智能化运营，引入人工智能技术，探索网络 AI 应用；面向未来，培育基于开源与白盒的云原生网络产业生态。

2021 年 3 月，中国联通在对国际国内形势、行业发展趋势以及前沿技术走势全面研判的基础上，将 CUBE-Net 2.0 升级为 CUBE-Net 3.0，立足 5G，放眼 6G，在网络 SDN、NFV 和云化转型的基础上，融入云原生、边缘计算、人工智能、区块链、内生安全、确定性服务等新技术元素，并强化不同技术和产业要素的深度融合。

（2）中国联通网络重构目标

CUBE-Net 2.0 愿景内涵有以下 3 层含义。

① CUBE-Net 是面向客户体验的泛在超宽带网络。从局部宽带向泛在宽带网络演进，通过 FTTx/WLAN/3G/4G/5G 等构筑的泛在宽带接入，基于大容量 IP+光协同的超宽承载网络，向客户提供无缝的超宽带业务体验，并满足个人、家庭和企业用户等的自定义个性化体验需求。

② CUBE-Net 是面向内容服务的开放商业生态网络。从仅仅提供语音、宽带和专线的传统商业模式，转型为搭建开放的网络服务平台，提供灵活的网络调度和内容分发能力，

成为内容服务商和最终用户之间的纽带，构建新型 B2B2C 商业模式，打造合作共赢的开放商业生态环境。

③ CUBE-Net 是面向云服务的极简、极智弹性网络。从以通信局房为中心转型到以数据中心为中心，构建云网协同的极简和扁平的新型网络架构，并通过 SDN、NFV 弹性网络技术，智能满足云服务对实时、按需的个性化业务承载需求，支撑自身以及外部客户的云服务，实现“一点引入，全网覆盖”。

如图 9-2 所示，中国联通 CUBE-Net 2.0 的顶层架构是面向云端双中心的解耦与集约型网络架构，由面向用户中心的网络（Customer oriented Network，CoN）、面向数据中心的网络（DC oriented Network，DoN）、面向信息交换的网络（Internet oriented Network，IoN）以及面向开放的云化网络服务平台（NaaS-Platform）四个部分组成，其目标是让网络作为一种可配置的服务（Network as a Service，NaaS）提供给用户及商业合作伙伴，用户能够按需获取网络资源和服务，并可以自行管理专属分配的虚拟网络资源。网络即服务（NaaS）的实现需要以泛在超宽带网络为基础，并引入云计算、SDN 和 NFV 技术进行网络重构和升级，使基础网络具备开放、弹性、敏捷等新的技术特征。

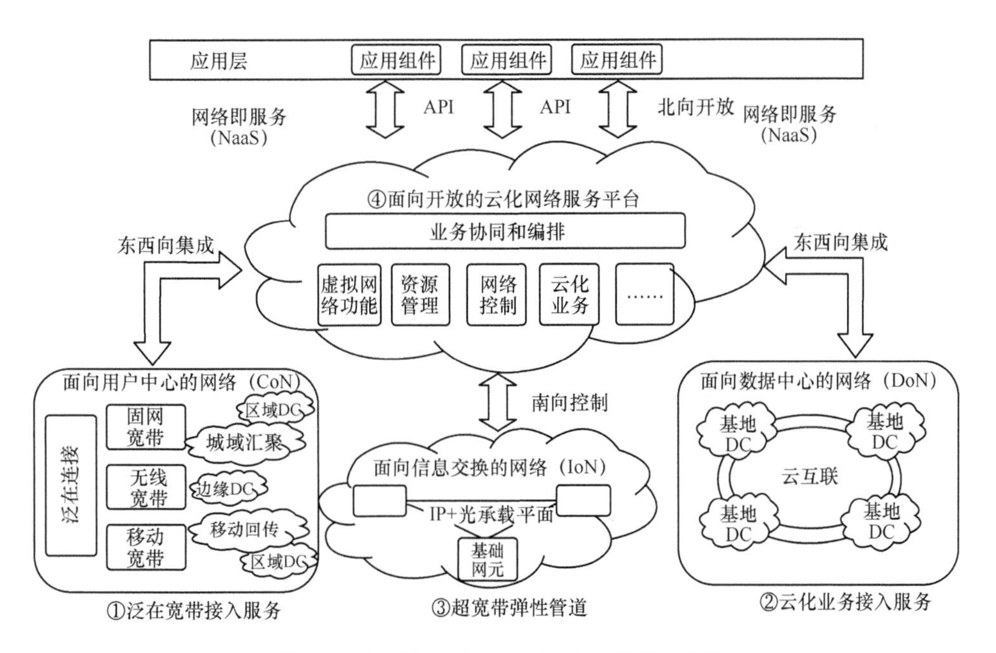

图 9-2　中国联通 CUBE-Net 2.0 的顶层架构

在 CUBE-Net 2.0 愿景基础上，CUBE-Net 3.0 的内涵增加以下三层新含义。

① CUBE-Net 3.0 是数字基础设施型“新网络”的构建者。从承载个人通信业务，提

供语音、短信、宽带等服务，到承载行业业务，提供物联网、产业互联网等服务，再到未来以智联万物、万智互联的网络为纽带，构建起兼具联接力与计算力的新型数字基础设施。新网络既包含以 5G/F5G 为代表的泛在千兆和未来基于 5.5G/6G/F6G 的 10G～100G 的泛在超宽带、确定性联接力，又包含以 IPv6+为代表的网络对业务和环境的感知力，还包含以网络 AI、边缘计算、内生安全为代表的网络内生 计算力。融合联接力、感知力和计算力的新网络将成为支撑数字经济高质量发展的新一代数字基础设施。

② CUBE-Net 3.0 是确定性智能融合“新服务”的创建者。从面向消费者提供宽带网络单一连接服务，到面向经济社会数字化和智能化需求，提供算网一体、具备确定性和安全性的“联接+计算+智能”融合新服务，在满足最终用户极简极智的业务体验同时，实现网络价值的提升。为支持新的智能融合服务，需要将联接和计算资源进行统一分级、标识、原子化抽象和集约化管理，并建立起基于数字孪生的虚拟网络平面，按照业务需求进行实时仿真、验证，根据客户意图进行服务编排。

③ CUBE-Net 3.0 是云网边端业协同化“新生态”的贡献者。从“云网端”时代，云和端各自发展生态，网络只是提供带宽的哑管道，到“云网边端”新时代，网络提供带宽、时延、抖动、安全、算力、可视可控等，深度参与行业应用和智能终端的业务逻辑，与端云产业生态实现合作共赢。新服务呼唤新生态，新服务需要满足客户对应用、云、网、端的一体化需求，产业链的开放协作是必然要求。CUBE-Net 3.0 对内依托运营商的接入、传输、核心网、计算资源、数据资源，通过自主可控的开源产业生态和开发者生态，夯实新网络的基础服务能力；对外将与云服务商、应用服务商、终端提供商等广泛合作，依托外部的内容服务和智能应用生态，面向个人和家庭消费者，提供极致的信息生活体验，面向垂直行业和政府，提供丰富的智能融合应用。

如图 9-3 所示，中国联通 CUBE-Net 3.0 网络架构包含五个部分，分别为：面向用户中心的宽带接入网络（UoN：Customer-oriented Network）；面向数据中心的网络（DoN：DC-oriented Network）；面向算网一体的融合承载网络（CoN：Computing-oriented Network）；面向品质连接的全光网络（AON：All Optical Network）；面向运营和服务的智能管控平面（ACP：AI-driven Control Platform）。

1）面向用户中心的宽带接入网络

为实现智联万物的目标，通过移动宽带与光纤宽带相互协同大幅度增强用户体验的保障能力，通过全频谱的高效使用提升接入的容量，通过异构网络组合满足天、地、海洋一体化的全覆盖需求，通过差异化的网络协议机制创新满足多样性终端的接入需求，通过更

加灵活的物理资源配置实现大上行的接入能力，通过传输层在实时和可靠性方面的创新满足行业确定性的要求，通过智能技术与网络算法的结合实现接入网络对业务和环境的超感知能力、满足业务体验保障的要求。

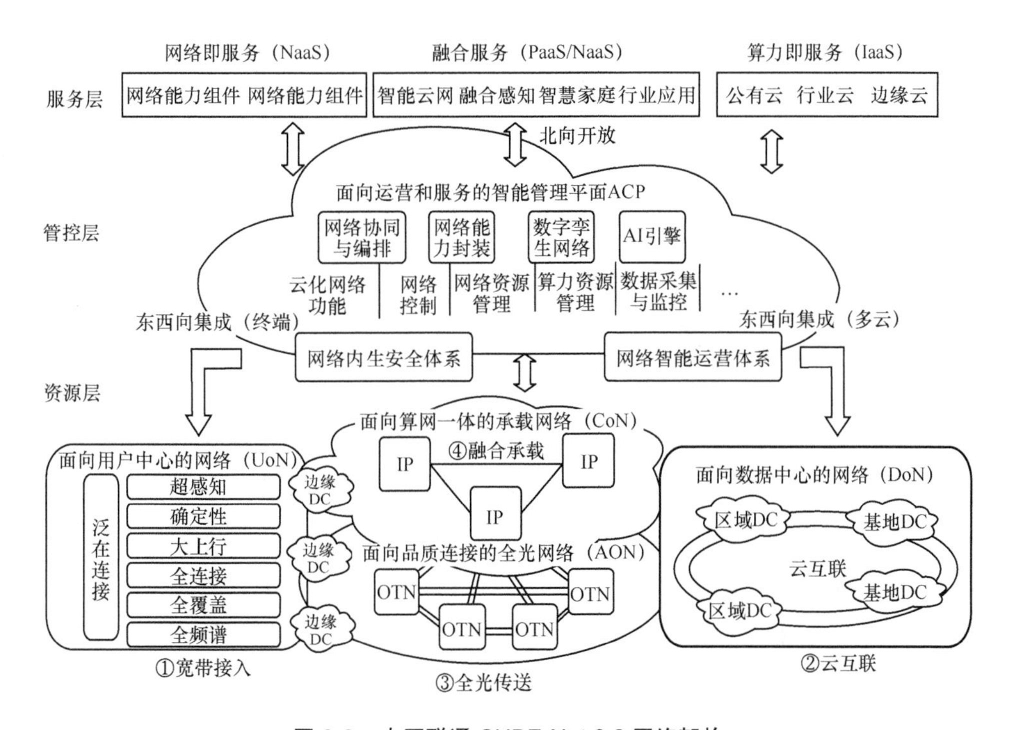

图 9-3　中国联通 CUBE-Net 3.0 网络架构

2）面向数据中心的网络

在 CUBE-Net 2.0 阶段，联通已经构建了面向数据中心的网络，提供云网融合服务，很好地支撑了消费娱乐互联网和远程办公互联网的发展。在 CUBE-Net 3.0 技术架构中，为了匹配从中心云互联到云边互联的新诉求，DoN 将从核心向城域延伸，以无阻塞、低时延、大容量为关键要素，构建起覆盖范围更广、互联节点更多的新型 DoN。

3）面向算网一体的融合承载网络

CUBE-Net 3.0 技术架构将继续夯实云网一体，结合 5G+AI、边缘计算、智慧家庭、行业云网等新业务诉求，探索面向业务级的算力网络新技术，向用户提供实时、高效的算网一体服务。

4）面向品质连接的全光网络

CUBE-Net 3.0 技术架构将结合智能管控平面的编排和服务能力，充分发挥光网络的超级带宽供给能力、光层组网能力、性能保障能力和绿色节能优势，打造光业务网，在为其他专业网络提供带宽资源的同时，面向行业客户提供确定性的品质专线，实现云光一体服务，构建起开放、智能、灵活、可靠的新型全光网络。

5）面向运营和服务的智能管控平面

CUBE-Net 3.0 技术架构将在现有网络云化基础上，引入人工智能，结合对网元状态、网络运营和业务特征数据的采集和分析，实现网元状态从感知到认知、网络运维从被动到主动、业务保障从无序化到可预测的能力升级，并推动网络运营由局部智能向完全自治的自动驾驶网络迈进。

9.1.4 外国运营商

（1）美国 AT&T：Domain2.0

AT&T 于 2013 年启动的 Domain2.0 网络架构重构计划，旨在以统一的集成云（AT&T Integrated Cloud）实现共享、通用、同构化，通过引入 NFV、ECOMP 和 SDN 三大核心要素，将网络基础设施从以硬件为中心向以软件为中心转变，实现运营商定义业务向用户定义业务转变，基于云架构的开放网络，提供互联网化的连接和云服务，大幅提高业务上线速度，实现高效开通、灵活变更、快速能力具备。在 AT&T Domain2.0 运维体系中，ECOMP 是运维和管理转型的核心，通过微服务、模型驱动和闭环自动化流程进行业务编排、资源管理和设备控制，极大地缩短新业务开发和上线周期，降低运营商 CAPEX 和 OPEX。

AT&T Domain2.0 在 2014 年开始小范围测试和验证工作，2015 年继续进行更大范围的网络试验，并在 2016 年实现了真正意义上的商业部署。从 2013 年 11 月 AT&T 发布 Domain2.0 白皮书以来，AT&T 的 NoD（Network on Demand，随选网络）企业专线不断完善，支持“接入随选、带宽随选、业务随选”，已经与 16 个服务商完成了集成，包括 IaaS 服务商和 SaaS 服务商，与北美其他提供云接入的运营商相比具备显著优势。此外，AT&T 面向企业用户提供企业 VNF 业务。

为实现以交换局为中心组网向数据中心重构的转变，AT&T 在机房重构领域开展研究，并在业界进行了固网 CORD 方案的展示。该方案主要由固网网元虚拟化（包括 vBNG、vCPE、vOLT<virtual Optical Line Terminal，虚拟化光线路终端>3 个网元）、CORD 内的 leaf-spine 组网与编排管理三方面构成，其特点包括：

① 比较激进和彻底的网元虚拟化方案，除 OLT 中由于光器件的特殊特性采用的专用硬件外，其余网元功能完全采用纯软件的方式在通用服务器上实现；

② DC 内部组网采用白盒交换机组成 leaf-spine 无阻塞交换矩阵，由 SDN 控制器集群

通过 OpenFlow 协议对矩阵交换机进行控制；

③ vBNG、vOLT 作为 SDN 应用运行在 SDN 控制器平台上。

AT&T Domain2.0 的目标是到 2020 年实现 75%的设备虚拟化，提供随选网络，将公司转型为“软件公司”，并具备以下几个特征。

① 开放开源的生态系统：提供 APIs，提高可视性，开源部分源代码。

② 简单自动化的运维：降低运营复杂性，支持更灵活的商业模型。

③ 面向未来的扩展性：满足用户需求，包括流量增长、类型的多样性、业务性能和可靠性。

（2）德国电信：PAN-EU

德国电信（Deutsche Telekom）为欧洲中部和东部 13 个国家提供固定和移动网络服务，正在加快向全 IP 网络转型的步伐，为部署 SDN 和 NFV 技术提供先决条件。德国电信网络转型面临的最大挑战是需要同时具备区域化和本土化。德国电信在多个地区开发基础架构云，匈牙利数据中心将支持欧洲 11 个市场的客户。德国电信还计划在其他国家建设两个数据中心，以确保不会因基础设施和客户之间的距离造成延迟问题。由于德国电信在本土市场的固网业务和服务组合的规模较大，转型面临的风险很大，因此，在其国内市场推进举动比较谨慎。

德国电信对于传统核心服务的技术实现架构是将单个国家部署的分组核心设备的控制部分进行集中化，同时将用户部分分布在不同国家分别完成数据处理。为了摆脱设备厂商的掌控，德国电信在 Facebook 推出的 Telecom Infra Project（TIP）项目中发挥着主导作用。该项目的目标是加快开源技术的发展，基于“微服务”的理念，将网络功能分解成小的独立部件，使电信运营商可以以不同的方式重新进行使用，从而创造出定制化的、可扩展的应用，为运营商提供更强的自动化和更快推出新服务的能力。

德国电信 PAN-EU 计划的目标是要打破过去的运营方式，变革以单一的欧洲网络满足个别市场的传统业务，通过关闭国家性的设施和平台来降低运营成本，以平台整合的方式构建一个中心平台，灵活引导各个地区和市场的产品开发，发展与 Google 和 Facebook 等大型互联网公司相关的“敏捷性”服务，并将根据市场需求实现产品的快速迭代，提供一致性的标准化的产品模型，保持整体形象和产品目录的一致性。德国电信希望通过 PAN-EU 改造，停止以国家为单位发展服务，并生产可以使当地子公司联合在一起打造定制产品的服务组件，将其在欧洲范围内的 650 个服务平台缩减至 50 个。

（3）西班牙电信：Onlife Telco

2015 年年底，西班牙电信（Telefonica）提出面向 2020 年的“Onlife Telco”战略，以网络为基础、以市场为牵引，由传统运营商迈向数字化运营商，致力成为领先的并值得信赖的数据运营商，使能未来用户数据生活。为满足未来网络转型的需要，保持网络和系统的先进，西班牙电信加快部署最新的技术。西班牙电信将电信网络演进为区域数据中心和本地数据中心两级数据中心架构，并基于 SDN技术改造现有承载网架构，在 Cloud VPN、数据中心内和数据中心间的网络互联等领域进行业务创新。

在此之前，西班牙电信已于 2014 年推出 UNICA 计划，致力于采用SDN、NFV 技术对其移动网络和固网进行彻底的重新设计。“Onlife Telco”战略是 UNICA 计划的进一步升级，是战略性的转型计划。西班牙电信希望通过网络虚拟化、云业务协同和 IT 系统整合，将分散在各地、拥有不同管理界面的物理数据中心，构建成统一的虚拟数据中心，对外能够提供虚拟数据中心的业务快速发放，对内能提升数据中心的利用效率和简化运维，支撑西班牙电信构建统一、协同和高效的下一代 IT 基础设施，为其在向数字化运营商转型中抢得先机。

（4）英国沃达丰：One Cloud

随着数字化时代的到来和市场竞争环境的变迁，沃达丰同样面临着传统运营商普遍面对的挑战——传统业务加速萎缩，业务结构发生重大转变；业务创新有待突破，量收“剪刀差”仍将持续；互联网思维模式开启，同业竞争转向生态系统间的竞争。财务、成本、竞争上的压力使沃达丰集团提出了希望利用新技术节省成本的诉求。

为此，沃达丰积极拥抱下一代网络架构与技术，于 2013 年提出了“One Cloud”战略，要将“一切都搬到云上（Everything moves on Cloud）”，希望将网络功能、消费者和垂直行业、内部 IT 系统等全部迁移至云上，从而降低成本、加快新业务上市速度、敏捷运营、获得进入 ICT 市场的机会。沃达丰之所以提出 One Cloud 转型战略，除了面对 OTT 的业务冲击外，更是为了适应移动互联网时代网络数据流量爆炸式的增长，为用户提供更好的体验，进而完成从管道提供商向服务提供商的角色转变。

SDN、NFV 技术的引入成为沃达丰网络转型的首要任务。2015 年，沃达丰启用全球首个商用云化 VoLTE 网络；2016 年，沃达丰 Ocean 虚拟化项目正式落地；2017 年，诺基亚旗下专注于 SDN 解决方案的 Nuage Networks 将成为沃达丰数据中心的 SDN 供应商，为沃达丰提供企业级 SD-WAN 产品，并参与 Ocean 项目。沃达丰通过创建 Nuage Networks 虚拟化服务平台的独立框架，在数据中心与 WAN 之间提供基于策略的自动化服务，用于

升级数据中心应用及 VPN+服务产品，从而为所有用户提供敏捷性、简约性及灵活性。该平台将成为沃达丰部署的核心，使客户能够对其 IT 技术进行改造升级，并使其应用交付网络及云网络具备真正的自动化能力和敏捷性。

（5）日本 NTT：Arcstar Universal One

NTT 致力于提供咨询、架构、安全及云端服务，以优化企业的信息和通信技术环境。这些服务基于 NTT 的全球基础设施，包括领先的全球一级 IP 网络、覆盖逾 196 个国家/地区的 Arcstar Universal One VPN 网络以及全球 140 个安全数据中心。

NTT 重点聚焦以业务创新驱动网络重构，关注云网协同及企业自服务，可以为企业客户提供一站式解决方案和服务，包含公有云接入、移动办公、虚拟化增值服务、流量端到端管理、BoD、混合云、一站式通信等。2014 年，NTT 收购了 Virtela，将 SDN 和 NFV 技术应用在全球化网络 Arcstar Universal One 中。NTT 推出的全球云端网络服务让企业能够通过采用 Virtela 的全球 SDN 平台提供的创新型 NFV 服务过渡到轻资产分支机构办公网络，成为首个在全球范围推广商用 NFV 服务的提供商。

通过在遍布全球各地的云端网络中心运用 NFV 技术，NTT 云端网络服务能够提供云端应用加速、云端防火墙、云端 IPSec VPN 网关以及云端 SSL VPN 等各种网络功能。NTT 的 SDN、NFV 创新为企业转变其全球企业网络提供了选择和控制能力，企业可以采用灵活的订购模式使用云计算、存储、网络、安全、统一通信和基础设施管理等端到端服务组合，从而加速了创新型服务的交付。

9.2　网络重构的切入点

网络重构是一个宏大的目标，要实现简洁、敏捷、开放、集约的目标网络架构，需要完成以下几个主要工作：

① 构建高速、智能、泛在的基础网络；

② 借 CO-DC 化推进云计算基础设施建设；

③ 建立网络与 IT 融合的新一代运营支撑系统；

④ 推出云网融合的新型信息基础设施服务。

其中前三个主要是网络本身的变革，最后一个主要是面向客户的，是基于网络变革后产生的一种新型的服务模式。更好地服务用户是网络变革的核心目标，体现了以用户为中心的指导思想。

9.2.1 构建泛在、高速、智能的基础网络

基础网络能力适度超前。光网提前布局千兆能力，保持优势；移动网频段重耕，多频协同，实现赶超；传输网和 IP 网优化结构、提升容量，强化优势；卫星网络作为补充，打造海陆空天一体、泛在、高速的基础网络。

泛在、高速只是网络的基础要求，更重要的还是网络的智能化，主要通过 SDN、NFV 技术的应用得以体现和保障。

（1）利用 SDN 实现网络智能化

运营商的未来网络将是传统分布智能与新型集中控制的结合，网络在采用 SDN 架构和技术后，传统的复杂的分布式控制协议将得到简化，通过集中控制的方式可以更容易实现网络的智能化，同时使跨专业的网络协同得以更好的实现。

初期在云数据中心网络、IP 骨干网等数据网中应用 SDN，后期将应用范围扩大到其他 IP 网和传输、接入等其他专业网络。后续随着标准的逐步完善，将跨专业打通控制层，实现 SDN 端到端网络能力调度和业务编排。未来，在控制器和编排器系统中应用大数据分析挖掘和人工智能技术，最终实现网络的智能化。

1）云数据中心网络

在云资源池和云数据中心内引入 SDN，提升云资源池网络的自动化部署能力，解决云数据中心海量租户隔离和业务快速发放的问题。

在云资源池和云数据中心之间引入 SDN 控制器和编排器，结合跨机房部署数据中心网络的需求，进行 vDC 建设，基于 SDN 解决大二层组网的问题。

2）流量智能调度

传统 IP 网络通过调整 IGP metric 和 BGP 路径属性（本地优先级属性、多出口区分属性等）实现域内和域间的流量路径调整，存在流量调整颗粒度大、配置手段相互牵制等，难以满足精细化流量调度的需求，只在局部拥塞与少流量调优的场景中应用。随着 SDN 及其过渡技术的发展，流量调度向集中式、精细化方向发展。

流量调度是网络智慧运营的关键业务，为用户提供价值流量的综合调度、路径保护和优化部署，不仅可以降低用户成本，还可以优化运营商自身的资源配置，提高网络速率，提升用户体验。运营商通常采用 PCE/PCEP、BGP-LS/BGP-FS、NETCONF、Segment Routing + Overlay 等技术，快速提供流量调度产品，实现网络拓扑及流量可视化、网络策略自动化下发，同时提升细颗粒度流量感知能力与网络自动化管理能力。

目前，流量智能调度主要应用在 IP 骨干网、城域网出口、数据中心出口等多出口/多

方向、流量变化比较复杂的场景中。在这些场景下，基于 SDN 开展流量的智能调度，对多方向、多出口场景下的流量进行智能的调度，重点解决流量均衡和定向保障问题，减轻流量突增对业务和客户的影响。

3）IP 与传送网协同

在传统网络中，存在着由 WDM/OTN 设备构成的传送网和由路由器设备构成的 IP 网两张分离的网络，两张网络的部署和业务配置相对独立，网络对业务承载的效率低下。实现 IP 与传送网协同，提供多网协同的流量调度、路径优化和保护恢复，提高资源利用率，简化跨层运维和规划，加快业务开通速度，势在必行。

IP 与传送网协同主要有以下两种实现方式：

① 层间协同方案。在 IP 网和传送网分别部署独立的 SDN 控制器，两者之间通过 API 进行信息交互。IP 控制器通过拓扑 API 获取所需的传送网的抽象拓扑信息，并通过业务 API 进行连接建立、修改、删除等操作。IP 与传送 SDN 协同的相关功能在 IP 控制器中实现。

② 层次化协同方案。在 IP 网和传送网分别部署独立的 SDN 控制器，并部署跨专业编排器。由跨专业编排器实现 IP 与传送 SDN 协同的相关功能，包括资源管理、业务管理、策略管理等，路径计算由跨专业编排器或跨专业编排器+域控制器完成。

相对来说，层次化协同方案不需要对各层原有的设备和 SDN 控制器进行修改，实现较为简单，初期一般推荐采用该方案。

（2）利用 NFV 实现网络软件化和云化

NFV 的目标是替代通信网中私有、专用和封闭的网元，实现统一的硬件平台+业务逻辑软件的开放架构，以节省设备投资成本，提升网络服务设计、部署和管理的灵活性和弹性。

网络重构的初期，在核心网、城域网边缘等领域引入 NFV 是业界的共识。移动核心网中，控制层的网元如 IMS、EPC 等，城域网边缘设备如防火墙、DPI、负载均衡器和部分场景下的 BRAS 等对硬件转发性能要求不高的设备，是现网引入 NFV 的重点。未来，随着 DPDK、SR-IOV 等加速技术的广泛应用和 x86 服务器硬件性能的提升，以及白牌交换机等通用转发设备的成熟，绝大多数的网络功能将以软件的形态部署在标准的硬件基础设施上。

在 NFV 引入过程中，必须遵循分层解耦、集约管控的原则，打造开放、合作、竞争的生态。NFV 的分层解耦主要包括以下 3 点。

① VNF 与 NFVI 层解耦。VNF 能够部署于统一管理的虚拟资源之上，并确保功能可用、性能良好、运行情况可监控、故障可定位；不同供应商的 VNF 可灵活配置、可互通、可混用、可集约管理。其中，VNFM 与 VNF 通常为同一厂商，这种情况下 VNF 与 VNFM

之间的接口不需标准化；特殊场景下采用跨厂商的“通用 VNFM”。

② 通用硬件与虚拟化层软件解耦。基础设施全部采用通用硬件，实现多供应商设备混用；虚拟化层采用商用开源软件进行虚拟资源的统一管理。

③ MANO 解耦。涉及 NFVO 与不同厂商的 VNFM、VIM 之间的对接和打通，屏蔽供应商差异，统一实现网络功能的协同、面向业务的编排与虚拟资源的管理。

（3）综合 SDN、NFV 技术实现随选网络

随选网络是基于 SDN、NFV 提供的一种高敏捷性的新 IP 网络服务，基于网络资源虚拟化，可为客户提供自主定义服务，实时动态调整网络资源以满足不断变化的需求。这种新型业务克服了传统工单方式业务增减周期长的弊端，提高了运营商业务部署的速度，提升了用户的业务体验。

实现随选网络的关键是虚拟网络资源动态分配及业务链构造，随选网络服务的类型主要有网络连接随选和业务功能随选。网络连接随选主要是按需建立各种企业专线，通过 SDN 控制器实现专线的自动建立、专线地点的自由选择、带宽和服务等级的自动调整。业务功能随选主要是企业按需选择各种增值业务。NFV 通过虚拟化技术将各种网络功能进行虚拟化部署，按照用户对业务选择的不同，通过 SDN 控制器灵活动态地配置业务流进入不同的虚拟化功能实体，基于策略动态地实现网络资源调整与流量调度。通过网元功能处理流程的动态灵活编排，实现业务功能的自动部署及灵活提供。业务功能的随选有赖于 SDN、NFV 技术的发展和城域网端局重构的进展，是随选网络服务的远景目标。

9.2.2 借中心机房 DC 化推进云计算基础设施建设

网络重构带来的一个显著变化就是设施的标准化和归一化，也就是说，网络架构中的基础设施，除了少数必须采用专用硬件的设备或系统，其他采用标准化的、可云化部署的硬件设备，统一基础资源平台。基础设施层标准化和归一化主要体现在以下几个方面。

（1）云网一体，DC 承载业务发生变化

NFVI 是未来网络的基础设施，它是承载网络功能 VNF 的云资源池。也就是说，未来业务、IT 和网络都可以基于云化技术来实现和部署，从而降低网络业务部署的成本，提升效率。

云化的网络资源池可以基于 DC 集中部署，在提供计算、存储等虚拟化资源的同时，网络资源也可以随云资源池的需求而变动，支持计算、存储和网络资源的统一动态分配和调度。

（2）形成以 DC 为核心的组网新格局

从传统以 CO 为核心的组网转向以 DC 为核心的组网新格局。互联网业务的流量布局

主要由数据中心决定，未来数据中心会成为网络的核心，网络架构的设计和组网布局都应以数据中心为核心，如图 9-4 所示。

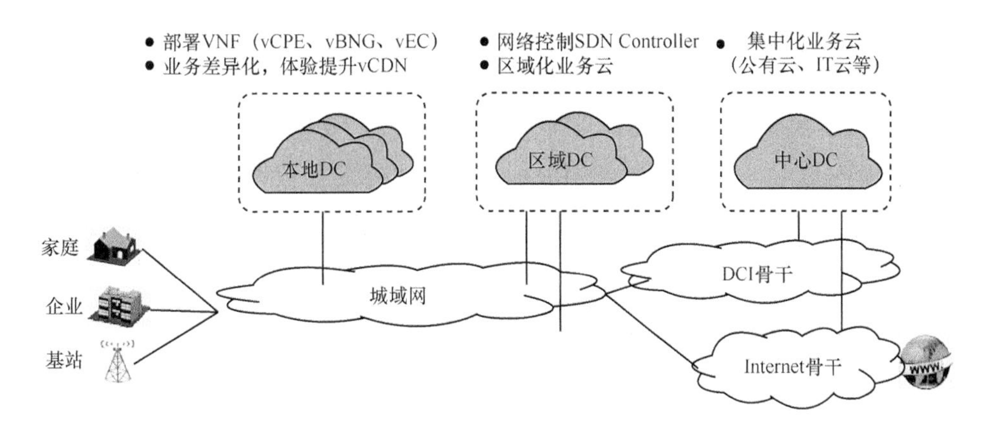

图 9-4　以 DC 为核心的组网新格局

在整体布局方面，构建“中心 DC、省级/区域 DC 和本地 DC”三级 DC 架构，向上贴近业务应用，向下完善用户体验。其中，中心 DC 部署大型公有云、业务云、IT 云和管理系统；区域 DC 部署区域核心控制网元、区域化业务云等；本地 DC 部署承载对质量敏感的业务数据和转发功能的网元。传统的 IT 云以成本优先，偏重于集约化部署；而 CT 云以用户体验优先，更适合分布式部署，CT 云初期将更多地从本地/边缘 DC 开始试点。

中国联通结合国家发展战略及不同区域功能定位，打造“5+2+31+X”为体系的数据中心：5 是在“京津冀、长三角、珠三角、川渝陕、鲁豫”热点区域打造全国高等级数据中心，2 是在“南方贵安、北方呼和浩特”打造国家级存储及备份数据中心，31 是在包括长沙在内的省会城市、经济发达城市打造核心数据中心，X 是在地级市打造本地网城市数据中心。中国电信实施“2+4+31+X””数据中心布局体系规划，2 是在内蒙古和贵州有超大型数据中心，提供较具有规模效应的产品服务，4 是在京津冀、长三角、粤港澳、深川渝这四个城市集群做集约型能辐射到周边城市的大型数据中心，31 是 31 个省级 IDC 数据中心，X 是指接近用户端，部署在网络边缘的节点，提供边缘云、边缘计算。中国移动规划布局“4+3+X”数据中心，打造京津冀、长三角、粤港澳大湾区、成渝四大热点区域中心，呼和浩特、哈尔滨、贵阳三大跨省中心，以及多个省级中心和业务节点。

（3）通过本地 CO 机房的改造实现边缘 DC 的建设

PSTN 等固网类交换机房将随着 PSTN 改造及固移融合改造自然退网，挑选合适的退网机房进行 DC 化改造，以适应客户业务需求和自有网络改造需求，并采用 vDC 技术将多个机房的零散机架整合起来，成为自用的网络 DC 或对外销售的边缘 IDC 资源。

CO 机房的改造主要分为两个方面：一是 CO 机房的物理改造，二是 CO 机房中传统网元设备的 NFV 化改造。

① 机房的物理改造。在物理改造方面，DC 机房与传统的通信机房相比，其功率密度、散热、设备重量等方面都有较大的提升，因此对机房的电力、空调、承重等提出了更高的要求。此外，DC 具备弹性伸缩的特性，可以比传统机房覆盖用户数提升数倍乃至十几倍，单个 DC 内放置的服务器、网络等设备数量将大幅提升，需要预留足够面积的机房空间，以及丰富的光纤、传输等资源。

② 传统网元设备的 NFV 化改造。在 CO 机房中传统网元设备的 NFV 化改造方面，需要结合业务的特点和技术的演进来分阶段、分步骤完成。当前 x86 服务器的主要优势在于计算能力较为强大，但转发性能相对还偏弱，因此，与业务控制强相关、偏重于计算能力的网元和功能将优先进行虚拟化改造进入 DC，而对于高转发要求的网元改造时机尚不成熟，如核心路由器、接入路由器等高端路由器。另外涉及光传输、无线射频等偏物理层的网元也不适合虚拟化改造。未来边缘 DC 中包含的虚拟化网元主要有 vBNG、vCPE、vOLT、vCDN、vEPC、vBBU（virtual Base Band Unite，虚拟化基带处理单元）等几类。

9.2.3 建立网络与 IT 融合的新一代运营支撑系统

下一代运营系统将整合运营商网络资源、IT 资源、用户资源、第三方内容和应用，形成面向客户的产品开发平台、经营平台和生态链构建平台。

网络重构中编排器、控制器的引入给新一代运营支撑系统建设带来了重大挑战，顶层业务编排器、编排器、控制器及传统 OSS 之间边界切分、功能定位、部署模式等关键技术问题需要结合实践进一步深入研究。

运营商一方面要加强自主开发的 IT 研发体系建设。基于开源技术，创新突破分布式数据库、在线交易框架、密集计算框架、大数据处理框架、容器化、微服务、跨 IDC 容灾等关键技术，建成高效、稳定、弹性、可持续演进的 IT 云服务能力平台。通过“平台+应用”的模式，降低创新门槛，推进合作伙伴基于 IT 云平台快速构建各类应用，逐步作为合作伙伴快速开发各类应用的基础平台。

另一方面，以 SDN、NFV 等新领域为切入点，探索新 OSS 模式。初期以随选网络、NFVI 部署为切入点，实现部分领域 ICT 资源的自动开通、一站式调度和一体化运维；后续通过微服务/容器等技术，实现动态扩展、灰度发布、无中断升级。同步探索云化网络的自动化运维、

智能化运营的组织和流程体系，运维模式从以网络为中心向以租户、业务为中心转变。

9.2.4　推出云网协同的新型信息基础设施服务

运营商的传统服务以网络为主，但单纯提供网络已经无法满足客户的需求。企业客户对 ICT 服务提出了更高的要求，希望能够提供集无线数据和语音、视频会议、应用托管、软件及系统维护、安全、外包等多种服务于一体的综合 ICT 服务。而且传统的服务模式存在订购麻烦、交付时间长等问题，客户希望能够像使用水、电、气一样使用 ICT 服务，改变 ICT 的使用方式、成本与效率。

电信运营商需要发挥自身优势，提出有别于传统 IT 企业以及互联网企业所提供的 ICT 服务模式，从而形成对电信运营商有利的差异竞争优势。

在新型信息基础设施中，云和网是两大关键要素，两者将共生共长，互补互促。云和网发展的速度允许不一致，云与业务紧密融合，发展速度较快，网络发展相对比较稳定，但需要适配云业务发展的诉求。云业务需要补齐电信级业务的诉求。

云网协同业务可以将云专线、云主机、云桌面、云安全、云存储等服务作为整体解决方案提供给客户，为企业客户提供“一站式”ICT 产品订购和自服务业务，实现一点受理、一点开通、一点故障处理和一点计费出账，随时随地发放及按需部署计算、存储和网络资源，并实现资源的自动化部署和智能优化，从而提高企业云服务的资源调度效率和网络效率，降低系统的建设运营成本，实现“拎包入住”，确保最佳的客户体验。

9.3　网络重构的演进路径

网络重构是分步实施的，存在新、老网络长期并存的时期。如何完成网络的平滑过渡，需要综合考虑需求的迫切性、技术成熟度、产业成熟度、建设成本等多方面因素。

网络重构演进路径主要分为近期和中远期两个阶段，见表 9-1。

表 9-1　网络重构演进路径

	近期（起步阶段）	中远期（深化阶段）
网络云化	部分场景部署 SDN； 部分网元引入 NFV； 推动 CO 向 DC 改造	实现 SDN 跨网协同； 实现大多数网元 DC 化部署； 统一全网云资源
新一代 OSS	引入 SDN 控制器、网络协同与业务编排器； 实现网络自动化配置	部署网络顶层协同和业务编排层； 实现网络可编辑和按需调用

9.3.1 近期（起步阶段）

（1）重点实施 SDN 的场景

① 云资源池和数据中心网络。在云资源池和云数据中心内按需引入 SDN，提升云资源池网络的自动化部署能力，以及海量租户隔离和业务快速发放的问题。在云资源池和云数据中心之间利用 SDN 技术建设 vDC，解决跨数据中心大二层组网的问题。

② IP 网。在 IP 骨干网、城域网出口、数据中心出口等多出口/多方向、流量变化比较复杂的场景中应用 SDN 技术进行流量的智能调度，重点解决流量均衡和定向保障问题，减轻流量突增对业务和客户的影响。

③ 传送网。在现有网管架构的基础上，逐步引入支持部分 SDN 功能的传送网设备，每个子网对应一个单域控制器，通过传送网 SDN 编排器实现对多域网络的统一控制。

（2）重点实施 NFV 的场景

① EPC。基于 NFV 技术部署 NB-IoT 核心网全部网元。现网 EPC 控制面（包括 MME、PCRF、HSS、CG 等）可考虑采用 NFV 扩容。

② IMS。基于虚拟化 IMS 网络提供 VoLTE 业务，虚拟化 IMS 核心网元包括 vCSCF、vMMTEL、vMRFC/vMRFP、vENUM/vDNS、vCCF。

③ 城域网边缘。在 IP 城域网边缘引入 vBRAS，承载高并发小流量的业务，面向城域提供灵活的增值服务。

④ 其他网络边缘及 IDC 内。在一些对转发性能要求不太高的场景下引入 vDPI、vFW、vLB、vCPE 等虚拟化网元。

（3）推动 CO 向 DC 改造

开始端局机房的 DC 化改造工作，但现阶段由于设备转发性能及标准化等方面的问题，建议 CT 云与 IT 云分别部署。

（4）新一代 OSS

按需分专业引入 SDN 编排器，提供流量调度和负载均衡等，实现跨厂商统一调度，以及网络自动化配置。按照 NFVO 集约、“专用+通用 VNFM”相结合的原则引入 NFVO，实现跨域、跨厂商的 NFV 业务的集中统一编排，以及全局资源的统一管理和调度。

9.3.2 中远期（深化阶段）

（1）实现 SDN 跨网协同

IP 骨干网通过 SDN 控制平面实现多种高速转发网元并存的异构融合组网，实现网络

按需弹性扩展及灵活管控；传送网全网引入 SDN 控制技术，提供可视（网络状态）、可配（自助开通）、可调（带宽、QoS）的“随选网络”服务；最终实现广域范围内的 IP 网与传送网的跨网协同。

（2）实现大多数网元的 DC 化部署

移动核心网全面 NFV 化，4G、5G 核心网融合组网，新老网络实现协同编排；城域网内进一步扩大 vBRAS 的应用范围，通过转控分离的架构全面承载各类业务。同时，vFW、vDPI、vCDN 等设备开始大量应用。

（3）统一全网云资源

CT 云与 IT 云不再严格区分，各网云资源统一规划，统筹建设。

（4）新一代 OSS

部署网络顶层协同和业务编排层，构建端到端策略管理能力，能够结合用户的业务需求、网络状态和资源现状，做出智能的决策与策略下发；构建实时数据分析、策略驱动的闭环自动化框。

9.4　国内运营商网络重构举措和场景

9.4.1　中国电信网络重构

以 CTNet2025 网络重构为目标，中国电信在网络研发、规划、建设和运营工作等方面实施网络重构的总体思路是：立足当前，着眼未来，走对路、踩准点，以 DC 重构及云基础设施集约管理、网络软件化和智能化、网络功能虚拟化为主要举措，通过网络重构实现网络技术世界领先、网络质量业内领先、网络能力适度领先。

（1）DC 重构及云基础设施集约管理

① 开展通信机房布局和 DC 化改造规划，采用 vDC 技术整合机房资源，提供对内对外的 IDC 资源。

② IDC 形成“2+31+X”布局，全网资源纳入集中管理。

③ 基于 OpenStack 自主开发全国集中的云管平台，实现内部 IT 和业务平台云资源池整合和集约管理，云资源池内部部署 SDN，实现跨资源池的不同厂家 SDN 互通。

④ IP 网 SDN 与云管平台打通，开发云网融合的随选网络产品，提供一站式云和专线服务。

（2）推动网络软件化和智能化

初期在 IDC 网络和 IP 骨干网应用 SDN，后期扩大到接入网、传输网等其他专业网络，加大利用开源软件的自主开发力度。从以下 4 个方面实施 SDN：

① 在云资源池和云数据中心内按需引入 SDN，按需进行 vDC 建设，基于 SDN 实现大二层组网；

② 在 IP 骨干网引入 SDN，实现 CN2 企业专线、163 和 DCI 流量流向调整；

③ 在城域网和数据中心出口基于 SDN 开展流量智能调度，重点解决流量均衡和定向保障；

④ 针对政企专线和公众用户互联网接入业务，聚焦快速开通、自主调整、业务可视和增值业务创新，基于 SDN 开发随选网络产品。

（3）实现网络功能虚拟化

网络重构初期，在核心网和城域网边缘引入 NFV，2020 年实现 40%网络功能虚拟化，2025 年实现 80%网络功能虚拟化。

9.4.2 中国移动网络重构

（1）SDN 引入策略和应用场景

中国移动的 SDN 引入策略是优先在云计算数据中心、集客 PTN 网络应用，实现用户自助开通数据中心内虚拟网络和跨省集客专线，并逐步在 IP 广域网试点试商用，主要包括 NovoDC、NovoWAN 和 NovoVPN 3 个应用场景。

1）NovoDC 应用场景

SDN 云计算数据中心为多租户提供虚拟、隔离、可扩展、自管理的 NaaS 服务，如图 9-5 所示。

① 虚拟的网络：租户按需申请虚拟计算/存储/基础网络/增值网络资源，构成虚拟私有云系统。

② 隔离的网络：租户间网络互不可见，租户可任意定义 IP 网段、负载均衡策略、防火墙策略等。

③ 可扩展的网络：租户通过 IPSec VPN 等方式实现多地云数据中心互联。

④ 自管理的网络：虚拟网络提供流量可视化能力，租户可自管理监控、配置虚拟网络。

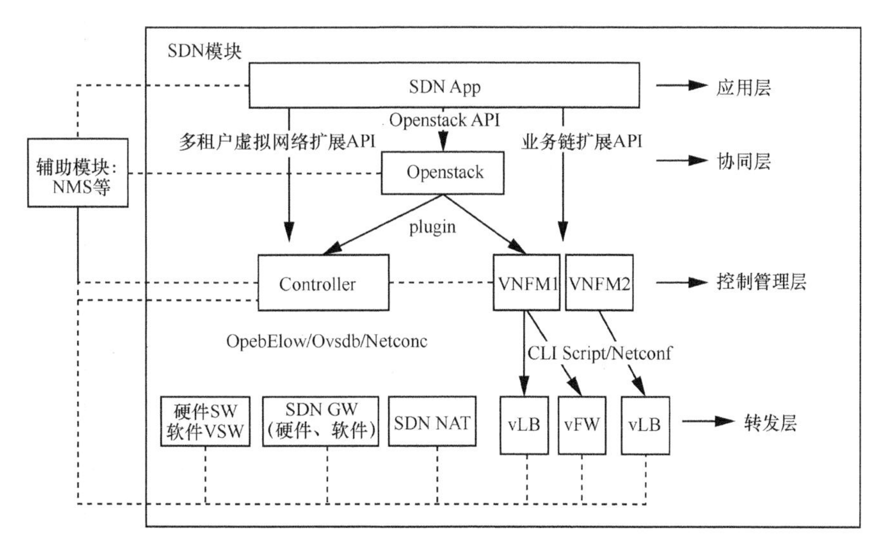

图 9-5　NovoDC 应用场景

2）NovoWAN 应用场景

实时感知网络流量，全局集中调度流量，提升 IP 网络的带宽利用率，兼顾保证关键业务质量，如图 9-6 所示。

① 基于 SDN 架构开发 NovoWAN APP，NovoWAN APP 包括网络拓扑可视化、流量流向可视化、智能选路、流量自动调度等功能，满足全网流量集中调度和局部拥塞链路流量调优业务场景，可以通过 SDN 集中控制，局部优化流量转发路径，优化网络利用率，解决骨干网整体利用率不高、部分链路存在拥塞的问题。

② NovoWAN APP 作为多厂商 SDN 控制器的协同层，实现骨干网 SDN 多厂商混合组网，调整转发路径、优化利用率、简化网络运维，并可以基于 NovoWAN APP 开发创新业务，快速满足现网的定制化需求。

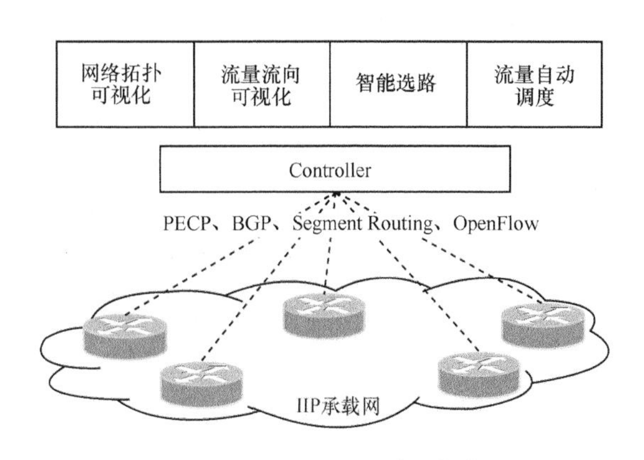

图 9-6　NovoWAN 应用场景

3）NovoVPN 应用场景

研究和开发基于 SDN 的 VPN 业务调度平台，基于 SDN 的 overlay VPN 技术实现 L3 集客 VPN 用户的快速接入和便捷运维，如图 9-7 所示。

① SDN VPN 业务调度平台具备 VPN 业务管理、用户管理、流量统计及可视化、计费、系统管理等功能。

② SDN 控制器负责 GRE 隧道的创建及维护，通过 OpenFlow 协议实现隧道配置的下发和其他访问控制信息，CPE 之间采用 GRE 隧道，Controller 与 CPE 之间采用 OpenFlow 协议。

（2）NFV 引入策略和应用场景

考虑到大规模发展的新网络、需要灵活开放的新能力、面向未来灵活简化的新架构等需求场景，中国移动围绕 VoLTE、物联网专网、固定接入这三大应用领域引入 NFV。

① VoLTE：利用 NFV 快速部署和升级的特点，规模性发展 VoLTE 新网络。中国移动将推进在 VoLTE 网络中采用虚拟化技术，重点考虑 S-CSCF（Call Session Control Function，呼叫会话控制功能）和 AS 等信令面网元，深入研究 SBC 媒体面虚拟化，逐步实现 IMS 网元全部虚拟化。

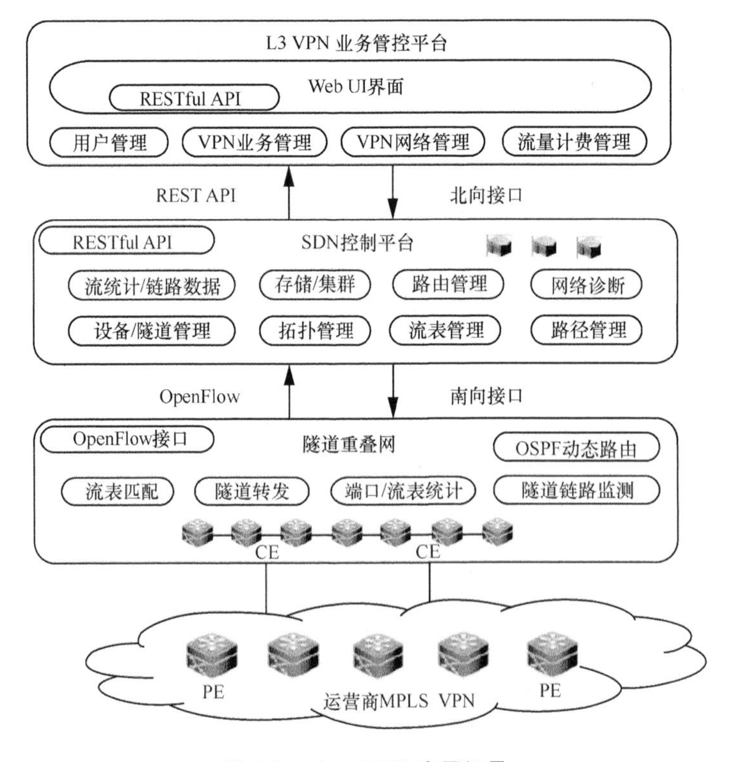

图 9-7 NovoVPN 应用场景

② 物联网专网：利用 NFV 的灵活扩展能力，提供多样的物联网服务。中国移动将依托专用 EPC 实现虚拟化的 IoT 网络平台，满足万物互联快速部署和灵活应用的需求。由于物联网用户数据的定制化要求高，中国移动正在加快物联网 HSS（Home Subscriber Server，归属用户服务器）虚拟化的重点攻关。

③ 固定接入：利用 NFV 架构的优势高起点发展固网，推进降本增效。中国移动将采用 NFV 技术重点推进 BRAS 的控制转发分离，有利于高起点推进固定接入网络，满足固定接入快速升级、自动开通和灵活的能力开放等需求。

9.4.3　中国联通网络重构

中国联通基于 CUBE-Net 2.0、CUBE-Net 3.0 架构，重构或新建各类网络服务场景。

（1）企业用户的服务云化迁移

企业用户的服务云化迁移场景如图 9-8 所示。通过引入 SDN、NFV 技术，实现企业网关虚拟化，将分散部署的接入功能上移并集中部署在边缘 DC 或区域 DC，并且还可以通过区域或基地 DC 为企业提供 IT 办公云和增值服务。

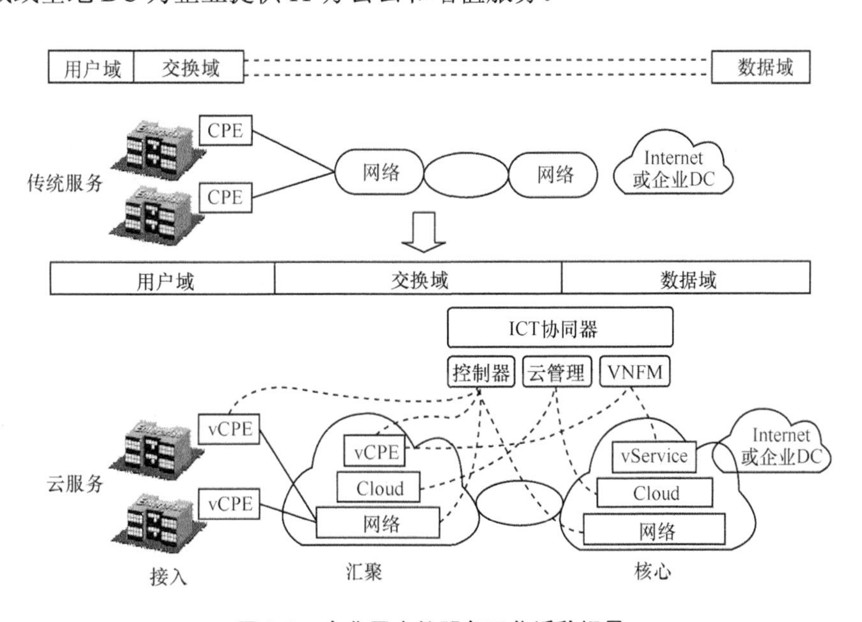

图 9-8　企业用户的服务云化迁移场景

面向企业用户实现服务云化迁移可以为企业用户提供一站式综合信息服务，节省企业资源投入，实现服务按需订购和弹性扩容。同时，通过网络边缘功能的集中处理，简化网络的维护和管理，提高运维效率，加快业务创新和部署，拓展运营商面向企业用户的服务深度和广度。

（2）IDC 资源虚拟化及互联

IDC 资源虚拟化及互联场景如图 9-9 所示。通过云化的网络服务平面，基于物理设备构建可伸缩的虚拟化基础架构和专属虚拟化资源池，以服务方式向用户提供资源出租，并对网络和 DC 资源体系实现分层管理和控制。单 DC 的资源是整个 vDC 资源体系的基础，多 DC 资源通过级联实现云资源的统一管理，并基于 SDN 的 DCI 控制器对 DC 之间的专有互联网络进行集中控制和调度，最后通过 ICT 协同器实现 DC 资源与异构网络资源之间的协同。

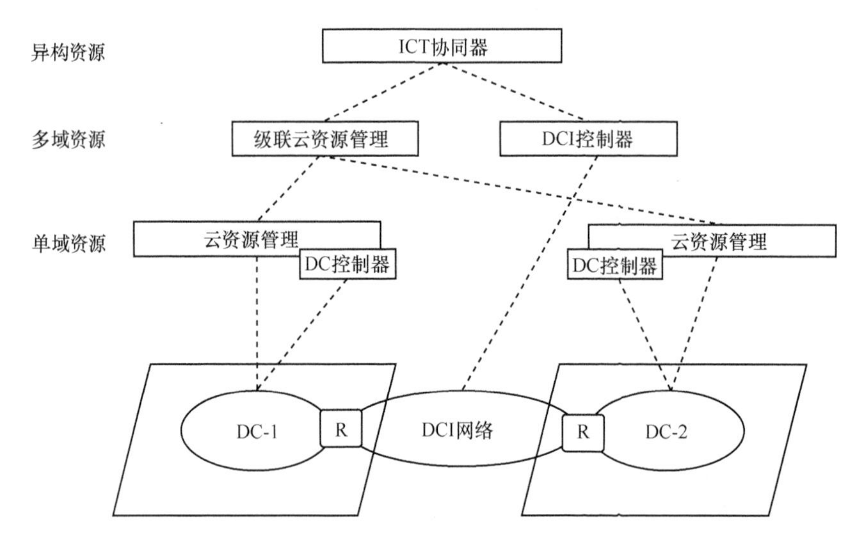

图 9-9　IDC 资源虚拟化及互联场景

通过 IDC 资源虚拟化及互联，可以基于统一架构灵活扩展，满足不同规模的资源需求，满足多租户对 DC 资源及网络能力的差异化需求。同时，通过不同 DC 的资源共享，盘活碎片资源，提升资源利用率，实现 IDC 业务的智能编排和弹性调度，简化运维。

（3）智能边缘网络能力开放

智能边缘网络能力开放场景如图 9-10 所示，将 SDN、NFV 技术引入移动和固定边缘网络，采用通用交换机以及服务器设备，构建融合的智能边缘服务网络，实现业务控制和路由转发分离，以及软件功能与硬件的解耦，通过统一的云化网络服务平面实现网络功能的按需部署，并为用户提供开放的能力调用接口。

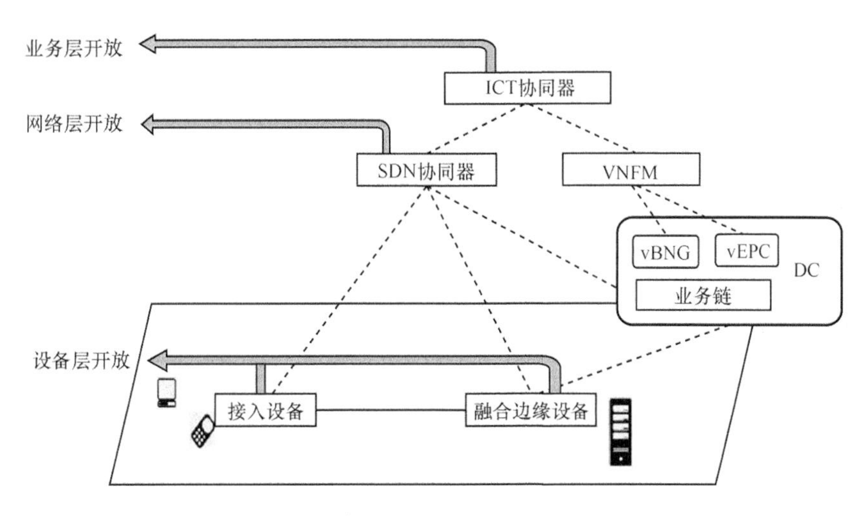

图 9-10　智能边缘网络能力开放场景

智能边缘网络可针对特定用户在特定网络中访问特定业务，实现网络资源的按需配置和优先保障，并实现 DC 内部的业务链编排和业务应用增删能力的开放，从而加速网络服务创新，借助网络能力开放逐步构建数字生态运营环境。

（4）IP 与光网协同控制

IP 与光网协同控制场景如图 9-11 所示，通过引入 SDN 控制器对 IP 层和光层进行协同控制，实现全程全网的资源智能调度。其中，IP 和光的单域控制器负责各自域的网络控制，IP+光的跨域控制器实现 IP 域控制器和光域控制器之间的拓扑和连接信息交换，并通过协同器与传统 EMS/OSS 之间进行信息交换，实现 SDN 和非 SDN 之间的协同。

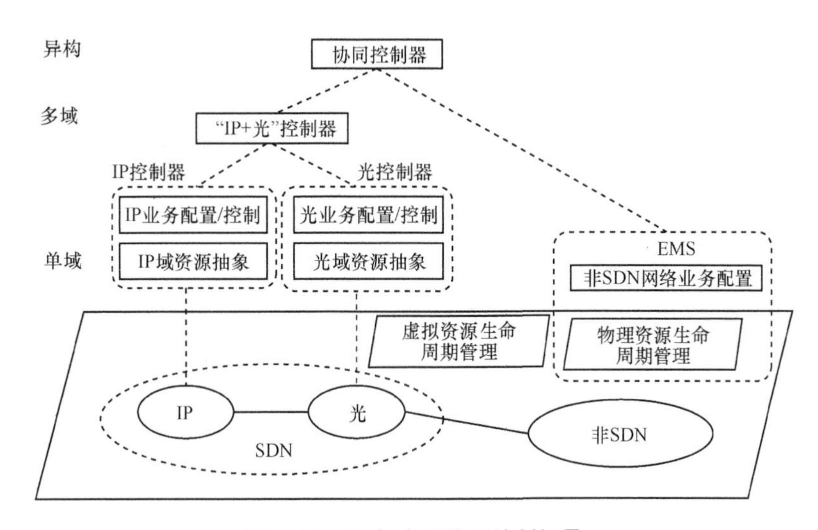

图 9-11　IP 与光网协同控制场景

IP 与光网协同控制为用户和云服务互联构建 IP 与光一体化的超宽带承载网，实现多网协同的流量调度、路径优化和保护恢复，提高资源利用率，简化跨层运维和规划，加快业务开通速度。

（5）信息内容动态传递

信息内容动态传递场景如图 9-12 所示，CDN 设备实现功能解耦和虚拟化，以软件形式按需灵活部署在各级 DC 中。其中，基地 DC 部署内容源，区域 DC 部署 vCDN 提供热点内容的存储和转发，边缘 DC 部署 CDN/Cache 边缘节点，形成层次化的内容存储、分发以及缓存结构。结合 SDN 的流量流向调度能力和 NFV 虚拟资源的自动化管理能力，形成 CDN 与 SDN、NFV 网络的智能调度系统。业务系统可根据 CDN 负载情况，利用 MANO 控制 vCDN 的自动化扩容，并可以通过 SDN 控制器控制用户在多个 vCDN 实例之间实现 DC 内和跨 DC 的流量均衡和资源共享，确保用户就近访问。

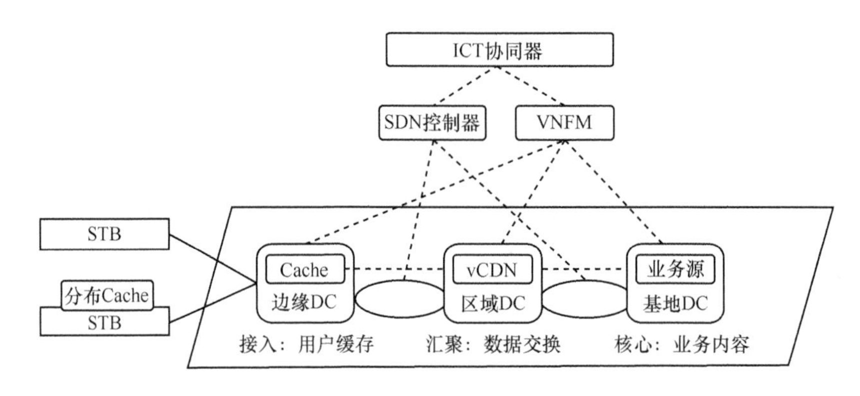

图 9-12　信息内容动态传递场景

基于 SDN、NFV 以及云资源管理的一体化协同控制机制，通过共享 DC 的硬件基础设施，可实现 CDN 功能的按需弹性部署，从而降低 CDN 投资成本。在此基础上，针对不同的互联网内容服务商，通过开放平台按需提供内容智能分发和加速服务，为用户提供极致体验，逐步构建面向内容服务的开放生态环境。

（6）云网融合迈向算网一体

云网融合主要体现为云网协同，云计算和网络服务一体化提供，网络服务于中心云，但云与网相对独立。随着 5G、MEC 和 AI 的发展，算力已经无处不在，网络需要为云、边、端算力的高效协同提供更加智能的服务，计算与网络将深度融合，迈向算网一体的新阶段。

算网一体是在继承云网融合工作基础上，根据“应用部署匹配计算，网络转发感知计算，芯片能力增强计算”的要求，在云、网、芯三个层面实现 SDN 和云的深度协同，服

务算力网络时代各种新业态。

中国联通 IP 云网的发展目标是算网一体，规划分为两个阶段实施，第一阶段即在云网融合的基础上，继续夯实云网融合，持续打造关键核心竞争力；第二阶段迈向算网一体，算力成为基础产品。两个阶段是相辅相成的，云网融合为算网一体提供必要的云网基础能力，算网一体是云网融合的升级。

如图 9-13 所示，在算网一体架构和组网中，需要提供六大融合能力，包括运营融合，管控融合，数据融合，算力融合，网络融合，协议融合等。

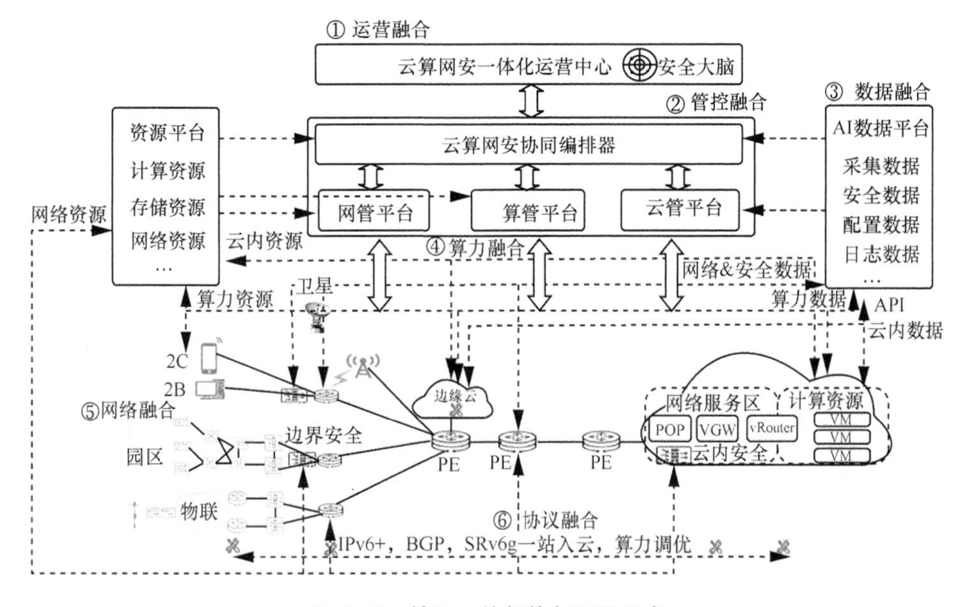

图 9-13　算网一体架构与组网示意

① 运营融合：提供云、算、网、安一体的融合运营平台，为客户提供一键式电商化服务，客户可以订购云、算力、网络、安全等各种服务，并且可以实时了解服务提供进度，服务提供质量等各项内容。

② 管控融合：云、算、网、安协同编排，通过云、算力、网络、安全等提供服务化 API 接口，将所有服务快速集成、统一编排、统一运维，提供融合的、智能化的管控体系。

③ 数据融合：云网中各种采集数据、配置数据、安全数据、日志数据等集中在数据池中，形成数据中台，充分发挥 AI 能力，基于大数据学习和分析，提供安全、运维等多种智能服务，构建整个云网架构的智慧大脑。

④ 算力融合：提供算力管理、算力计算、算力交易以及算力可视等能力，通过算力分配算法、区块链等技术实现泛在算力的灵活应用和交易，满足未来各种业务的算力诉求，

将算力相关能力组件嵌入到整体框架中。

⑤ 网络融合：集成云、网、边、端，形成海陆空天一体化融合通信。

⑥ 协议融合：端到端 IPv6+协议融合，围绕 SRv6，BIER6，APN6 等 IPv6+协议，实现云、网、边、端的协议融合，同时端到端控制协议简化，转发协议简化，向以 SRv6 为代表的 IPv6+协议演进。

9.5 网络重构对运营商转型升级的影响

网络重构是电信运营商现有网络架构的颠覆性变革，将促使电信运营商网络布局由传统的电信机房向数据中心架构转变，网元部署形态由软硬一体的专有设备向基础设施的通用化和虚拟化以及网元功能的软件化转变，实现对网络的集中、跨层、跨域控制，这与电信运营商传统网络采用分专业、分层、分域的规划、建设和运营管理模式截然相反，对电信运营商未来网络建设、维护及业务发展等方面将产生重大影响，从而使电信运营商现有组织架构、运营管理、体制机制等面临巨大挑战。

电信运营商不但需要推动网络技术的变革，通过网络重构加快高速、移动、安全、泛在的新一代信息基础设施的建设和部署，而且需要在全面贯彻落实国家“十三五”规划纲要的基础上，进一步落实“十四五”规划和 2035 年远景目标纲要及深化国有企业改革的指导意见，把握智能化时代的发展机遇，培育发展新动力，着力开展供给侧结构性改革与体制机制创新，以资源要素升级、业务产品升级、运营能力升级为着力点，强化市场驱动、技术驱动、创新驱动，推进业务重构、运营重构和管理重构等系统性重构，加强以软件为中心的自我开发策略和计划，积极加入顶级运营商和设备商参与的开源项目，为企业转型升级提供良好的政策环境和保障措施，实现企业持续、健康、稳步发展。

9.5.1 业务重构

（1）中国电信业务重构

中国电信以“做领先的综合智能信息服务运营商”为战略定位，智能信息服务由智能连接、智能平台、智能应用以及三者深度融合形成的业务生态圈组成，业务生态化以“2+5”业务为重点推进业务重构，形成业务和应用生态化发展布局。

中国电信将聚焦用户丰富多样、随需使用、品质体验的智能信息服务需求，广泛运用智能技术，充分挖掘企业内外部数据资源，开展互联网应用的融合创新，构建五大业务生态圈的新型业务体系，其核心内容是夯实 4G、光纤宽带两大基础业务，以云、网、端为核心强化生态合作，打造智能连接生态圈；依托天翼高清、翼支付、云和大数据、物联网等业务优势以及流量、安全等核心能力，打造智慧家庭、互联网金融、新兴 ICT、物联网四大智能应用生态圈。智能连接生态圈是业务生态化的基础，为四个智能应用生态圈提供规模用户和基础连接能力，4 个智能应用生态圈为用户垂直领域智能化应用服务，五个生态圈是相互融合、相互依存、相互促进、相互拉动的整体。

① 智能连接生态圈。建设并持续优化移动、宽带网络，协同终端、渠道、内容和应用合作伙伴，为用户提供无缝切换、按需随选的智能连接服务。

② 智慧家庭生态圈。通过天翼高清平台，实现内容应用多屏互动共享，为用户提供一体化的家庭娱乐和智能应用服务。

③ 互联网金融生态圈。以翼支付平台连接用户和商户，为用户提供场景化、便捷、安全的移动支付服务；为平台注入金融能力，为用户、商户提供征信、理财、结算等专业化服务。

④ 新兴 ICT 生态圈。聚焦政务、教育、健康医疗和工业互联网等重点行业，整合物联网、云计算、大数据和“互联网+”等智能平台，聚合终端、内容、解决方案和应用等合作伙伴，为用户提供从功能到智能、从一次交付到持续运营、从“连接”到“联接”的智能服务。

⑤ 物联网生态圈。聚焦智慧城市、垂直行业和个人消费 3 类市场，通过连接管理、业务使能和垂直行业应用平台为用户提供物的连接、管理与控制、应用等一体化智能服务。

（2）中国移动业务重构

业务需求是技术创新的原动力，同时技术创新将激发新业务的增长。中国移动基础技术的演进、网络系统及终端技术的革新将以支撑数字化新服务的智能应用为核心，秉承“连接无限可能”的目标，建立精品智慧网络，实现万物互连；打造一流基础设施，提供专业化服务，面向“互联网+”实现传统行业和信息化的连接，助力创新发展。

中国移动将提供面向万物的数字化服务。面向的对象包括人、物、企业和信息，将提供他们自身及之间的沟通、连接服务，重点包括十大数字化服务：未来通信服务、数字内容及信息服务、企业信息化服务、行业应用服务、数据能力开放服务、智能物联网服务、智能家居和家庭关爱服务、社交化物联网服务、产业信息化服务、数据资产运营服务。

1）人—人：未来通信服务

作为泛在、高速、安全、智能网络的运营专家，以及人与人之间的通信服务提供商，中国移动将提供随时、随地、即时、高效、高感知、无障碍的人人通信服务。

2）人—信息：数字内容及信息服务

中国移动希望整合优质内容资源，打造震撼视听娱乐新体验。作为云端多媒体内容聚合专家和个性化数字娱乐内容提供商，中国移动将提供引人入胜、引领潮流、多方共赢、私人定制的数字娱乐服务。

3）企—企：企业信息化服务

中国移动希望能打造移动 ICT 生态系统，助力中小企业结构调整。作为企业信息化产品和解决方案提供商，中国移动将提供安全可靠、高效、低成本、可灵活定制的企业级移动 ICT 服务。

4）企—人：行业应用服务

中国移动希望引领移动互联网跨界融合步伐，打造民生新生态。作为移动教育、医疗、金融等平台和产品服务提供商，中国移动将提供方便、实惠、开放、有尊严的跨界民生服务。

5）企—信息：数据能力开放服务

中国移动将推动形成协作共赢的数据开放体系，提供数据增值服务。作为大数据开放平台运营专家和大数据信息处理专家，中国移动将提供丰富、精选、定制化、实时的数据开放服务。

6）物—物：智能物联网服务

中国移动将构建并运营泛在物联网，提供智能感知的万物互联服务。作为安全、高效、智能的物联网运营专家、物联网基础平台及服务提供商，中国移动将提供无处不在、无所不能、自动化、低成本的万物互联服务。

7）物—人：智能家居和家庭关爱服务

中国移动希望提供贴身暖心的人物交互服务，真正实现移动改变生活。作为智能家居和可穿戴产品及解决方案提供商，中国移动将提供亲切、便捷、个性化、智能化的人物交互服务。

8）物—信息：社交化物联网服务

中国移动希望能提供社交化物联网平台，开启万物社交时代。作为社交化物联网平台服务提供商，中国移动将提供主动关注、动态建圈、自动沟通的社交化物联网服务。

9）物—企：产业信息化服务

中国移动希望能促进信息化和工业化融合，实现传统产业再造。作为产业升级业务、服务和解决方案提供商，中国移动将提供安全、低成本、大规模、可灵活定制的产业信息

化服务。

10）信息—信息：数据资产运营服务

中国移动希望提供数据资产运营服务，开启认知计算新时代。作为知识服务提供商、数据资产运营商，中国移动将提供无所不知、实时精确的知识服务及数据资产运营服务。

（3）中国联通业务重构

随着“互联网+”战略的推进，用户端移动化、服务端云化和数据海量化成为发展大势，信息通信主体从人与人通信转为智能终端与云之间的通信，这给中国联通带来了巨大的转型发展新空间。面对新形势、新变化，一方面，中国联通将巩固和扩大宽带网络优势，充分发挥“移动宽带+固定宽带”的综合优势，加快 5G 网络建设，优化资源配置，加快固网宽带升级提速，并推进固定和移动宽带的融合和协同发展。另一方面，中国联通将积极聚焦 IDC 与云计算、ICT、物联网、大数据等行业应用热点领域，加快在新兴业务领域的战略布局，积极打造集中运营的差异化服务优势，对外提供一体化服务能力，对内提升一体化运营效率，为个人、企业和 OTT 等各类客户创造更加灵活、便捷、高效的网络和 ICT 服务。

中国联通正积极推进互联网、云计算、大数据与智能产业、现代制造业的深度结合，在重点行业建立网络服务和行业应用的领先优势，着力提升整体解决方案能力，实现 ICT 融合产品向行业客户的全面渗透，推出了落实国家“互联网+”行动计划的九大举措。

① 构建高速互联智能网络。中国联通积极推进全光化的城域网和接入网，打造高速互联网。同时，中国联通重构数据中心网络，打造“骨干直联、DC 互联、SDN 智能控制”三大网络平面，确保任何节点都能获得良好的客户感知。

② 建设一流的新一代云数据中心。中国联通采用先进的建设理念，对标国际标准，布局省级、国家级、国际级的云数据中心资源，建设的新一代云数据中心具备高密度、模块化、软件定义、绿色节能等特征。

③ 自主研发建设一流的公共云平台。联通沃云平台引入开源的 KVM 虚拟化技术和 OpenStack 架构技术，采用 SDN 二层组网实现资源智能调度，具备高可用、高可靠、弹性扩展等技术优势，构建了“7 大区域节点+31 个核心节点+200 个业务节点”的资源池，业务快速部署达到分钟级，并可节约客户成本达 30%以上。

④ 打造一流的云服务产品。中国联通着力打造完整的云产品体系，覆盖公共云、私有云、混合云和个人云、家庭云等业务领域，并持续致力于打造“性能优良、成本低廉、服务保证、灵活便捷”的领先优势。

⑤ 构建客户定制化的私有云/混合云。中国联通致力于为行业企业客户搭建定制化、个

性化、弹性灵活的私有云/混合云服务，提供云网端一体化的纵深防护的安全策略，提供灵活定制的客户应用和端到端的运营服务。中国联通重点聚焦在电子政务云、教育云、医疗云、金融云、环保云、旅游云等政务、民生与行业领域，提供全方位、全流程的解决方案。

⑥ 提供精准的大数据服务能力。中国联通基于统一的营账平台和大数据服务应用平台，采用数据字典、Hadoop 等大数据分析挖掘技术，已推出实时竞价广告、位置应用、风险管控和数据魔方 4 个产品，下一步将提高数据挖掘、用户分析、用户画像能力，提供品类丰富、精准精良的大数据服务。

⑦ 利用云计算推进“互联网+”应用垂直整合。基于网络资源、沃云公共云平台和资源池能力，中国联通封装开放基础电信能力、计算能力、存储能力、开发能力和运营能力，面向企业应用、互联网服务、大众创新创业、内容服务和民生工程，提供垂直领域的应用整合服务。

⑧ 构建现代化的运营管理体系。中国联通通过集中化/智能化的监控系统、端到端的 24 小时客户服务、CMMI 软件管理体系、ISO 质量管理体系，以及可信云、安全“等保三级”等认证与能力，为客户提供安全可信、高可用、高可靠的云服务。

⑨ 共同构建开放共赢的产业生态。中国联通积极推进行业标准的制定与演进，倡导自主创新、推进互补合作、优化社会化分工，形成共融共生的机制，致力于构建开放、共赢、健康的云计算产业生态。

9.5.2 运营重构

电信运营商的现有网络运营基于软硬件一体的标准化网元，系统复杂、封闭。未来网络架构需要能够更灵活地适配互联网应用对网络资源的弹性伸缩需求，网络及服务的运营需求对电信运营商的网络运营以及市场、网络和 IT 的协同能力提出了更高的挑战，需要构建快响应、高效率、灵活服务的运营能力。电信运营商将强化大数据应用，聚焦产品运营、渠道销售、客户服务、网络运营和开放合作等关键运营领域，持续推进集约化、互联网化，以流程优化为基础、以智能 IT 系统为载体，构建面向用户和业务的一体化智慧运营体系。

① 将数据作为企业智慧运营的核心资源，通过数据汇聚、挖掘和应用，实时驱动企业的营销、服务、运营等生产和管理流程。

② 加强产品统筹和规划，重点布局战略产品和市场方向的产品，掌控产品核心能力，推进开发运营一体化，提升专业化自主开发和迭代优化能力。

③ 突出市场需求导向，加强大数据应用，优化各类渠道功能定位和整体布局，强化渠道 O2O 协同和跨界合作，提升全业务销售能力。

④ 充分利用大数据手段，加强用户需求和行为洞察，做精服务品质，深入推进客户价值经营。

⑤ 持续推进网络简化和现有网络的智能化升级，积极引入 SDN、NFV、大数据等新技术，构建端到端集约、云网端协同的智能网络运营体系，推进网络集约维护，创新生产作业流程和机制，加强对新兴业务的运营支撑，将大数据应用于网络生产，实现网络运维向网络运营的转变。

9.5.3 管理重构

网络重构将对电信运营商的组织、生产、运营、人力等管理体制产生巨大影响，主要体现在组织架构调整、规划模式转变、运营组织整合、创新体系建设、团队人才培养等方面。

首先，未来的网络架构将采用水平分层、纵向解耦的技术路线，基于 SDN、NFV 的网络架构将打破专线界限，集约化管控和调度将突破传统行政区域的限制，同时网络的 DC 改造从传统按行政区域组网转向以 DC 为核心的组网新格局，现有分域分层的组织架构已成为端到端自动化运营的最大障碍，必须适应未来网络架构向扁平化、互联网化的组织架构转变。

其次，现有按年度的人工固化静态网络规划模式往往不能及时满足市场业务需求，导致网络的利用率不高，电信运营商需要以灵活、颗粒化和快速响应的网络架构实现流程自动化，快速响应难以预测的网络容量需求，由面向运维的规划型网络向面向运营的随需型网络转变。

再次，适应网络集约化、智能化发展，逐步推进网络、运维、IT 等相关领域整合，建立新型的基础领域专业化运营组织，增强直接面向市场提供基础和新型网络业务的专业能力。

然后，健全研发机构、创孵平台、产品基地、基层创业平台的创新体系，聚焦 SDN、NFV、新型 IT 运营支撑系统等重点创新领域，着重提升自主创新和研发能力，加强合作开发和集成创新，完善知识产权工作体系和企业创新体系，让创新成为企业发展的主要驱动力。

最后，现有企业的网络工程师多基于传统设备，未来软件定义的网络将屏蔽底层硬件差异，人才（尤其是软件工程师）的培养必须跟得上网络重构的步伐，需要增强运营商的软件开发团队与人才，提升软件快速迭代开发能力、网络和业务创新能力以及对开源代码的掌控能力。

9.5.4 开发运营一体化

在现行的网络运营模式下，厂商和运营商之间、运营商和客户/用户之间基本上都是采用简单的“售卖”模式，一方向另一方出售从第三方采购的基础资源或能力，主要由“供给”决定“需求”。此外，现有网络主要依赖单向流程化的工程建设和网络维护来提供网络服务，紧耦合的网络软硬件及专用设备决定了网络能力的深度和广度。但是，在互联网业务和应用快速发展的情况下，网络与业务之间必须要形成开发运营一体化的新关系，两者需要构成开发、销售、服务、反馈、维护等多节点闭环的互动机制，只有这样，才能实现弹性灵动的网络服务。因此，未来网络架构需要支持客户/用户对网络服务的定制，网络能力应具备可迭代开发的特点。

在新型网络架构实施过程中，电信运营商将引入 SDN、NFV 和开源软件，实现硬件和软件解耦，创新研发合作模式，广泛引入业界的合作伙伴，采取开发运营一体化的模式，逐步深度介入系统开发，与厂商共同进行快速迭代式技术和业务创新，二者之间的关系从单纯的售卖走向更多的集成创新。这将有助于电信运营商提高通信网络的运营能力，缩短新业务的开发、上线、运行、维护及迭代的周期，实现新业务开发和运营的敏捷化，以便快速响应用户的业务需求。

电信运营商将重点自主开发协同编排层、超级控制器，实现对网络跨厂商、跨域、跨专业的协同与编排，并合作开发网络功能层，与产业界共同丰富网元功能与网络控制能力，同时对网络能力进行原子化封装，形成网络能力池，为第三方提供丰富的网络开放能力。这不仅有利于降低运营商的 CAPEX 和 OPEX，而且有利于实现网络的开放，增强网络的弹性，促进新型网络和业务的创新，以及生态系统的开放和产业链的健康发展。

9.5.5 标准和开源并存

标准是为了满足服务的规模化和普适化，开源是为了实现服务的创新和开放性。在标准框架的基础上走开源之路是电信运营商网络重构商业化的共同选择。网络架构的演进涉及云计算、SDN、NFV、移动互联网、物联网等众多领域，在演进过程中，电信运营商需要积极参与国际、国内标准化工作，完善相关技术的标准框架，与合作伙伴共同推进相关标准，并开展技术的 PoC 和现网试验，不断提升在标准组织的话语权。同时，随着开源逐渐进入 CT 领域，并与原来的 CT 标准互相影响，代码事实标准越来越重要。互联网促进开源软件大发展、开发模式社区化，大型应用系统框架越来越多地使用开源搭建。大型开源社区作为新的技术标准化推动力量，促进开源实现与标准制定良性互动，将标准逐步推进至实用化，基于开源软件自研是未来运营商获取核心能力的主要方式。

电信运营商将强化、变革现有的研发体系，积极采用开源代码进行自研开发，深度介入开发、测试、集成、维护直至业务提供全过程，改变传统方式下对厂商的单纯依赖，提

升对网络的控制能力，并与开源组织加强合作，提升自身技术能力及对开源的掌控力。在此基础上，电信运营商将聚集开发合作伙伴，共同驱动快速创新和快速商用，以保障网络和业务的持续发展。

9.5.6 采购模式的转变

网络架构的变革将促使电信运营商积极参与网络功能和业务应用软件的开发，其采购产品的价值将由硬件逐步向软件转移，现有的各专业相互独立、软硬件一体化的采购及定价模式将发生根本性转变。

首先，在新型网络架构下，SDN、NFV 分层、分域的产品形态使各专业间的关联更为紧密，传统的各专业独立采购方式需要向跨专业、跨域协同采购方式转变。

其次，新型网络架构实现资源、控制以及开放体系的解耦，网络硬件资源通用化，软件功能定制化。软件功能从硬件中剥离以后，采购模式将从纵向的软硬件一体的标准化网元采购，转变为横向的通用基础硬件、通用基础软件和定制化功能软件的独立采购。除了传统设备提供商，一批新兴的硬件和软件提供商将涌现出来，产业链将更加丰富。与此同时，与采购配套的售后技术服务将随之改变，软件和硬件的维护和升级可以独立进行。

再次，采购模式与网络运营模式密切相关，在新型网络架构下，网络的运营模式正在从以设备为中心向以软件为中心转型，软硬件分离后，产品价值向软件转移，而且存在开源软件、商用软件和自研软件混用的应用场景，需要建立新的价格模式和采购方式。

最后，基于新型网络架构，电信运营商将引入更多的合作伙伴进行定制化软件开发和业务创新，通过不断增强自身的软件开发能力，做好软件开发管理并自主承担部分核心功能软件和业务应用的开发工作，打造差异化的竞争优势。

9.6 网络中心从 CO 向 DC 转变

9.6.1 多级 DC 网络架构与 CO 重构

在国内三大运营商的网络重构战略中，网络从依托于传统行政区域划分的分层架构演变为以 DC 为中心的组网新格局已成为共识，最终形成以“区域 DC+本地 DC”的多级

DC 为中心的新一代网络架构。中国电信在 CTNet2025 中指出，近期目标是推动部分具备条件的通信局房（CO）向数据中心（DC）进行改造，中远期是实现网元 DC 化部署。中国移动 NovoNet 2020 提出统一规划多层 DC 架构替代通信局房，打造以 DC 为部署核心、以 MANO/SDN 控制器体系为管理控制核心、以软件化实现网元功能，实现集中化、标准化、DC 一体化。中国联通 CUBE-Net 2.0 提出从以通信局房为中心转型到以数据中心为中心，构建云网协同的极简和扁平的新型网络架构。从各级 DC 具体的实现方式上来说，区域 DC 很可能采用近几年新建的大型数据中心，本地化 DC、靠近用户的边缘 DC 将大多由现在的通信局房改造而来。

与互联网公司相比，数量众多、接近用户的属地化边缘 DC 是运营商的核心优势和重要资产。因此，三大运营商都将重心放在对本地网 CO 重构实现边缘 DC 的建设上。一般来说，本地网的 CO 重构可以分为两方面：一方面是 CO 机房基础设施环境的改造，另一方面是 CO 机房中传统网元设备的 NFV 化改造。其中，前者体现了国内运营商在 CO 重构思路上的不同。

中国电信提出网络 DC（TeleDC）的概念，就是将现有的 CO 的机房用 NFV 化的网元和管理平台来填充，重塑一个 DC 化的新型机房。网络 DC 定位于面向虚拟化网元和专用硬件设备的综合承载，与现有通信局房的层级设置保持对应关系。中国移动则提出了 TIC（Telecom Integrated Cloud，电信集成云）的概念，TIC 要求网络具备标准化基础设施，模块化、可复制；统一编排、规范化组网、批量自动化部署。中国联通作为开源网络项目 CORD 国内唯一的运营商董事会成员，有针对性地朝着企业市场（Enterprise-CORD，E-CORD）、家庭市场（Residential CORD，R-CORD）和移动市场（Mobile-CORD，M-CORD）3 个方向进行布局和机房的改造工作。中国电信由于存量机房数量较多，偏重于将传统 CO 机房进行 DC 化改造升级；中国移动提出的 TIC 注重于实现快速复制和统一调度，具有“积木式”的特点，目标是构建以 TIC 为核心的新型数据中心；中国联通则更多地遵循开源项目 CORD 的标准，希望能够加快完成向未来网络的转型。

9.6.2 开源网络重构项目 CORD

（1）CORD 的概念与意义

CORD 最早是 AT&T 基于 ONOS 控制器提出的一个用例场景，其核心背景是 AT&T 的 Domain2.0 需求，AT&T 希望通过 CORD 项目将运营商网络中的传统端局（交换中心）转变为类似于云服务提供商的数据中心。2016 年 3 月，中国联通、AT&T、Verizon、

SKT、NTT 联合开源研发机构 ON.Lab 共同推出了开源网络项目 CORD，随后被宣布为 Linux 基金会下的独立网络开源项目。CORD 的愿景是为使用白盒机硬件、开源软件、虚拟化技术（如 SDN 和 NFV）的规模化数据中心服务，代表着运营商网络重构的一个重要方向。传统的电信机房是一种“黑匣子”解决方案，运营商不得不捆绑于特定的设备供应商。而在 CORD 构架中，通用服务器和白盒交换机与 OpenStack、Docker 和 ONOS 等开源软件相结合，提供可灵活支持各种应用的可扩展平台。CORD 架构示意如图 9-14 所示。

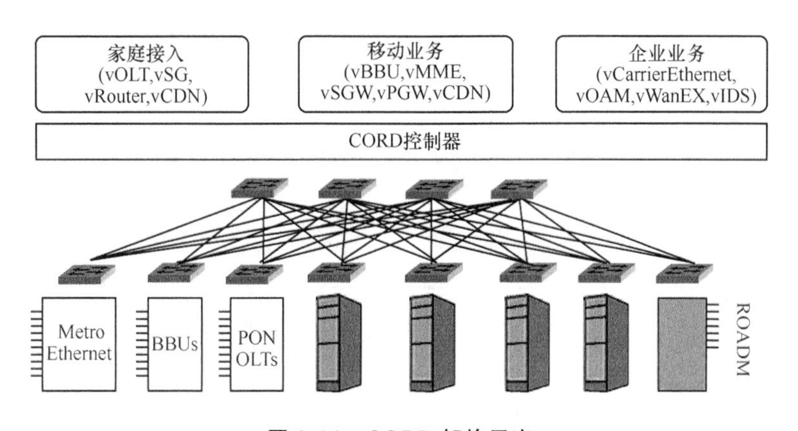

图 9-14　CORD 架构示意

CORD 的业务场景主要分为 E-CORD、M-CORD 和 R-CORD：

① E-CORD 面向政企业务场景，将 CORD 用在企业服务，根据客户需求打造多点的虚拟网络；

② M-CORD 面向 4G/5G 等移动场景，将分离和虚拟化的 RAN、EPC 与移动边缘计算等同 CORD 相结合，促进移动网络的演进；

③ R-CORD 面向家庭住宅场景，将 vCPE 和虚拟有线接入技术（如 GPON、10Gbit/s PON 等）与基于云的业务以及视频等业务结合起来。

在上述场景中，还开发了 A-CORD（Analytics-CORD，监控分析），A-CORD 的目标包括：建立一个通用的监控框架，对 CORD 中的物理设备和软件模块进行性能探测和度量，并完成收集、存档和传递；同时，该框架能够在感知工作负载和异常事件的基础上动态地适应 CORD 的分析应用。

（2）关键技术

CORD 的核心是利用数据中心中的“spine-leaf 架构”和白盒设备来重构运营商的端局，如图 9-15 所示。其中 spine-leaf 架构即分布式核心网络，核心节点包括两种：leaf（叶）

节点负责连接服务器和网络设备；spine（脊）节点连接交换机，保证节点内的任意两个端口之间提供时延非常低的无阻塞性能。通过一定的端口收敛比/超配比，可以满足数万台服务器的线速转发。

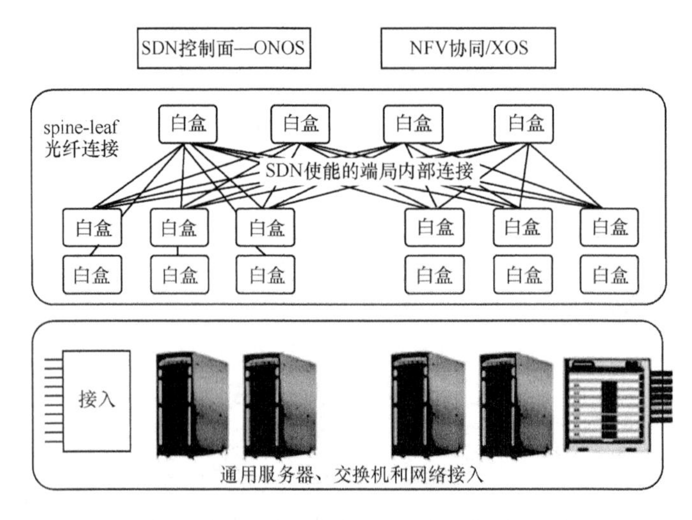

图 9-15　CORD 中的 spine-leaf 架构示意

图 9-16 所示为 CORD 系统的软件协议栈。通过 ONOS 实现对应用的控制，通过运行在 OpenStack 虚拟机和 Docker 容器上的可扩展服务和 XOS 等协同器来实现多租户服务等。通常 XOS 被认作编排器，但随着 CORD 架构的完善，XOS 的功能逐步扩展，包括：

① 实现无缝集成控制平面（以 SDN 技术为主）和数据平面（以 NFV 等虚拟化技术为主）；

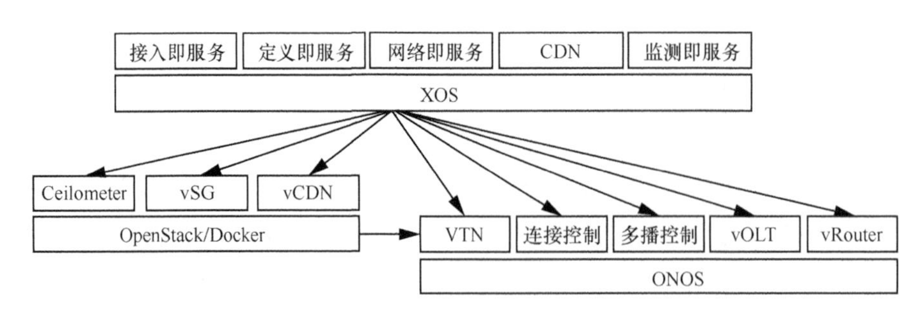

图 9-16　CORD 系统的软件协议栈

② 支持接入服务和常规云服务的能力；

③ 支持多个安全域；

④ 协助增强 CORD 架构的扩展性和可控性。

XOS 依托 CORD 架构实现 Everything-as-a-Service（XaaS）。

在 SDN 实际部署中，对新建网络可以采用设备层面直接支持的方案实现网络 SDN 服务。但对于原有网络，由于设备功能的局限，更多是通过叠加方案实现网络 SDN 服务。事实上，很多广域的业务都会跨新建网络和原有网络。Trellis 项目就是通过统一运行在设备层面网络和叠加网络的 SDN 控制器，将基于 spine-leaf 光纤连接的设备层面方案同基于虚拟网络的叠加方案整合成一个方案。Trellis 架构如图 9-17 所示。

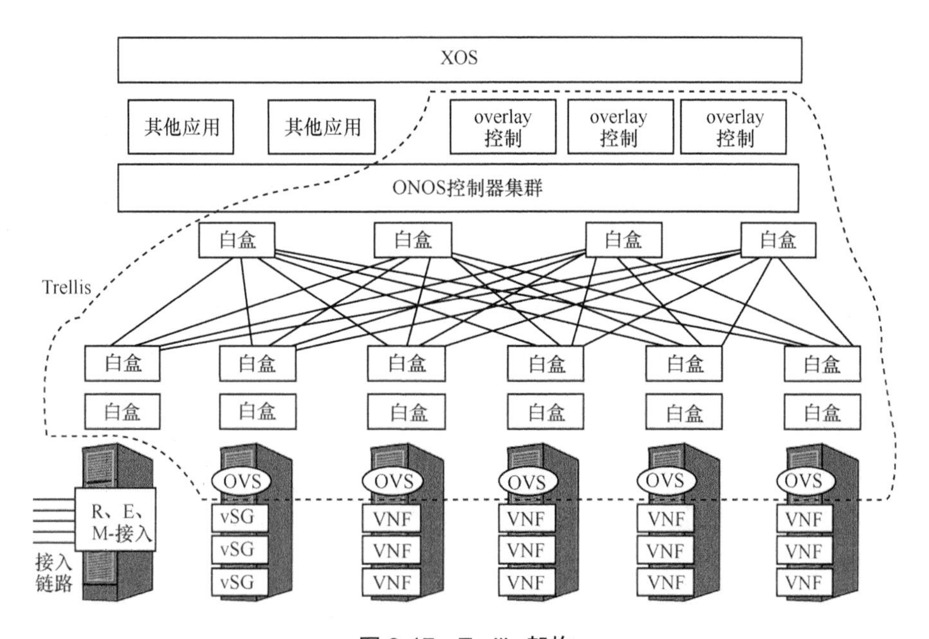

图 9-17　Trellis 架构

9.6.3　中国电信的演进方案

中国电信的“网络 DC”（TeleDC），是指未来承载网络功能虚拟化的网元（NFV 网元）和其他不能云化的专用硬件设备（如光传输设备等）的新型网络机房的统称，区别于现有的 IT DC（包括电信内部使用的业务平台/IT 系统/网管系统）和 IDC（包括对外销售天翼云、主机托管业务等）。

由于兼顾未来 IP/传输承载网络及专用设备的承载，总体上中国电信的网络 DC 仍将继续沿用四层架构，分别为区域 DC、核心 DC、边缘 DC 和接入局所，与现有通信局所的层级架构将保持一定的对应和继承关系，如图 9-18 所示。综合考虑网络 NFV 不同阶段集中或分布式部署要求，以及 NFVI 云资源设施部署的集约效益和统一管控，未来承载网络 NFVI 主要部署于“区域 DC+核心 DC+边缘 DC”，可同时兼顾集中化、属地化和用户最佳体验，满足未来固网、移动网和物联网演进部署要求。

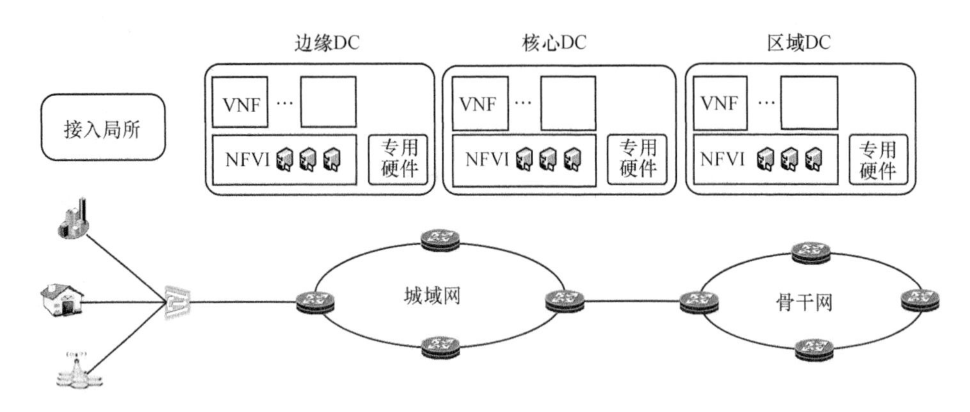

图 9-18　中国电信网络 DC 的分层组网架构示意

① 区域 DC 的设置原则：区域 DC 以省（或大区）为单位进行规划，定位于布放省级骨干、全国骨干的各专业目标网元设备和运维管控系统。区域 DC 一般可物理分布在 2 个地市（含省会城市），每地市可选择设置 1 个或多个目标区域 DC 局点，实现负载均衡和容灾备份。区域 DC 的机房（负荷）等级可参照现有一类机房（负荷）等级。建议承载虚拟化网元的区域 DC 面积不少于 $300m^2$。

② 核心 DC 的设置原则：核心 DC 以本地网为单位进行规划，定位于布放本地网核心层的各专业目标网元设备，以及部分控制器/管理功能等。各地市按用户规模大小一般可选择设置 2～4 个目标核心 DC 局点，实现负载均衡和部分业务备份。核心 DC 的机房（负荷）等级可参照现有二类机房（负荷）等级。建议承载虚拟化网元的单核心 DC 面积不少于 $200m^2$。

③ 边缘 DC 的设置原则：边缘 DC 主要定位于放置本地网汇聚层的各专业目标网元设备。边缘 DC 的选取应综合考虑本地网行政区域划分、区域用户分布（固网/移动/政企）、基站数、机房地理位置和物理条件（可用空间和电源扩展性）、光缆汇接资源等因素，优选现 BRAS/MSE 所在一般机楼，以及中继光缆丰富的局点作为未来目标边缘 DC 局点，单边缘 DC 可按覆盖 20 万个以内用户规模进行部署。边缘 DC 的机房（负荷）等级可参照现有三类机房（负荷）等级。建议承载虚拟化网元的单边缘 DC 面积不少于 $100m^2$。

为适应未来网络不同阶段的 NFV 引入部署特点，并兼顾现有通信网络的特点，中国电信网络 DC 布局和组网架构如图 9-19 所示。

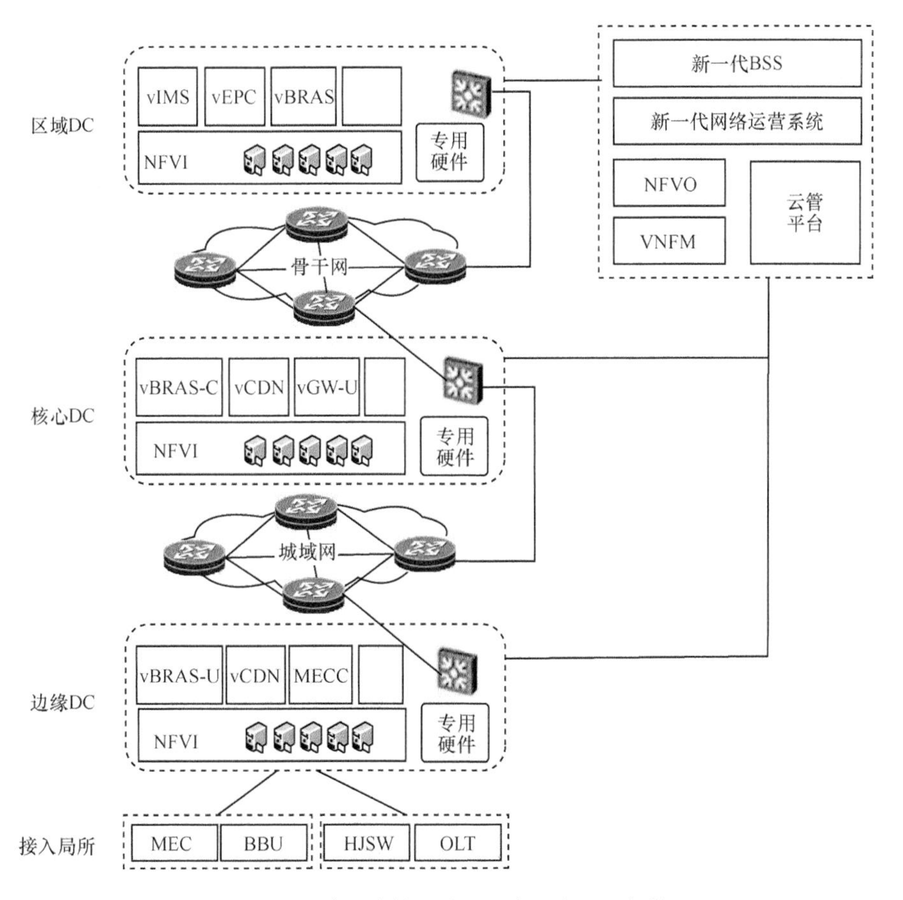

图 9-19　中国电信网络 DC 布局和组网架构

① 网络 DC 的分层架构：网络 DC 为 SDN、NFV、云计算及 CDN 等提供统一承载和部署服务，其 DC 架构分为区域 DC（R-TeleDC）、核心 DC（C-TeleDC）和边缘 DC（E-TeleDC），未来将分别选择各级通信局所机房进行 DC 化改造建设和部署。

② 网络 DC 的承载设施：各级网络 DC 将主要部署 NFVI 云资源（计算、存储和网络通用云基础设施），为 VNF 提供部署、管理和执行环境，并按需部署专用硬件设备。

③ 网络 DC 的运维管控：各级网络 DC 将由全国和省级集中部署新一代 BSS/OSS，以及 NFVO/VNFM/云管平台（VIM）等进行统一管理和调度，各网络 DC 部署适配层进行对接。

④ 网络 DC 内部组网：TeleDC 内部组网采用 spine-leaf 交换架构，可按照业务类型划分为多个安全域，不同区域间通过防火墙实现安全隔离。

⑤ 网络 DC 外部互联：区域 DC 之间主要通过骨干网承载互联，核心和边缘 DC 主要通过城域网承载互联。TeleDC 之间的互联应采用 SDN 架构，部署集中化控制平台。

如图 9-20 所示，以面向城域网的 DC 部署规划为例说明中国电信以 DC 为中心组网的架构。城域网虚拟化是基础网络重构演进的重点。未来城域网虚拟化，将分别面向宽带接入、高清视频和政企服务等多业务场景开展。

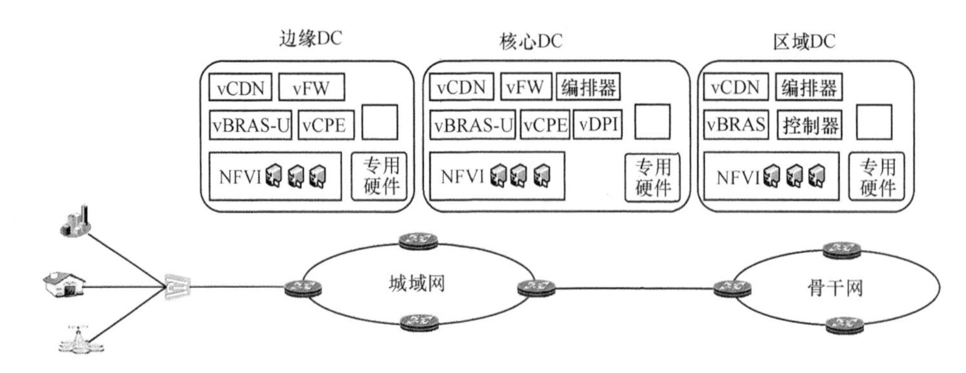

图 9-20　面向城域网的 DC 部署规划

9.6.4　中国移动的演进方案

中国移动推出的 NovoNet 2020 新一代网络计划，旨在融合 IT 技术，构建一张“资源可全局调度、能力可全面开放、容量可弹性伸缩、架构可灵活调整”的新一代网络。新一代网络的变革目标包括以下两大部分。

① 网络功能软件化形成电信云，构成新型数据中心。传统电信网络采用专用设备，导致大量专用电信机房。未来的新型数据中心将统一规划，采用 IT 通用服务器，形成统一的资源池，电信设备将采用 NFV 实现软硬件分离，电信网元功能将以软件形式承载在统一资源池上形成电信云，实现网络快速部署、网元快速升级以及容量的弹性调度。新型数据中心的发展原则是控制面集中和媒体面下沉。控制面集中是指控制功能集中，形成核心云，实现更灵活的网络调度；媒体面下沉是指流量快速卸载，形成边缘云，优化流量和用户体验，提高网络效率。

② 软件定义网络实现灵活调度，构成新型网络。传统 IP 网络的自组织转发方式无法准确调度路由和开放路由。轻载建设的传统模式在大带宽时代无法长久持续。新型网络采用 SDN 技术，通过将路由设备控制和转发功能分离，实现网络路由的集中计算，向转发设备下达路由，从而实现网络的灵活、智能调度，以及网络能力的开放和可编程。新型网络的发展原则是，在面向 DC 间数据交互的东西向连接方面，流量流向可规划，应完全用智能化控制实现流量最优调度；在面向用户接入的南北向连接方面，引入智能调度作为网络流量的优化手段，提高利用率。

中国移动未来网络目标架构的设想是：以 TIC 构成新型数据中心，以 SDN 实现数据

中心互联。把以语音为核心的网络架构设计转向以内容和流量为核心的新型网络架构，最终的目标是实现控制和媒体的全部云化。通过新建和将传统电信机房升级为 TIC 数据中心，组成一张包含核心 TIC、边缘 TIC 的全国性网络，实现电信网的控制面集中和媒体面下沉。数据中心间通过 SDN 统一实现广域网连接和链路调度。通过统一的协同编排器，实现网络、网元和业务的管理编排调度和能力的对外开放。

TIC 是电信云的基本组件，是标准化的、微模块构建的、满足运营商品质要求的关键基础设施，可以承载各类虚拟化的电信类软件应用。TIC 以统一的标准化原则构建，具有模板化统一编排、规范化组网、批量自动化部署、易于快速复制部署等特性，是 NovoNet 2020 新一代网络架构的核心。TIC 的特征包括以下几点。

① 标准化的组网。以电信标准为基准的更为严格的网段隔离和网络平面划分原则，将业务、管理、基础设施平面独立划分，实现标准化的组网。

② 标准化的基础设施。硬件采用通用 x86 标准硬件，增强性能要求和电信级管理要求；统一的云操作系统，支持统一的虚拟层指标要求。

③ 统一的管理编排体系。以整合统一的 NFV 编排器和 SDN 控制器/编排器作为统一管理编排体系；以电信级增强的云管理平台/VIM 实现云资源管理分配。

中国移动的 NovoNet 实验室基于 TIC 快速复制理念，已复制出多套不同厂商组合的 TIC，基础设施层的成熟性已得到初步验证。在集成过程中攻克了不少 TIC 集成的问题。例如，不同 VNF 使用 CPU 指令集有差异，虚拟层需向上开放足够的指令集列表并具备兼容性；VNF 和虚拟层分配 IP 地址可能发生冲突，需明确由 VNF 分配 IP 地址并关闭虚拟层分配 IP 地址能力；VNF 和虚拟层可靠性方案需协同；TIC 内的 MTU 需统一规划设置；虚拟层和 VNF 的内核、DPDK 版本需适配；MANO 间的通信协议、鉴权认证方式需统一。

在架构方面，网络将被分为核心 TIC、边缘 TIC 及 AP（Access Point，接入点）以实现基础设施资源池化，承载不同的网络功能。网络控制功能集中在少数核心 TIC，靠近接入点设置边缘 TIC，将大流量的媒体内容调度到网络边缘，实现快速卸载，提升用户体验。

全国预估有 50～100 个核心 TIC，主要的功能实体是以控制、管理、调度为核心的功能实体，主要承载的是控制面网元，还有集中化的媒体面网元，包括 CDN 和骨干网流量转发。边缘 TIC 主要完成媒体终结的功能，部署在市县级，全国预估 1000～3000 个部署的数量。

中国移动以 TIC 为核心的新一代网络架构如图 9-21 所示。

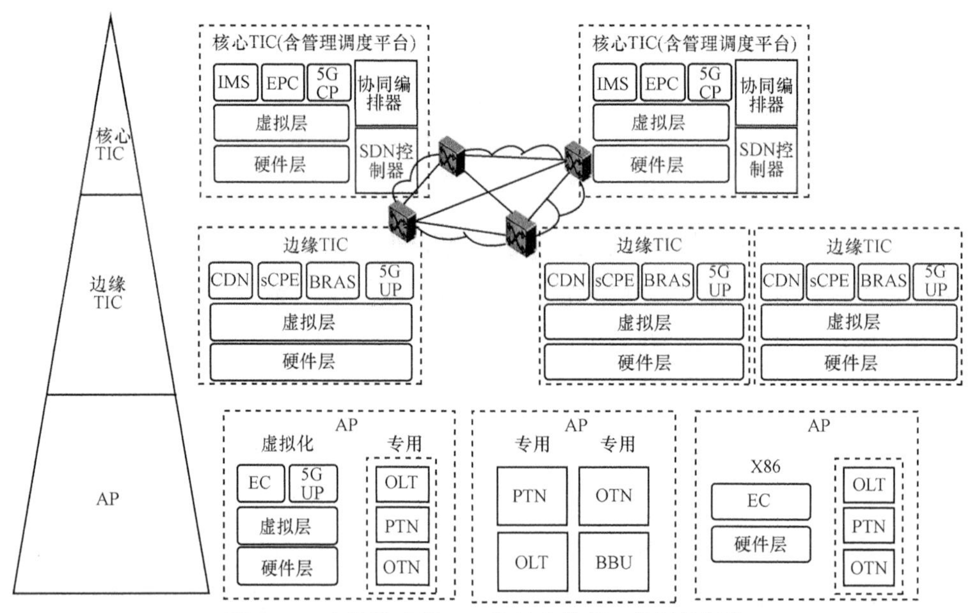

图 9-21　中国移动以 TIC 为核心的新一代网络架构

9.6.5　中国联通的演进方案

通信云是基于中国联通已有网络建设部署与运营经验，为支撑网络的云化演进、匹配网络转型部署、统一构建基于 SDN、NFV、云计算为核心技术的网络基础设施。云化网络总体架构沿用传统通信网络接入、城域、骨干网络架构，与现有通信局所保持着一定对应和继承关系，在不同层级边缘、本地、区域进行分布式 DC 部署，实现面向宽带网/移动网/物联网等业务的统一接入、统一承载和统一服务。

通信云云化网络架构总体上可划分为四个单元部署，包含 3 个 DC 及一个接入局所，如图 9-22 所示。

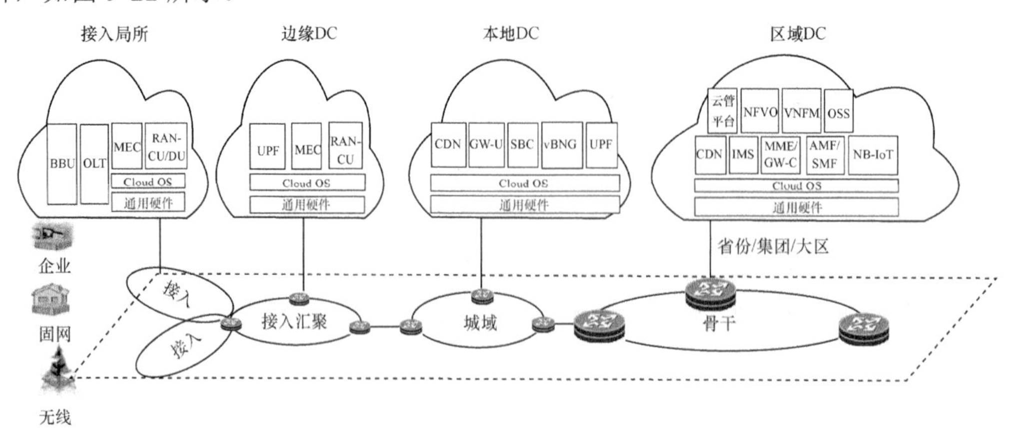

图 9-22　中国联通通信云云化网络架构

① 区域 DC：以省域/集团/大区控制、管理、调度和编排功能为核心，如集团 OSS/NFVO，省云管平台、NFVO、VNFM 等，主要承载省域内及集团区域层面控制网元以及集中媒体面网元，包括 IMS、GW-C、CDN（内容）、MME 和 NB-IoT 核心网等网元。

② 本地 DC：主要承载城域网控制面网元和集中化的媒体面网元，包括 CDN（内容）、SBC、BNG、UPF、GW-U 等网元。

③ 边缘 DC：以终结媒体流功能并进行转发为主，部署更靠近用户端业务和网络功能，包括 Cloud RAN-CU、MEC、UPF 等网元。

④ 接入局所：以提升资源集约度和满足用户极致体验为主，实现面向公众/政企/移动等用户的统一接入和统一承载。

作为开源网络项目 CORD 国内唯一的运营商董事会成员，中国联通在 CO 机房改造方面根据 CORD 开源社区规划的三大应用场景，有针对性地朝着 E-CORD、R-CORD、M-CORD 3 个方向进行了布局。在 E-CORD 领域，中国联通聚焦于云网协同、SDN WAN、UTN 白盒化等；在 R-CORD 领域，聚焦城域网重构、BARS 虚拟化等；在 M-CORD 领域，重心放在 5G 演进、虚拟化、MEC 等方面。尤其是在 E-CORD 领域，联通希望未来在其业务承载网上，能够具备覆盖整个广域网的端到端 SDN 能力。与此同时，针对 E-CORD 商用，中国联通制订了相应的路线图：2017 年加速推进 SDN WAN 和 SD-OTN，完成 SD-UTN 的现网测试，完成 UTN+A 实验室测试，研究开发基于白盒的 SD-UTN。中国联通在全国大约有 2500 个 CO 需改造，这其中有些将作为边缘 DC，实现电信网络功能软件化以及提供公有云/私有云服务。

参考文献

[1] 华为技术有限公司. 华为区块链白皮书[R]. 2021.

[2] 中国信息通信研究院. 云计算白皮书[R]. 2021.

[3] 郑毅, 华一强, 何晓峰.SDN 的特征、发展现状及趋势[J].电信科学, 2013, 29(9): 102-107.

[4] 中国人工智能发展现状与未来[EB/OL].

[5] 中国联合网络通信有限公司研究院. 中国联通 CUBE-Net3.0 网络创新体系白皮书[R], 2021.

[6] 中国移动边缘计算开放实验室. 中国移动边缘计算技术白皮书[R]. 2019.

[7] IMT-2020(5G)推进组.5G 无人机应用白皮书[R].2018.

[8] Open Daylight[EB/OL]. https: //docs. opendaylight.org/.

[9] 雷葆华, 王峰, 王茜, 等.SDN 核心技术剖析和实战指南[M].北京: 电子工业出版社, 2013.

[10] 马军锋.SDN/NFV 关键技术问题分析和标准化进展[J].中兴通讯技术, 2016, 22(06): 12-16.

[11] 大数据发展促进委员会电信工作组. 电信大数据应用白皮书[R]. 2017 .

[12] 中国联合网络通信有限公司研究院, 中国联合网络通信有限公司广东省分公司, 华为技术有限公司. 云网融合向算网一体技术演进白皮书[R]. 2021.

[13] 马军锋, 侯乐青.SDN 技术标准及产业发展分析[J].电信网技术, 2014(06): 6-9.

[14] OpenFlow Switch Specifictaion 1.5.0. [EB/OL].

[15] 唐雄燕.面向云服务的新型宽带网络体系[M]. 北京: 电子工业出版社, 2017.

[16] 鞠卫国, 张云帆, 乔爱锋, 等. SDN/NFV: 重构网络架构, 建设未来网络[M]. 北京: 人民邮电出版社, 2017.

[17] 中国联通产业互联网络解决方案白皮书[EB/OL].

[18] 中国联合网络通信有限公司网络技术研究院. 新一代网络架构白皮书（CUBE-Net 2.0）[EB/OL].

[19] 中国联通产业互联网白皮书[EB/OL].

[20] 程莹, 张云勇.SDN 应用及北向接口技术研究[J]. 信息通信技术, 2014, 8(01): 36-39.

[21] 古渊.软件定义网络（SDN）标准化进展[J].电信网技术, 2013(03): 46-49.

[22] 雷葆华, 王峰, 王茜. SDN 核心技术剖析和实战指南[J]. 中国科技信息, 2013(21): 52.

[23] H. Soliman, C. Castelluccia, K. Elmalki, et al. Hierarchical Mobile IPv6 (HMIPv6) Mobility Management[S]. IETF RFC 5380, October 2008.
[24] 可信区块链推进计划电信行业应用组.区块链电信行业应用白皮书（1.0 版）[R]. 2019.
[25] 华为技术有限公司. 华为区块链白皮书[R]. 2018.
[26] 边缘计算已达到高潮！看三大运营商如何打好边缘战[EB/OL].
[27] 韩亚凯. IaaS 云的服务性能分析与优化研究[D]. 重庆：重庆大学, 2015.
[28] 刘瑶. PaaS 云平台技术研究与应用[D]. 西安：长安大学, 2015.
[29] 房秉毅, 张云勇, 陈清金. 云计算环境下统一 SaaS 平台[J]. 电信网技术, 2011(05): 15-18.
[30] 郑嘉宝. 2016 年我国云计算行业现状及发展趋势分析[EB/OL].
[31] 中国电信集团公司. 云网融合 2030 技术白皮书[R]. 2020.
[32] 逄锦勇, 马宁. P2P 网络技术的发展应用和未来[J]. 科技信息(学术研究), 2007(09): 27-28.
[33] 中国联合网络通信有限公司研究院. 中国联通 6G 白皮书（V1.0）[R]. 2021.
[34] 马建光, 姜巍. 大数据的概念、特征及其应用[J]. 国防科技, 2013, 34(02): 10-17.
[35] 周涛, 潘柱廷, 杨婧, 程学旗. CCF 大专委 2017 年大数据发展趋势预测[J]. 大数据, 2017, 3(01): 97-103.
[36] 吕廷杰, 王元杰, 迟永生, 等. 信息技术简史[M]. 北京: 电子工业出版社, 2018.
[37] 邵广禄, 中国联通网络技术研究院. SDN/NFV 重构未来网络[M]. 北京: 人民邮电出版社, 2016.
[38] 中国电信集团公司. CTNet2025 网络架构白皮书[R]. 2016.
[39] 中国移动通信集团公司. 中国移动技术愿景 2020+白皮书[R]. 2015.
[40] 中国区块链技术和产业发展论坛. 中国区块链技术和应用发展白皮书（2016）.
[41] 国务院. 新一代人工智能发展规划[EB/OL].
[42] 乌镇智库. 中国区块链产业发展白皮书[EB/OL].
[43] 曹辉萍, 杨姮. 中国通信产业发展历程分析[J]. 信息通信, 2012(04): 255-256.
[44] 工业和信息化部《2016 年通信运营业统计公报》[EB/OL].
[45] 国务院关于印发"宽带中国"战略及实施方案的通知[EB/OL].
[46] 王颖, 潘磊, 闫龙川. 下一代大容量超高速全光网络发展综述[C]. 中国电机工程学会电力信息化专业委员会. 国网信息通信有限公司, 2012 电力行业信息化年会论文集, 2012.
[47] 罗军舟, 金嘉晖, 宋爱波, 等. 云计算: 体系架构与关键技术[J]. 通信学报, 2011, 34(07): 3-21.
[48] 钱志鸿, 王义君. 物联网技术与应用研究[J]. 电子学报, 2012, 40(05): 1023-1029.
[49] 王珊, 王会举, 覃雄派, 等. 架构大数据: 挑战、现状与展望[J]. 计算机学报, 2011, 34(10): 1741-1752.
[50] 中国联合网络通信有限公司研究院. CUBE-Net 3.0 重大工程数据驱动的智能运营白皮书[R]. 2021.
[51] 齐勇, 罗英伟, 孙毓忠. 网络资源虚拟化技术专题前言[J]. 软件学报, 2014, 25(10): 2187-2188.

[52] 曹畅，唐雄燕，王光全. 光传送网——前沿技术与应用[M]. 北京：电子工业出版社, 2014.
[53] 李新华，宋玮，李伟. 光网络传输技术分析及在电信网中的应用[J]. 电脑知识与技术, 2013, 9(21): 4798-4799+4802.
[54] 陈晓辉. 分组传送网技术发展回顾和展望[J]. 邮电设计技术. 2012 (07): 81-83.
[55] 董富春. ASON 技术在电信网中的应用探究[J]. 中国新通信, 2016, 18(02): 91.
[56] 赵河，华一强，郭晓琳. NFV 技术的进展和应用场景[J]. 邮电设计技术, 2014 (06): 62-67.
[57] 彭巍，唐宏，谭栋材. IP 数据网与光网融合的超宽带网络发展演进[J]. 电信科学, 2012, 28(01): 7-11.
[58] 邓孟城. 基于云计算 IAAS 的 IT 基础架构建设方案探讨[J]. 科技风, 2011 (11): 53.
[59] 2014—2015 年中国 IDC 产业发展研究报告. IDC 圈[EB/OL].
[60] IDC.《中国公有云服务市场（2018 下半年）跟踪》[R]. 2019.
[61] 李晨，段晓东，黄璐. 基于 SDN 和 NFV 的云数据中心网络服务[J]. 电信网技术, 2014(06): 1-5.
[62] 叶柯. VXLAN 网络技术在 SDN 环境下应用的研究[J]. 宁波广播电视大学学报, 2015, 13(03): 124-128.
[63] 华一强，路康. 基于 SDN 的 DCI 业务的应用场景和业务流程探讨[J]. 邮电设计技术, 2016(11): 66-71.
[64] 谢磊，赵晖，丁江峰，等. 运营商 IP 城域网 SDN/NFV 化的思考[J]. 电信技术，2015 (06): 80-85+89.
[65] 郭爱鹏，赫罡，唐雄燕. vBRAS 落地城域网分三步走，未来值得期待[J]. 通信世界， 2016 (04): 26-29.
[66] 张杰，赵永利. 软件定义光网络技术与应用[J]. 中兴通讯技术, 2013, 19 (3): 17-20.
[67] 吴家林，赵永利，张杰，等. 网络革命拂晓: SDN 进入智能宽带接入网[J]. 通信世界, 2013 (07): 49-50.
[68] 赵慧玲，冯明，史凡. SDN——未来网络演进的重要趋势[J]. 电信科学, 2012, 28 (11): 1-5.
[69] 王茜，赵慧玲，解云鹏，等. SDN 在通信网络中的应用方案探讨[J]. 电信网技术, 2013 (03): 23-28.
[70] 曹畅，简伟，王海军，等. SDN 与光网络控制平面融合技术研究[J]. 邮电设计技术, 2014 (03): 11-15.
[71] 曹畅，胡锦航，庞冉，等. 中国联通 SD-UTN 网络技术与应用研究[J]. 邮电设计技术, 2016(11): 54-60.
[72] 王瑾. 接入网引入 SDN 的影响——VRG[J]. 邮电设计技术, 2014 (07): 84-88.
[73] 新华网. “人工智能+电信网络”赋能未来电信业[EB/OL].